数据库原理与应用

马春梅　禹继国　黄宝贵　祝永志　编著

北京师范大学出版集团
BEIJING NORMAL UNIVERSITY PUBLISHING GROUP
北京师范大学出版社

图书在版编目(CIP)数据

数据库原理与应用/马春梅等编著. —北京:北京师范大学出
版社,2018.9(2019.3 重印)
普通高等教育"十三五"规划精品教材
ISBN 978-7-303-24142-2

Ⅰ.①数… Ⅱ.①马… Ⅲ.①数据库系统－高等学校－教材
Ⅳ.①TP311.13

中国版本图书馆 CIP 数据核字(2018)第 196436 号

营 销 中 心 电 话　　0537-4459916　　010-58808015
北师大出版集团华东分社　http://bnuphd.qfnu.edu.cn
电 子 信 箱　　hdfs999@163.com

出版发行:北京师范大学出版社　www.bnup.com.cn
　　　　　北京市海淀区新街口外大街 19 号
　　　　　邮政编码:100875
印　　刷:济南荷森印务有限公司
经　　销:全国新华书店
开　　本:787 mm×1092 mm　1/16
印　　张:24.75
字　　数:488 千字
版　　次:2018 年 9 月第 1 版
印　　次:2019 年 3 月第 2 次印刷
定　　价:48.00 元

策划编辑:李　飞　　　　　　责任编辑:李云虎　　周东辉
美术编辑:王秀环　　　　　　装帧设计:苏会超
责任校对:韩兆涛　　　　　　责任印制:李　飞

前　言

在当前"互联网＋"时代（数字时代），各种大中小型的应用软件应用到社会的各个领域，作为软件后台的数据库系统必不可少。数据库的操作、设计与开发能力已成为软件开发人员必备的重要素质。数据库课程是计算机专业的核心基础课程，数据库理论以及数据库应用日新月异。因此计算机及相关专业的学生学习和掌握数据库知识是非常必要的。

现有的本科生数据库教材要么偏向复杂的理论学习，没有配套的数据库操作实践，学生难以理解；要么就是专门讲解某一数据库产品的使用，没有相应的理论知识作为基础，学生只知道如何对数据库进行操作，却不知道为什么要这么操作。现有的理论与实践相结合的数据库教材绝大多数都是用 SQL Server 作为实验平台，而本教材使用的数据库实验平台是多数现代企业流行的大型数据库管理系统 Oracle。本书将数据库理论中晦涩难懂的、与实际应用相去甚远的内容去掉，并基于理论学习以找到解决实际问题的便捷方法为目的，突出数据库理论与实践紧密结合的特征，让学生在学好数据库理论知识的同时，能很好地解决实际应用问题，同时为以后在科研、工作中更好地使用 Oracle 打下坚实的基础。

全书共分为九章，用一个高校教务管理数据库实例贯穿了整个教材的所有应用部分。各章具体内容安排如下。

第一章是数据库概述，从全局的角度介绍了数据库的基本概念、特点、内部结构与外部结构，并以关系模型为主介绍了数据模型。

第二章介绍了关系数据库的一整套理论研究，从数学的角度重新定义了关系、元组、属性等基本概念，详细介绍了关系的完整性约束和对关系模型进行操作的关系代数。关系代数部分从应用的角度出发，详细介绍了肯定的查询、否定的查询和包含"全部"字样的查询使用的查询方法，并给出了简单有效的优化查询方法。

第三章以应用为目标，介绍了数据库及表的创建、查询、操纵，视图的创建与应用，以及索引的创建与应用。其中对表的查询操作给出了实用的查询技巧，也给出了尽可能多的查询方法。

第四章介绍了游标、存储过程、函数和触发器等各种复杂数据库对象的创建与应用。

第五章介绍了数据库的安全标准和安全控制措施，并以 Oracle 的安全机制为例进行了详细剖析。

第六章介绍了事务的概念和特征，重点介绍了以事务为单位的并发控制操作和判断正确的并发控制调度的方法。

第七章介绍了数据库中故障的种类及其恢复方法和提高故障恢复效率的策略。

第八章介绍了指导数据库设计的关系规范化理论及其应用方法，并给出了在实际应用中查找关系的所有码、分解关系的简单有效的方法。

　　第九章以高校教务管理数据库为实例，介绍了实际应用中数据库设计的基本步骤和方法，并给出了详细的设计过程。

　　另外，本书还附有实验指导，含有八个实验，实验内容可根据实际教学课时调整。

　　本书由马春梅、禹继国、黄宝贵、祝永志编写，由马春梅统稿。

　　因时间仓促，加之作者水平所限，书中不妥之处在所难免，恳请各位专家和广大读者批评指正。

　　本书在编写过程中，参考了一些数据库相关资料，在此向资料的作者表示感谢。本书的编写得到了曲阜师范大学教材建设基金资助出版，特此感谢。最后感谢北京师范大学出版社的支持与帮助。

编者

2018 年 4 月

目　录

第一章　数据库概述

当今社会是一个信息化的社会，信息资源的获取、使用与管理已成为个人和企业的重要财富和资源。数据是信息的载体，数据库是存储与管理大量数据的技术，其应用领域越来越广泛，如处理大中型企业的生产数据管理系统、地理信息系统（Geographic Information System，GIS）、计算机辅助设计（Computer Aided Design，CAD）、计算机辅助制造（Computer Aided Manufacturing，CAM）以及教学管理系统、订票系统、电子商务（E-Business）、电子政务（E-Government）、公安系统等。数据库的建设规模、数据库信息量的大小和使用频率已经成为衡量一个企业乃至一个国家信息化程度的重要标志。

数据库课程是计算机各专业和信息管理专业的基础必修课，也是许多非计算机专业的重要选修课。数据库技术是现代计算机信息系统的基础和核心，是绝大多数软件必备的后台数据管理技术，因此我们要学好数据库课程，为以后相关课程的学习打下坚实的基础。

1.1　数据与信息

1.1.1　数据

数据（Data）是描述事物的符号记录，是信息的符号表示或载体，也是数据库中存储的基本对象。数据不仅指简单的数字（如 93、−100、￥688），而且包括文本、图形、图像、音频、视频和某些档案记录（如赵飞，男，199603，山东，计算机系，2014）等。

数据本身无意义，而且具有客观性，经过解释才能表示一定的意义。数据的含义是对数据的解释，称为数据的语义，数据与其语义是不可分的。例如，93 可以表示一个人的年龄，也可以表示一个人的成绩或体重等。上述赵飞的档案在学生管理系统中，可以这样解释：赵飞同学，男，1996 年 3 月出生，籍贯山东省，计算机系学生，2014 年入学。若该记录在教工管理系统中，可以这样解释：赵飞老师，男，工号 199603，籍贯山东省，现工作于计算机系，办公室房间号是 2014。由此可以看出，数据在不同的环境中有不同的语义解释，数据和语义是密不可分的。

1.1.2　信息

信息(Information)是数据的内涵，是数据的语义解释。数据经过处理就转变成了信息。如数据 38 摄氏度，若解释成体温 38 摄氏度就表达出发烧的信息，若解释成气温 38 摄氏度就表达出天气炎热的信息。

1.1.3　数据处理

数据处理是将数据转换成信息的过程，包括对数据的收集、存储、分类、加工、检索、维护等一系列活动，其目的是从大量的原始数据中抽取和推导出有价值的信息。数据、信息及数据处理之间的关系如图 1.1 所示。

图 1.1　数据、信息及数据处理之间的关系

1.2　数据管理技术的发展

计算机诞生之初的主要用途是进行科学计算。随着现代信息社会的飞速发展，计算机的应用范围已经扩展到了存储与处理各种形式的海量数据，数据管理技术应运而生。数据管理就是对数据进行分类、组织、编码、存储、检索、传播和利用的一系列活动的总和。随着计算机软、硬件的发展以及应用需求的推动，数据管理经历了人工管理、文件系统和数据库系统三个阶段。

1.2.1　人工管理阶段

20 世纪 50 年代中期以前，在硬件方面，计算机没有磁盘等能随机存取数据的存储设备，只有磁带、卡片和纸带等顺序存储设备。在软件方面，计算机没有操作系统，也没有管理数据的软件。数据处理主要采用批处理的方式，效率极低。这种情况下的数据管理方式称为人工管理阶段，其特点如下。

第一，数据不单独保存。该阶段计算机主要用于科学计算，一般不需要长期保存数据，且数据与程序是一个整体，数据只为本程序所使用，因此数据不单独保存。

第二，应用程序管理数据。当时没有相应的软件系统负责数据的管理，数据由应用程序自己设计、说明(定义)和管理。因此，每个应用程序不仅要规定数据的逻辑结构，而且还要设计物理结构，包括存储结构、存取方法、输入方式等，程序员负担很重。

第三，数据不共享。数据是面向应用程序的，一组数据只能对应一个程序。当多个应用程序使用相同的数据时，也必须各自定义，因此程序之间有大量的数据冗余。

第四，数据不独立。数据与程序是一体的，程序依赖于数据，如果数据的类型、格式或输入输出格式等逻辑结构发生变化，必须对应用程序做相应的修改，这进一步加重了程序员的负担。数据脱离了程序就没有任何存在的价值，不具有独立性。

人工管理阶段的应用程序和数据之间的一一对应关系及示例如图 1.2 所示。

图 1.2　人工管理阶段的应用程序和数据之间的对应关系及示例

1.2.2　文件系统阶段

20 世纪 50 年代后期到 60 年代中期是文件系统阶段，这时计算机不仅用于科学计算，还大量应用于数据处理。在硬件方面，计算机有了磁盘、磁鼓等直接存取设备，数据可以长期保存。在软件方面，计算机出现了操作系统，而且操作系统中的文件系统是专门进行数据管理的软件，用于管理以记录的形式被存放在不同的文件中的数据。数据的处理方式不仅有批处理，而且有联机实时处理。文件系统阶段的特点如下。

第一，数据以文件的形式长期保存在外存储器中。由于计算机的工作主要用于数据处理，数据需要长期保存在外存储器上反复进行查询、修改、插入和删除等操作。

第二，由文件系统对数据进行管理。操作系统中的文件系统把数据组织成相互独立的数据文件，利用"按文件名访问、按记录进行存取"的管理技术，对文件进行修改、增加和删除等操作。

第三，数据共享性差，冗余度大。在文件系统中，一个（或一组）文件基本上对应一个应用程序，即文件是面向应用程序的。当不同的应用程序使用部分相同的数据时，文件系统也必须建立各自的文件，而不能共享相同的数据。因此，数据的冗余度大，浪费存储空间，而且大量冗余的数据在进行更新操作时，容易造成数据的不一致。

第四，数据独立性差。文件系统中的文件是为某一特定应用程序服务的，文件的逻辑结构对该应用程序来说是优化的，如果要对现有的数据增加一些新的应用程序会很困难，系统不容易扩充。数据和应用程序相互依赖，一旦改变数据的逻辑结构，必须改变相应的应用程序，而应用程序的变化(如采用另一种语言编写)，也需要修改数据结构。因此，数据和应用程序之间缺乏独立性。

文件系统阶段的应用程序和数据之间的对应关系及示例如图 1.3 所示。

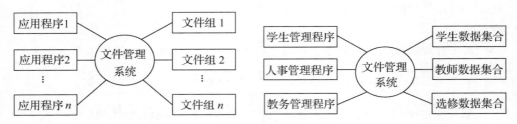

图 1.3　文件系统阶段的应用程序和数据之间的对应关系及示例

1.2.3　数据库系统阶段

20 世纪 60 年代后期，计算机软、硬件有了进一步发展。由于计算机管理对象的规模越来越大，应用范围越来越广，数据量急剧增长，用户对数据共享的要求也越来越高。在硬件方面，计算机出现了大容量磁盘，使联机存取大量数据成为可能。硬件价格下降，软件价格上升，使得开发和维护系统软件的成本增加。文件系统管理数据的方法已不能满足应用系统的需求，为解决多用户、多应用程序共享数据的要求，数据库技术应运而生，出现了统一管理数据的专门软件系统——数据库管理系统(DataBase Management System，DBMS)。

数据库系统阶段的应用程序和数据之间的对应关系及示例如图 1.4 所示。

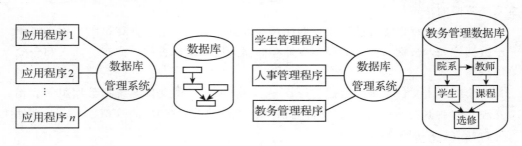

图 1.4　数据库系统阶段应用程序和数据之间的对应关系及示例

从文件系统到数据库系统，标志着数据管理技术的飞跃。与文件系统管理阶段相比，数据库系统阶段数据管理的特点如下。

1. 数据结构化

在文件系统中，尽管记录内部是有结构的，但记录之间没有联系。而数据库系统则实现了整体数据的结构化，这是数据库的主要特征之一，也是数据库系统与文件系统的本质区别。

数据库中数据整体的结构化是指在数据库中的数据都不属于任何一个应用程序，而是面向全组织的、公共的。不仅数据内部是结构化的（如都以记录的形式存储数据），而且整体是结构化的，是一个有机整体。

例如，某高校教务管理系统中有学生（学号，姓名，性别，出生日期，所在院系）、课程（课程号，课程名，直接先修课，学分）和选修（学号，课程号，成绩）等数据，分别对应三个文件。

若采用文件管理系统来处理，则三个文件单独存储和使用。每个文件内部是有结构的，即文件由记录组成，每个记录由若干属性组成；但文件与文件之间没有联系，例如，选修文件中的某条记录的学号不是学生文件中的某个学号，这表明该记录中的成绩不是已有的某个学生的成绩，或是该成绩表示一个并不存在的学生的成绩。同理，选修文件的课程号也可能不是课程文件中的某一个课程号。

若采用数据库系统存储这三个文件，学生、课程、选修三个文件之间是有联系的，如图 1.4 所示，箭头的方向表示二者之间的联系。选修文件中的学号必须是学生文件中的某个学号，即成绩必须是某个已存在的相关学生的成绩。

2. 数据共享性高、冗余度低，易扩充

在数据库系统中，数据是面向整个系统的，可被多个应用程序共享，因此冗余度低。如图 1.4 中的数据库系统建成后，可用于学生管理系统，也可用于人事管理系统。

3. 数据独立性高

数据独立性包含数据的物理独立性和逻辑独立性，分别表示当数据的物理存储和逻辑结构发生改变时，应用程序都不必发生改变。数据与应用程序完全独立。详见本章第 5 节。

4. 数据由 DBMS 统一管理和控制

数据库的共享是并发的共享，即多个用户可以同时存取数据库中的数据，甚至可以同时存取数据库中的同一个数据。

因此，DBMS 必须提供以下数据控制功能：数据的安全性保护（Security）、数据的完整性检查（Integrity）、并发控制（Concurrency）和故障恢复（Recovery）。

1.3 数据库系统的基本概念

1.3.1 数据库

数据库(DataBase，DB)是长期存储在计算机内、有组织、可共享的大量数据的集合。数据库中的数据按一定的数据模型组织、描述和储存，具有较小的冗余度、较高的数据独立性和易扩展性，并可为各种用户共享。数据库中的数据通常是面向部门或企业等应用程序环境的整体数据，如高校教务管理系统中的院系信息、学生信息、教师信息、课程信息和选修信息等数据。

1.3.2 数据库管理系统

数据库管理系统是管理数据库的系统软件，它运行于用户与操作系统之间，如图 1.5 所示。

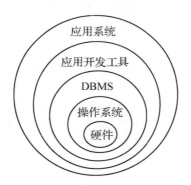

图 1.5 DBMS 在计算机系统中的地位

数据库管理系统是整个数据库系统的核心部分，用户对数据库的一切操作都由它统一管理和控制，包括数据的定义、查询、更新、完整性、安全性，多用户的并发控制，数据库故障的恢复等操作。DBMS 的主要功能如下。

1. 数据定义功能

DBMS 提供数据定义语言(Data Define Language，DDL)，用户通过它可以方便地对数据库中的数据对象进行定义。例如，创建基本表，为保证数据库安全而定义的用户口令和存取权限，为保证正确语义而定义的完整性规则等。

2. 数据操纵功能

DBMS 提供数据操纵语言(Data Manipulation Language，DML)，实现对数据库的基本操作，包括查询、插入、修改、删除等。

3. 数据组织、存储和管理

DBMS 要分类组织、存储和管理各种数据，包括数据字典、用户数据和数据的存取路径等，要确定以何种文件结构和存取方式在存储级上组织这些数据，如何实现数据之间的联系。数据组织和存储的基本目标是提高存储空间利用率和方便存取，提供多种存取方法（如索引查找、Hash 查找、顺序查找等）来提高存取效率。

4. 数据库运行管理

数据库在建立、运行和维护时，由数据库管理系统统一管理，统一控制。DBMS 通过对数据的安全性控制、完整性控制、多用户环境下的并发控制和数据库的恢复来确保数据正确和有效，以及数据库系统的正常运行。

5. 数据库的建立和维护功能

数据库的建立和维护功能包括数据库初始数据的装入和转换，数据库的转储、恢复、重组织，系统性能的监视和分析等功能，这些功能通常是由一些应用程序完成。

6. 其他功能

其他功能包括 DBMS 与网络中其他软件系统的通信功能、两个 DBMS 系统的数据转换功能、异构数据库之间的互访和互操作功能等。

1.3.3　数据库应用系统

数据库应用系统（DataBase Application System，DBAS）是以数据库为基础，在 DBMS 的支持下使用应用开发工具建立的面向用户的计算机应用系统，如学生选课管理系统、人事管理系统等。

1.3.4　数据库用户

数据库用户主要是指开发、管理和使用数据库的人员，包括数据库管理员、系统分析人员、数据库设计人员、应用程序开发人员和最终用户。

数据库管理员（DataBase Administrator，DBA）是支持数据库系统的专业技术人员，负责全面管理和控制数据库系统，拥有对数据库的最高操作权限。DBA 的具体职责包括决定数据库中的信息内容和结构、决定数据库的存储结构和存储策略、定义数据的安全性要求和完整性约束条件、监督数据库的使用和运行，以及数据库的改进和重组重构。

系统分析人员主要负责应用系统的需求分析和规范说明，参与数据库的概要设计。

数据库设计人员参与需求调查和系统分析，负责数据库中数据的确定和数据库各级模式的设计。

应用程序开发人员负责设计和编写访问数据库的应用系统的程序模块，并对程序进行调试和安装。

最终用户(End User)是数据库应用程序的使用者，包括不经常访问数据库的偶然用户，如企业中的中、高级管理人员；通过应用程序界面对数据库进行查询和数据更新工作的简单用户，如银行职员和售货员；能直接使用数据库语言访问数据库的具有较高科学技术背景的人员，如工程师和科学技术工作者。

1.3.5　数据库系统

数据库系统(DataBase System，DBS)是指在计算机系统中引入数据库后的系统，一般由数据库、计算机系统、数据库管理系统及其应用开发工具、应用系统、数据库管理员和用户组成，如图 1.6 所示。

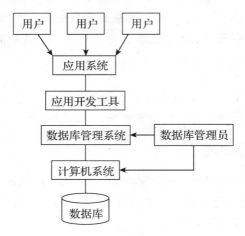

图 1.6　数据库系统的组成

1.4　数据模型

模型(Model)是对现实世界中某个对象特征的抽象，如楼盘模型、分子模型等。数据模型(Data Model)是对现实世界数据特征的抽象，是数据库管理的数学形式框架。

由于计算机不能直接处理现实世界中的人、事物、活动及其联系，所以计算机事先要把具体事物及其联系进行特征抽象，转换成计算机能够处理的数据。

数据模型是数据库的框架，该框架描述了数据及其联系的组织方式、表达方式和存取路径，它是数据库系统的核心和基础。各种 DBMS 软件都是基于某种数据模型的，数据模型的数据结构直接影响到数据库系统的其他部分性能，也是数据定义和数据操纵语言的基础。

1.4.1　三个世界的划分

为了把现实世界中的具体事物抽象、组织为某一 DBMS 支持的数据模型，人们首先将现实世界的事物及其联系进行特征抽取，形成信息世界的概念模型，这种模型不依赖于具体的计算机系统，再将概念模型转换为机器世界中某一 DBMS 所支持的逻辑模型和物理模型，如图 1.7 所示。

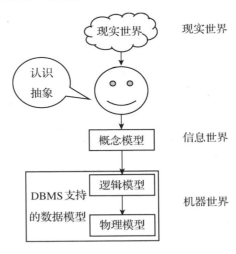

图 1.7　现实世界中客观对象的抽象过程

1. 现实世界

现实世界即客观存在的世界。

客观世界中存在着各种事物及其联系，它们都有自己的特征，人们总是选用感兴趣的最能表征一个事物的若干特征来描述该事物。例如，要描述一个员工，人们常选用员工号、姓名、性别、年龄来描述，有了这些特征，人们就能区分不同的员工。

客观世界中，事物之间又是相互联系的，而这种联系可能是多方面的，但人们只选择那些感兴趣的联系。例如，在超市管理系统中，人们可以选择"销售"这一联系来表示员工和商品之间的联系。

2. 信息世界及其基本概念

信息世界是现实世界在人们头脑中的反映，现实世界经过人脑的分析、归纳、抽象，形成信息，人们把这些信息进行记录、整理、归类和格式化后，就构成了信息世界。信息世界常用的主要概念如下。

（1）实体（Entity）：客观存在并且可以相互区分的事物称为实体。实体可以是具体的人或物，如张三、桌子等；也可以是抽象的事件或概念，如一场比赛。

（2）属性（Attribute）：实体所具有的某一特性称为属性。一个实体可由若干属性来描述。例如，员工实体可由员工号、员工名、性别、年龄等属性来描述，那么"2018001，张三，男，29"这组属性值就构成了一个具体的员工实体。属性有属性名和属性值之分，例如，"员工名"是属性名，"张三"是属性值。

（3）码（Key）：能唯一标识实体的属性或属性的组合称为码，也称为键。例如，员工实体中的员工号属性是它的码。

（4）域（Domain）：属性的取值范围称为该属性的域。例如，员工实体的性别属性的域为"男"或"女"。

（5）实体型（Entity Type）：用实体名及其所有属性的集合来描述同类实体，称为实体型。例如，员工（员工号，员工名，性别，年龄）就是一个实体型。

（6）实体集（Entity Set）：同一类型实体的集合称为实体集。例如，全体员工就是一个实体集。同一实体集中没有完全相同的两个实体。

（7）联系（Relationship）：在现实世界中，事物内部及事物之间都是有联系的。实体内部的联系是指组成实体的各属性之间的联系，实体之间的联系是指不同实体集之间的联系。这里只讨论实体之间的联系，分为以下三种情况。

①两个实体集之间的联系。

两个实体集之间的联系类型有三种：

■一对一联系（1∶1）：如果对于实体集 $E1$ 中的每一个实体，实体集 $E2$ 中至多有一个实体与之联系，反之亦然，那么称实体集 $E1$ 与实体集 $E2$ 具有一对一联系，记为 1∶1。例如，一个班级只有一个班长，每个班长只能在一个班级任职，则班级与班长之间具有一对一联系。

■一对多联系（1∶n）：如果对于实体集 $E1$ 中的每一个实体，实体集 $E2$ 中至多有 n 个实体（$n \geq 0$）与之联系；对于实体集 $E2$ 中的每一个实体，实体集 $E1$ 中至多有一个实体与之联系，那么称实体集 $E1$ 与实体集 $E2$ 具有一对多联系，记为 1∶n。例如，一个班级有多名学生，一名学生只能属于一个班级，则班级和学生之间具有一对多联系。

■多对多联系（m∶n）：如果对于实体集 $E1$ 中的每一个实体，实体集 $E2$ 中有 n 个实体（$n \geq 0$）与之联系；对于实体集 $E2$ 中的每一个实体，实体集 $E1$ 中有 m 个实体（$m \geq 0$）与之联系，那么称实体集 $E1$ 与实体集 $E2$ 具有多对多联系，记为 m∶n。例如，一个学生可以选修多门课程，每门课程可由多名同学选修，则学生和课程之间具有多对多联系。

实际上，一对一联系是一对多联系的特例，而一对多联系又是多对多联系的特例。

②三个或三个以上实体集之间的联系。

一般地，三个或三个以上的实体集之间也存在一对一、一对多和多对多联系。下面仅给出多个实体集之间多对多联系的定义。

若实体型 $E_j(j=1, 2, \cdots, i-1, i+1, \cdots, n)$ 中的给定实体，和 E_i 中的多个实体相联系，则 E_i 与 E_1，E_2，$\cdots$，E_{i-1}，E_{i+1}，$\cdots$，E_n 之间的联系是多对多的。如图 1.12(b)所示，供应商、项目和零件三个实体集之间具有多对多联系，其语义是一个供应商可以供给多个项目多种零件，每个项目可以使用多个供应商供应的多种零件，每种零件可由不同供应商供给，应用于不同的项目。

③单个实体集之间的联系。

单个实体集与它自身之间也存在一对一、一对多和多对多联系。

■一对一联系(1∶1)：例如，职工实体集中每位职工的配偶(也是职工)最多有一个，则职工实体集中的"配偶"联系是一对一的。

■一对多联系(1∶n)：例如，职工实体集中每位领导(也是职工)管理若干职工，每位职工只被一位领导管理，则职工实体集中的"领导"联系是一对多的。

■多对多联系($m∶n$)：如果零件实体集中的每种零件都是由若干种子零件构成，每种子零件又参与了多种母零件的组装，那么零件实体集中的"构成"联系是多对多的。

(8)概念模型的表示方法

概念模型(Conceptual Model)是对信息世界的建模，它能方便、准确地描述信息世界中的概念。概念模型有很多种表示方法，其中最著名、最常用的是 P. P. S. Chen 于 1976 年提出的实体-联系方法(Entity-Relationship Approach)，也称为实体-联系模型(Entity-Relationship Model)，该方法用 E-R 图来表示实体、属性以及实体间的联系，其中：

①实体用矩形表示，矩形框内写明实体名。例如，"部门"实体和"员工"实体的表示如图 1.8 所示。

图 1.8　E-R 图中实体的表示方法

②属性用椭圆表示，并用无向边将其与相应的实体连接起来。例如，"部门"和"员工"实体的属性表示如图 1.9 所示。

图 1.9　E-R 图中属性的表示方法

③联系用菱形表示，菱形框内写明联系名，并用无向边分别与有关实体连接

起来，同时在无向边旁标上联系的类型（1∶1、1∶n 或 m∶n）。例如，"部门"和"员工"实体间的"属于"联系表示如图 1.10 所示。

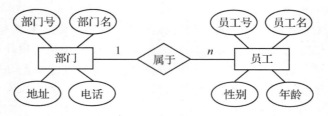

图 1.10　E-R 图中联系的表示方法

联系也可能有属性，联系的属性用椭圆表示，并用无向边与该联系连接起来。例如，"属于"联系可以有"工作时间"属性，其表示方法如图 1.11 所示。

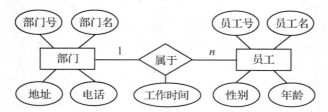

图 1.11　E-R 图中联系的属性的表示方法

上述提到的各种实体集及其联系的 E-R 图表示如图 1.12 所示。

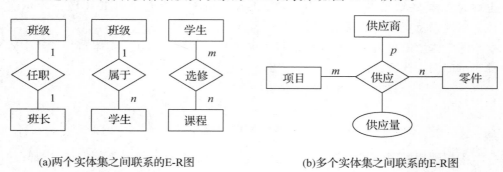

(a)两个实体集之间联系的E-R图　　　　　　(b)多个实体集之间联系的E-R图

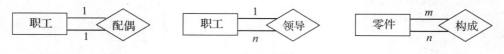

(c)单个实体集内部联系的E-R图

图 1.12　实体集及其联系的 E-R 图

3. 机器世界及其基本概念

机器世界是信息世界中信息的数据化，就是将信息用字符和数值等数据表示，存储在计算机中，并由计算机进行识别和处理。在机器世界中常用的主要概念如下。

(1)字段(Field)：标记实体属性的命名单位称为字段，也称为数据项。字段的命名往往和属性名相同。例如，员工有员工号、员工名、性别、年龄等字段。

(2)记录(Record)：字段的有序集合称为记录。通常用一条记录描述一个实体，因此，记录也可以定义为能完整地描述一个实体的字段集。例如，一名员工(2018001，张三，男，29)为一条记录。

(3)文件(File)：同一类记录的集合称为文件，文件是用来描述实体集的。例如，所有员工的记录组成了一个员工文件。

(4)关键字(Key)：能唯一标识文件中每条记录的字段或字段集，称为记录的关键字，或者简称为键。例如，在员工文件中，"员工号"可以作为员工记录的关键字。

在机器世界中，信息模型抽象为数据模型，实体型内部的联系抽象为同一记录内部各字段之间的联系，实体型之间的联系抽象为记录与记录之间的联系。

三个世界中各术语的对应关系见表1.1。

表 1.1　三个世界中各术语的对应关系

现实世界	信息世界	机器世界
事物个体	实体	记录
事物总体	实体集	文件
事物特征	属性	字段
事物之间的联系	概念模型	数据模型

从现实世界到信息世界的抽象，形成概念模型，也称为信息模型。概念模型是对现实世界的第一层抽象，是按用户的观点对信息世界进行建模，强调其语义表达能力，概念应该简单、清晰、易于用户理解。概念模型不依赖于具体的计算机系统，也不涉及信息在计算机内如何表示和处理等问题，只是用来描述某个特定组织所关心的信息结构，是数据库设计人员和用户之间进行交流的工具。从现实世界到概念模型的转换是由数据库设计人员完成的。常用的概念模型就是上面提到的实体-联系模型，即 E-R 模型。

从信息世界到机器世界的抽象，形成逻辑模型和物理模型，它们是按计算机的观点对数据进行建模，是对现实世界的第二层抽象，与具体的 DBMS 有关，有严格的形式化定义。从概念模型到逻辑模型的转换，可以由数据库设计人员完成，也可以由数据设计工具协助设计人员完成。常用的逻辑模型有层次模型、网状模型、关系模型等。物理模型是对数据最底层的抽象，它描述数据在磁盘或磁带上的存储方式和存取方法，是面向计算机系统的。物理模型的具体实现是

DBMS 的任务，用户一般不必考虑物理级细节。从逻辑模型到物理模型的转换由 DBMS 自动完成。

1.4.2　数据模型的组成要素

数据模型是严格定义的一组概念的集合，描述了系统的静态特征、动态特征和完整性约束条件，由数据结构、数据操作和完整性约束三个要素组成。

1. 数据结构

数据结构主要描述数据的类型、内容、性质及数据间的联系，是对系统静态特征的描述，是数据模型中最基本的部分，不同的数据模型采用不同的数据结构。

例如，在关系模型中，用字段、记录、关系(二维表)等描述数据对象，并以关系结构的形式进行数据组织。因此，在数据库中，通常按照其数据结构的类型来命名数据模型。例如，层次结构、网状结构和关系结构的数据模型分别命名为层次模型、网状模型和关系模型。

2. 数据操作

数据操作主要描述在相应的数据结构上允许执行的操作的集合，包括操作以及有关的操作规则，是对系统动态特征的描述。对数据库的操作主要有查询和操纵［插入(Insert)、删除(Delete)、更新(Update)］两类操作。数据模型必须定义这些操作的确切含义、操作符号、操作规则以及实现操作的语言。

3. 完整性约束

完整性约束主要描述数据结构内的数据及其联系所具有的制约和依存规则，用以限定符合数据模型的数据库状态以及状态的变化，以保证数据的正确性、有效性和相容性。

1.4.3　常用的数据模型

在数据库领域中常用的数据模型有层次模型(Hierarchical Model)、网状模型(Network Model)和关系模型(Relational Model)，其中前两类模型称为非关系模型。

1. 非关系模型

非关系模型的数据库系统在 20 世纪 70 年代至 80 年代初非常流行，在数据库系统的初期占据了主导地位，起到了重要的作用。

层次模型是数据库中最早出现的数据模型，采用树型的层次结构来表示各类实体以及实体之间的联系。但现实世界中很多事物之间的联系不是一种上下级的层次关系，更多的是非层次关系，因此，出现了可以表示实体间任意联系的网状模型。由于现实世界事物之间联系的复杂性，导致网状模型结构复杂，不利于操作和掌握。因此，在关系模型得到发展后，非关系模型逐渐被取代。

2. 关系模型

关系模型是目前使用最多的数据模型，占据数据库领域的主导地位。因此，本书仅介绍目前理论最成熟、使用最广泛的关系模型。

关系模型是1970年由美国IBM公司的研究员科德(E. F. Codd)提出的建立在严格的数学概念基础上的数据模型，开创了数据库关系方法和关系理论的研究，为数据库技术奠定了理论基础，科德本人也因此于1981年获得ACM图灵奖。

(1)关系模型的数据结构及相关概念。

关系模型的数据结构非常简单，只包含单一的数据结构——关系。关系是由行和列交叉组成的规范化的二维表，如表1.2所示的员工表就是一个关系。

表 1.2　员工表

员工号	姓名	性别	年龄
2018101	沈涛	男	32
2018202	赵玉	女	41
2018301	刘惠	女	38

在关系模型中，无论是实体还是实体之间的联系均由关系来表示。

以上面的员工表为例，介绍关系模型的相关概念。

①关系(Relation)：一个关系对应一张规范的二维表，如表1.2中的员工关系。规范化是指关系中的每一列不可再分，即不允许表中有表。例如，员工表是一个规范化的关系，但表1.3所示的工资表就不是一个规范化的关系。

表 1.3　工资表

员工号	姓名	应发工资			扣除款项		实发工资
		基本工资	职务工资	津贴	养老金	失业金	
2018110	沈鸿	1780	900	500	300	20	2860
2018210	孙波	1830	950	500	320	21	2939
2018212	赵月	1755	850	500	280	19	2806

②元组(Tuple)：表中的一行称为一个元组。例如，员工关系中的"沈涛"这一行就是一个元组。注意第一行不是元组，而是属性名。

③属性：表中的一列称为一个属性，列名即属性名，列值即属性值。例如，员工关系有4个属性：员工号、姓名、性别和年龄。

④域：属性的取值范围称为域。例如，员工关系中的性别属性的域是("男"，"女")，年龄属性的域是[18，60]。

⑤分量(Component)：元组中一个属性的值称为分量。例如，"沈涛"就是一个分量。

⑥码：能唯一确定每个元组的属性或者属性的组合称为码。例如，员工关系中的"员工号"能唯一确定每一名员工，它就是员工关系的一个码。

⑦关系模式：对关系的描述称为关系模式，一般表示为：关系名(属性1，属性2，…，属性n)。

例如，员工关系可以描述为：员工(员工号，姓名，性别，年龄)。

在关系模型中，不仅实体是用关系表示的，实体和实体之间的联系也是用关系表示的，详见第二章。

(2)关系模型的数据操作与完整性约束。

关系模型的操作主要包括查询、插入、删除和修改。关系模型的完整性约束有三类：实体完整性、参照完整性和用户自定义完整性。这些将在第二章进行详细介绍。

关系模型数据操作的特点如下。

①关系操作采用集合的操作方式，操作对象和操作结果都是集合，即对关系进行操作，得到的结果还是关系。这种操作方式称为"一次一集合"。

②对关系进行操作时，关系的存取路径对用户是隐藏的。用户只需要指出"做什么"，而不必详细说明"怎么做"，方便用户操作，提高了数据的独立性。

(3)关系模型的物理存储结构。

在关系数据库的物理组织中，有的 DBMS 中一个表对应一个文件，有的 DBMS 从操作系统获得若干大的文件，自己设计表、索引等存储结构。

1.5　数据库系统的内部结构

从专业角度看，数据库系统内部采用三级模式、二级映像结构，即数据库系统由外模式、模式和内模式三级构成，为了能实现这三个层次的联系的转换，DBMS 在这三级模式之间提供了外模式/模式、模式/内模式的二级映像功能，以保证数据库中数据的逻辑独立性和物理独立性，如图1.13所示。图1.14是数据库三级模式结构的一个实例。

1. 模式(Schema)

模式是数据库中全体数据的逻辑结构和特征的描述，是所有用户的公共数据视图。模式处在中间层，与下层的物理存储和上层的应用程序都没有关系。一个数据库只有一个模式。

2. 内模式(Internal Schema)

内模式是全体数据的物理结构和存储方式的描述，是数据在数据库内部的表

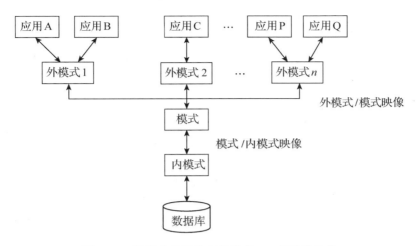

图 1.13　数据库系统的三级模式、二级映像结构

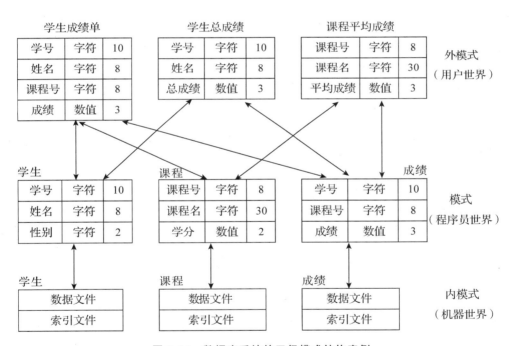

图 1.14　数据库系统的三级模式结构实例

示方式。一个数据库只有一个内模式。

3. 外模式(External Schema)

外模式也称子模式，或用户模式，它是模式的子集，是数据库用户能够看见和使用的局部数据的逻辑结构和特征的描述，是数据库用户的数据视图，与某一应用有关。一个数据库可以有多个外模式。

4. 外模式/模式映像

每一个外模式都有一个外模式/模式映像，它定义了该外模式与模式之间的对应关系。当模式改变时（例如，增加新的关系、新的属性、改变属性的类型），数据库管理员修改外模式/模式映像，使得外模式不变，应用程序是基于外模式编写的，从而应用程序也不必修改，这样就保证了数据与程序的逻辑独立性。

5. 模式/内模式映像

数据库中有唯一的一个模式/内模式映像，它定义了数据全局逻辑结构与存储结构之间的对应关系。例如，某个逻辑字段在物理上是怎么存储的。当数据库的存储结构改变时（例如，选用了另外一种存储结构），数据库管理员修改模式/内模式映像，使得模式不变，从而外模式和应用程序也不必发生改变，这样就保证了数据与程序的物理独立性。

1.6　数据库系统的外部结构

数据库的内部结构是一个包含外模式、模式和内模式的三级模式结构，但这种模式结构对最终用户和程序员来说是不透明的，他们见到的仅仅是数据库的外模式和应用程序。从最终用户角度看，数据库系统的结构分为单用户结构、主从式结构、客户/服务器结构、浏览器/服务器结构和分布式结构等。

1.6.1　单用户结构的数据库系统

单用户结构的数据库系统又称为桌面型数据库系统，其主要特点是将应用程序、DBMS 和数据库都装在一台计算机上，由一个用户独自使用，不同计算机间不能共享数据。

DBMS 提供较弱的数据库管理和较强的前端开发工具，开发工具与数据库集成为一体，既是数据库管理工具，同时又是数据库应用开发的前端工具。例如，在 Visual Foxpro 6.0 里就集成了应用开发工具。

因此，单用户结构的数据库系统工作在单机环境，侧重在可操作性、易开发和简单管理等方面，适用于未联网用户、个人用户等。

1.6.2　主从式结构的数据库系统

主从式结构的数据库系统是大型主机带多个终端的多用户结构的系统。在这种结构中，将应用程序、DBMS 和数据库都集中存放在大型主机上，所有处理任务由主机来完成，连在主机上的终端只是作为主机的输入/输出设备，各个用户通过主机的终端并发地存取数据库，共享数据资源。

主从式结构的主要优点是结构简单，易于维护和管理。缺点是所有处理任务都由主机完成，对主机的性能要求较高，当终端数量太多时，主机的处理任务过重，易造成瓶颈，导致系统性能下降，另外，当主机出现故障时，整个系统无法使用。

1.6.3　客户/服务器结构的数据库系统

随着工作站功能的增强和广泛使用，人们开始把 DBMS 的功能与应用程序分开，网络上某个(些)结点专门用于执行 DBMS 功能，完成数据的管理，称为数据库服务器；其他结点上的计算机安装 DBMS 的应用开发工具和相关数据库应用程序，称为客户机，这就是客户/服务器(Client/Server，C/S)结构的数据库系统。

1. 两层 C/S 结构

两层 C/S 结构将应用划分为前台和后台两部分。前台由客户机担任，存放应用程序和相关开发工具，负责与客户接口的相关任务，主要完成表示逻辑和业务逻辑；后台由数据库服务器担任，存放 DBMS 和数据库，负责数据库的管理，例如，查询处理、事务处理、并发控制等，主要完成数据服务，如图 1.15(a)所示。

由于客户端既要实现表示逻辑，又要完成业务逻辑，似乎比服务器端完成的任务还要多些，显得较"胖"，因此两层 C/S 结构也称为"胖客户机"结构。

2. 三层 C/S 结构

为了减轻两层 C/S 结构中客户端的负担，人们增加了应用服务器来专门负责完成业务逻辑，于是形成了三层 C/S 结构，如图 1.15(b)所示。

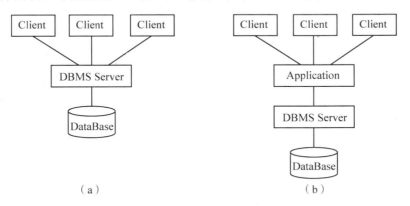

（a）　　　　　　　　　　　　（b）

图 1.15　C/S 结构的数据库系统

1.6.4　浏览器/服务器结构的数据库系统

在 C/S 结构中的每个客户机上都要安装客户程序，用户才能通过应用服务器使用数据库中的数据。随着客户端规模的扩大，客户程序的安装、维护、升级和发布，以及用户的培训等都变得相当艰难。Internet 的迅速普及，为这一问题找到了有效的解决途径，用浏览器代替客户程序，形成了浏览器/服务器（Browser/Server，B/S)结构，如图 1.16 所示。

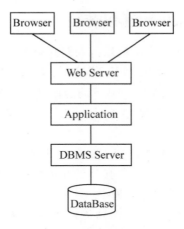

1.16　B/S 结构的数据库系统

1.6.5　分布式结构的数据库系统

分布式数据库是由一组数据组成，这些数据物理上分布在计算机网络的不同计算机上，而逻辑上是一个统一的整体。

分布式数据库的特点有以下几个方面。

第一，数据在物理上是分布存储的。数据库中的数据不集中存放在一台服务器上，而是分布在不同地域的服务器上，每台服务器被称为节点，具有独立处理的能力（称为场地自治），可以执行局部应用，同时每个节点也能通过网络通信子系统执行全局应用。

第二，所有数据在逻辑上是整体的。数据库中的数据物理分布不同，但逻辑上互相关联，是相互联系的整体。

第三，节点上分布存储的数据相对独立。在普通用户看来，整个数据库系统仍然是集中的整体，用户不关心数据的分片存储，也不关心物理数据的具体分布，完全由网络数据库在网络操作系统的支持下完成。用户既可以存取本地节点上的数据库，也可以存取异地节点上的数据库。

分布式数据库系统是分布式网络技术与数据库技术相结合的产物，是分布在计算机网络上的多个逻辑相关的数据库的结合。

1.7　常见的关系数据库

关系数据库的理论研究起源于 20 世纪 70 年代，随后涌现出众多性能良好的商品化的关系数据库管理系统（Relational DataBase Management System，RD-BMS）。例如，小型的数据库管理系统 FoxPro、Access、Paradox 和 MySQL 等，以及大型的数据库管理系统 Oracle、DB2、SQL Server、Sybase 等。RDBMS 产品的发展经历了从单机环境到网络环境、从集中到分布、从支持信息管理到联机事务处理（On-Line Transaction Processing，OLTP），再到联机分析处理（On-Line Analytical Processing，OLAP）的发展过程。本节介绍几种具有代表性的商用数据库产品。

1. Oracle

Oracle 是由数据库软件领域的第一大厂商——Oracle 公司研发的世界上最早的、技术先进的、应用广泛的、著名的大型关系型数据库管理系统，主要应用于大型企业数据库领域，支持 Windows、UNIX 等多种操作系统。该软件运行稳定、功能齐全、性能超群，其应用已渗入银行、邮电、电力、铁路、气象、民航、公安、军事、财税、制造和教育等诸多行业。Oracle 的 Oracle 11g 版本具有完整的数据管理功能，同时又是一个分布式数据库系统，支持各种 Internet 处理，是 Internet 应用领域中众多数据库产品的佼佼者。

2. SQL Server

SQL Server 是由微软公司研发的只能运行于 Windows 平台上的大型数据库管理系统。SQL Server 易学易用，能充分利用 Windows 操作系统提供的特性提升系统事务处理速度，支持扩展标记语言（XML），支持 Web 功能的数据库解决方案。对于在 Windows 平台上开发的各种企业级信息管理系统来说，无论是C/S（客户机/服务器）架构还是 B/S（浏览器/服务器）架构，SQL Server 都是一个不错的选择。

3. Sybase

Sybase 是由 Sybase 公司研发的大型数据库管理系统。Sybase 可以运行于UNIX、Windows 等多种操作系统平台上，支持标准的 SQL 语言，使用客户/服务器工作模式，采用开放的体系结构，能够实现网络环境下各节点上的数据库互访操作。

4. DB2

DB2 是 IBM 公司研发的一个多媒体、Web 关系型数据库。起初主要应用在大型机上，目前支持多种机型。DB2 在金融系统中应用较多，可以灵活服务于中小型电子商务解决方案。

5. MySQL

　　MySQL 是瑞典 MySQLAB 公司研发的小型关系型数据库管理系统，2008 年 1 月 MySQLAB 公司被 Sun 公司收购，2010 年 Oracle 公司又收购了 Sun 公司，因此 MySQL 目前是 Oracle 公司旗下产品。MySQL 体积小、速度快、功能有限，但因为它是开放源码软件，能大大降低成本，受到了个人使用者和中小企业的欢迎。

1.8　小结

　　本章主要介绍了数据库领域的基本概念以及数据库系统的整体架构，使读者对数据库系统有一个整体的了解。

　　数据库的本质是一种高级数据管理技术，因此本章介绍了在数据库出现之前的数据管理技术，如人工管理和文件系统管理，并将人工管理、文件系统管理与数据库系统管理进行了对比，强调了数据库中的数据是整体的、有联系的、可共享的。整个数据库系统必须运行在操作系统之上，有专门的数据库管理系统对数据进行管理，因此数据库管理系统在整个数据库系统中处于核心位置。

　　数据模型是数据库系统的核心和基础。为了将现实世界中的事物存储在计算机中的数据库内，需要经过认识与抽象，抽取其主要特征，形成用户和设计人员都容易识别的概念模型，然后按照机器中支持的逻辑模型将信息世界中的概念模型转换为相应的数据存储在数据库中。在概念模型中重点介绍了应用广泛的 E-R 模型。

　　数据模型分为非关系型模型和关系模型两种。早期的非关系型模型——层次模型和网状模型已退出历史舞台，因此本章只介绍了现在常用的关系模型，并从数据模型的三个要素——数据结构、数据操作和数据完整性约束三个方面进行了详细阐述。

　　从专业角度看，数据库的内部结构是三级模式、二级映像结构，能保证数据库系统的逻辑独立性和物理独立性。从外部看，数据库系统主要有单用户结构、主从式结构、客户/服务器结构、浏览器/服务器结构和分布式结构。为了增加读者的感性认识，最后又介绍了常用的关系型数据库产品，如本书中使用的Oracle。

习题

一、选择题

1. 下列哪个选项不是数据库系统的特点（　　）。

　A. 数据结构化　　　　　　　　　　B. 数据独立性高

　C. 数据共享性高　　　　　　　　　D. 数据没有冗余

2. 数据库系统的核心部分是(　　　)。

A. 数据库　　　　　　　　　　　　B. 数据库管理系统

C. 数据库应用系统　　　　　　　　D. 数据库管理员

3. 数据库中存储的是(　　　)。

A. 数据　　　　　　　　　　　　　B. 数据模型

C. 数据以及数据之间的联系　　　　D. 信息

4. 数据库管理系统是(　　　)。

A. 采用了数据库技术的计算机系统

B. 包括数据库、硬件、软件和 DBA

C. 位于用户与操作系统之间的一层数据管理软件

D. 包含操作系统在内的数据管理软件系统

5. 数据库用户不包括以下哪种人员(　　　)。

A. 机房管理人员　　　　　　　　　B. 系统分析人员

C. 数据库设计人员　　　　　　　　D. 数据库管理员

6. 对现实世界进行第一层抽象的模型是(　　　)。

A. 概念模型　　　B. 逻辑模型　　　C. 物理模型　　　D. 关系模型

7. 关系模型的创始人是(　　　)。

A. Boyce　　　　B. Bachman　　　C. Codd　　　　D. Ellison

8. 下列哪个选项不是数据模型的组成要素(　　　)。

A. 数据结构　　　B. 数据存储　　　C. 数据操作　　　D. 完整性约束

9. 数据具有完全的独立性始于(　　　)阶段。

A. 人工管理　　　B. 文件管理　　　C. 数据库系统　　D. 以上都不是

10. 在关系模型中，表中的一行称为(　　　)。

A. 元组　　　　　B. 属性　　　　　C. 域　　　　　D. 分量

11. 相对于非关系模型，关系数据模型的缺点之一是(　　　)。

A. 存取路径对用户透明，需查询优化

B. 数据结构简单

C. 数据独立性高

D. 有严格的数学基础

12. 关系模型的基本数据结构是(　　　)。

A. 树　　　　　　B. 图　　　　　　C. 索引　　　　　D. 关系

13. 假设一个项目有一个项目主管，一个项目主管可以管理多个项目，则项目主管与项目之间的联系类型是(　　　)。

A. 1 : 1　　　　　B. 1 : n　　　　C. m : n　　　　D. n : 1

14. 一般地，商品与顾客两个实体之间的联系类型是（　　　）。

A. 1 : 1　　　　　B. 1 : n　　　　　C. m : n　　　　　D. n : 1

15. E-R 模型的三要素是（　　　）。

A. 实体、属性、实体集　　　　　　B. 实体、码、联系

C. 实体、属性、联系　　　　　　　D. 实体、域、码

16. E-R 模型中的属性用（　　　）表示。

A. 矩形　　　　　B. 椭圆　　　　　C. 菱形　　　　　D. 无向边

17. 在机器世界中，表示事物特征的属性被称为（　　　）。

A. 字段　　　　　B. 记录　　　　　C. 文件　　　　　D. 关键字

18. 信息世界中的"实体"术语，与之对应的数据库术语为（　　　）。

A. 文件　　　　　B. 数据库　　　　　C. 字段　　　　　D. 记录

19. 下列不属于数据库的三级模式结构的是（　　　）。

A. 内模式　　　　　B. 外模式　　　　　C. 模式　　　　　D. 抽象模式

20. 在数据库的三级模式结构中，描述数据库中全体数据的全局逻辑结构和特征的是（　　　）。

A. 内模式　　　　　B. 外模式　　　　　C. 模式　　　　　D. 存储模式

21. 在数据库的三级模式结构中，模式与外模式的关系是（　　　）。

A. 1 : 1　　　　　B. 1 : n　　　　　C. m : n　　　　　D. n : 1

22. 数据的独立性是指（　　　）。

A. 不会因为数据的数值变化而影响应用程序

B. 不会因为数据存储结构与逻辑结构的变化而影响应用程序

C. 不会因为存取策略的变化而影响应用程序

D. 不会因为某些存储结构的变化而影响其他的存储结构

23. 数据库的外模式有（　　　）。

A. 1 个　　　　　B. 2 个　　　　　C. 3 个　　　　　D. 多个

24. 数据与应用程序的物理独立性是指当数据库的存储结构改变时，修改（　　　）映像，使得内模式不变，从而外模式和应用程序也不必发生改变。

A. 模式/内模式　　　　　　B. 模式/外模式

C. 外模式/模式　　　　　　D. 外模式/内模式

25. 下列哪个选项不是常见的数据库（　　　）。

A. Oracle　　　　　　B. ASP

C. SQL Server　　　　　D. MySQL

二、简答题

1. 简述数据管理技术发展的三个阶段以及各个阶段的特点。

2. 简述数据库、数据库管理系统和数据库系统三个概念的含义和联系。

3. 简述数据库管理系统的功能。

4. 简述数据库系统的组成。

5. 解释概念模型中的以下术语：实体，属性，码，实体型，实体集，实体-联系图（E-R 图）。

6. 简述数据模型的定义及其三个组成要素。

7. 简述数据库的三级模式、二级映像结构。

8. 简述数据与应用程序的逻辑独立性和物理独立性。

第二章 关系数据库理论

关系数据库系统是支持关系模型的数据库系统，关系数据库是目前应用最广泛、最重要、最流行的数据库。1970 年，美国 IBM 公司的科德在美国计算机学会会刊《Communications of the ACM》上发表了题为"A Relational Model of Data for Shared Data Banks"的论文，开创了数据库系统的新纪元。ACM 在 1983 年把这篇论文列为从 1958 年以来的四分之一世纪中具有里程碑意义的 25 篇研究论文之一。在这之后他连续发表了多篇论文，奠定了关系数据库的理论基础。本章将对关系模型理论进行详细介绍，包括关系的形式化定义、关系的完整性约束和关系代数。

2.1 关系的形式化定义及有关概念

在第一章中非形式化地介绍了关系模型及其基本概念。关系模型以集合代数理论为基础，本节将从集合论角度给出关系的形式化定义。

2.1.1 关系的形式化定义

1. 域

定义 2.1 域是一组具有相同数据类型的值的集合，又称为值域，用 D 表示。例如，整数集合、字符串集合等都是域。

域中所包含的值的个数称为域的基数，用 m 表示。例如，有 D_1、D_2 和 D_3 三个域，分别表示员工关系中姓名、性别和年龄的集合。

$D_1 = \{$沈涛，赵玉，刘惠$\}$，基数 $m_1 = 3$，

$D_2 = \{$男，女$\}$，基数 $m_2 = 2$，

$D_3 = \{32，41，38\}$，基数 $m_3 = 3$。

2. 笛卡尔积(Cartesian Product)

定义 2.2 给定任意一组域 D_1，D_2，$\cdots$，D_n，它们中可以有相同的域。定义 D_1，D_2，$\cdots$，D_n 的笛卡尔积为 $D_1 \times D_2 \times \cdots \times D_n = \{(d_1，d_2，\cdots，d_n) \mid d_i \in D_i，i = 1，2，\cdots，n\}$。

其中，

(1)每个元素$(d_1, d_2, \cdots, d_n)$叫作一个 n 元组(n-Tuple)，简称元组。

(2)元素中的每一个值 d_i 叫作一个分量。

(3)若 $D_i(i=1, 2, \cdots, n)$ 为有限集，其基数为 $m_i(i=1, 2, \cdots, n)$，则 $D_1 \times D_2 \times \cdots \times D_n$ 的基数 M 为所有域的基数的累乘积，即 $M = \prod\limits_{i=1}^{n} m_i$。

例如，员工关系中姓名、性别和年龄三个域的笛卡尔积为

$D_1 \times D_2 \times D_3 = \{$（沈涛，男，32），（沈涛，男，41），（沈涛，男，38），

（沈涛，女，32），（沈涛，女，41），（沈涛，女，38），

（赵玉，男，32），（赵玉，男，41），（赵玉，男，38），

（赵玉，女，32），（赵玉，女，41），（赵玉，女，38），

（刘惠，男，32），（刘惠，男，41），（刘惠，男，38），

（刘惠，女，32），（刘惠，女，41），（刘惠，女，38）$\}$，

该笛卡尔积的基数为 $M = m_1 \times m_2 \times m_3 = 3 \times 2 \times 3 = 18$，因此元组的个数是 18。

(4)笛卡尔积的元组可以用二维表的形式表示。例如，上述 $D_1 \times D_2 \times D_3$ 中的 18 个元组可以用表 2.1 所示的形式表示。

表 2.1　D_1，D_2，D_3 的笛卡尔积

姓名	性别	年龄
沈涛	男	32
沈涛	男	41
沈涛	男	38
沈涛	女	32
沈涛	女	41
沈涛	女	38
赵玉	男	32
赵玉	男	41
赵玉	男	38
赵玉	女	32
赵玉	女	41
赵玉	女	38
刘惠	男	32
刘惠	男	41
刘惠	男	38
刘惠	女	32
刘惠	女	41
刘惠	女	38

3. 关系

定义 2.3 $D_1 \times D_2 \times \cdots \times D_n$ 的有意义的子集称为在域 D_1，D_2，$\cdots$，D_n 上的关系，表示为 $R(D_1, D_2, \cdots, D_n)$。

其中，R 是关系的名字，n 是关系的目或度。

当 $n=1$ 时，称该关系为单元关系；当 $n=2$ 时，称该关系为二元关系。关系 R 中的每个元素是关系中的一个元组。

显然，在表 2.1 中，$D_1 \times D_2 \times \cdots \times D_n$ 的笛卡尔积是没有实际意义的，从中选出符合实际情况的、有意义的元组组成新的关系，如表 2.2 所示。

表 2.2　D_1，D_2，D_3 的笛卡尔积的子集

姓名	性别	年龄
沈涛	男	32
赵玉	女	41
刘惠	女	38

由于关系是笛卡尔积的子集，因此，也可以把关系看成一个二维表。其中，

(1)表的框架由域构成，即表的每一列对应一个域。

(2)表的每一行对应一个元组，通常用 t 表示。

(3)由于域可以相同，为了加以区别，必须为每列起一个名字，称为属性，通常用 A 表示；n 目关系必有 n 个属性，属性的取值范围 $D_i(i=1, 2, \cdots, n)$ 称为值域。

2.1.2　关系的性质

严格地说，关系是规范化的二维表中行的集合，为了简化表中数据的操作，在关系模型中对关系做了一些限制，关系具有如下性质。

(1)列是同质的，即每一列的分量是同一类型的数据，来自同一个域。

(2)属性名是唯一的，不同的列可以出自同一个域，但属性名必须不同。

(3)码的唯一性，即任意两个元组的码不能相同，从而任意两个元组不相同。

(4)列的顺序无关性，即交换任意两列的次序，得到的还是同一个关系。

(5)行的顺序无关性，即交换任意两行的次序，得到的还是同一个关系。

(6)分量的原子性，即每个分量都是不可分的数据项。

2.1.3　关系模式与关系数据库

1. 关系模式与关系

在数据库中有型和值之分。关系模式是型，关系是值，关系模式和关系就是型与值的联系。

关系模式是对一个关系结构的描述，包括关系由哪些属性构成，这些属性来自哪些域，以及属性和域之间的映像关系。因此，一个关系模式应当是一个五元组。

定义 2.4 关系模式(Relation Schema)是对关系的描述，可形式化地表示为 $R(U, D, DOM, F)$。

其中，R 是关系名，U 是组成该关系的属性的集合，D 是 U 中属性所对应的域的集合，DOM 是属性向域的映像的集合，F 是该关系中各属性间的依赖关系集合。

关系模式通常简记为 $R(U)$ 或 $R(A_1, A_2, \cdots, A_n)$，A_i 是属性名。

关系是由满足关系模式结构的元组构成的集合，是关系模式在某一时刻的状态或内容。也就是说，关系模式是型，关系是它的值。例如，在员工关系中，元组的值会通过增加、删除和修改等操作经常发生变化，而关系的结构不会发生变化，任何时候总是有姓名、性别和年龄三个属性。因此关系模式是稳定的、静态的，而关系则是随时间变化的、动态的。通常在不引起混淆的情况下，二者都可以称为关系。

2. 关系数据库

在一个给定的应用领域中，所有实体以及实体间联系的集合构成一个关系数据库。关系数据库也有型和值之分，关系数据库的型是所有关系模式的集合，也是对关系数据库的描述，相对固定；关系数据库的值是这些关系模型在某一时刻对应的关系的集合，其值会随时间变化。

2.2 关系数据库示例

本书后续内容都将以某高校教务管理数据库 Teach 为例进行介绍。该数据库包含院系关系、学生关系、课程关系、教师关系、选修关系和任课关系等六个关系，各关系的结构如下。

(1)院系关系 Department(Dno, Dname, Office)。

(2)学生关系 Student(Sno, Sname, Sex, Birth, Dno)。

(3)课程关系 Course(Cno, Cname, Cpno, Credit)。

(4)教师关系 Teacher(Tno, Tname, Prof, Engage, Dno)。

(5)选修关系 SC(Sno, Cno, Score)。

(6)任课关系 TC(Tno, Cno, Classname, Semester)。

各关系的数据内容如图 2.1 所示。

院系关系（Department）

院系编号 （Dno）	院系名称 （Dname）	办公地点 （Office）
D1	信工学院	C101
D2	地理学院	S201
D3	工学院	F301
D4	医学院	B206

学生关系（Student）

学号 （Sno）	姓名 （Sname）	性别 （Sex）	出生日期 （Birth）	所在院系 （Dno）
S1	赵刚	男	1995-9-2	D1
S2	周丽	女	1996-1-6	D3
S3	李强	男	1996-5-2	D3
S4	刘珊	女	1997-8-8	D1
S5	齐超	男	1997-6-8	D2
S6	宋佳	女	1998-8-2	D4

课程关系（Course）

课程号 （Cno）	课程名 （Cname）	直接先修课 （Cpno）	学分 （Credit）
C1	数据库	C3	4
C2	计算机基础	NULL	3
C3	C_Design	C2	2
C4	网络数据库	C1	4

教师关系（Teacher）

教师编号 （Tno）	教师姓名 （Tname）	职称 （Prof）	聘任时间 （Engage）	所在院系 （Dno）
T1	刘伟	教授	2008-1-1	D1
T2	刑林	讲师	2013-7-1	D3
T3	吕轩	讲师	2010-7-1	D3
T4	陈武	副教授	2008-1-1	D1
T5	海洋	助教	2016-7-3	D2
T6	付阳	讲师	2012-1-6	NULL

选修关系（SC）

学号 （Sno）	课程号 （Cno）	成绩 （Score）
S1	C1	90
S2	C2	82
S3	C1	85
S4	C1	46
S5	C2	78
S1	C2	98
S3	C2	67
S6	C2	87
S1	C3	98
S5	C3	77
S1	C4	52
S6	C4	79
S4	C2	69
S6	C3	NULL

任课关系（TC）

教师编号 （Tno）	课程号 （Cno）	任课班级 （Classname）	开课学期 （Semester）
T1	C2	17 网工	2017-1
T1	C1	17 计科	2017-2
T2	C3	16 工设	2016-2
T2	C3	17 网工	2016-2
T4	C3	16 网工	2017-1
T4	C4	16 计科	2016-2
T5	C2	16 环境	2016-2
T3	C3	15 工设	2017-2
T1	C3	17 软工	2017-2
T5	C3	17 环境	2017-1
T1	C4	15 计科	2017-1
T6	C3	17 计科	2017-2
T6	C1	16 计科	NULL

图 2.1　高校教务管理数据库 Teach

下面以 Teach 数据库中的各个关系为例，介绍关系的各种码的概念。

（1）码：也称候选码，是能唯一标识每个元组的单个属性或最少属性的组合。例如，"院系编号"是院系关系的码，"学号"是学生关系的码，"课程号"是课程关系的码，而选修关系中的学号和课程号这两个属性的组合是码，即码是（学号，课程号）。请读者给出教师关系和任课关系的码。

一个关系的码可以有多个，例如，在院系关系中，若"院系名称"不允许重名，则"院系名称"也是该关系的码。

寻求关系的码的步骤：先判断单个属性是不是码，然后再判断两两属性的组合，三三属性的组合，依次进行下去，直到全部属性的组合，找到所有的码。

（2）主码（Primary Key）：从候选码中选定其中的一个作为主码，一个关系的主码只能有一个。例如，院系关系有两个候选码："院系编号"和"院系名称"，可选定"院系编号"为院系关系的主码。

（3）全码（All-key）：若关系中所有属性的组合才是该关系的码，则称该关系的码为全码。例如，在仓库保管（仓库，保管员，商品）关系中，假设每个仓库有若干保管员，若干商品，每个保管员保管所在仓库的所有商品，每种商品被所有保管员保管，则该关系的码是全码。

（4）外码（Foreign Key）：设属性 F 是关系 R 的一个属性，但不是 R 的码，若 F 与关系 S 中的主码 K_s 相对应，则称 F 是 R 的外码。R 为参照关系（Referencing Relation），S 为被参照关系（Referenced Relation），R 和 S 不一定是不同的关系。

例如，学生关系中的"所在院系"不是学生的码，它与学院关系的主码"院系编号"相对应，则"所在院系"是学生关系的外码，学生是参照关系，院系是被参照关系；同理，选修关系中的"学号"和"课程号"都是选修关系的外码。请读者找出其他关系的外码。

在关系数据库中，外码表示两个关系之间的联系。例如，在 Teach 数据库中，六个关系之间的联系如图 2.2 所示。

（5）主属性（Prime Attribute）：包含在所有候选码中的属性称为主属性。例如，学生关系中的"学号"，课程关系中的"课程号"，选修关系中的"学号"和"课程号"都是主属性。请读者给出其他关系中的主属性。

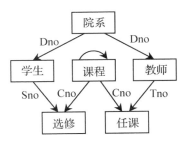

图 2.2　Teach 数据库中各关系之间的联系

（6）非主属性（Nonprime Attribute）：不包含在任何一个候选码中的属性称为非主属性。例如，学生关系中的"姓名""性别""出生日期"和"所在院系"是非主属性，选修关系中的"成绩"也是非主属性。请读者给出其他关系中的非主属性。

综上所述，可以得到 Teach 数据库中六个关系的结构如下，其中主码用下划线表示，外码用波浪线表示。

（1）院系关系 Department(Dno，Dname，Office)。

（2）学生关系 Student(Sno，Sname，Sex，Birth，Dno)。

（3）课程关系 Course(Cno，Cname，Cpno，Credit)。

（4）教师关系 Teacher(Tno，Tname，Prof，Engage，Dno)。

（5）选修关系 SC(Sno，Cno，Score)。

（6）任课关系 TC(Tno，Cno，Classname，Semester)。

2.3　关系模型的完整性

关系模型有三类完整性约束：实体完整性、参照完整性和用户自定义完整性。其中实体完整性和参照完整性是关系模型必须满足的完整性约束条件，称为关系的两个不变性，由关系系统自动支持。用户自定义完整性是应用领域要遵循的约束条件，体现了具体领域中的语义约束。

2.3.1　实体完整性(Entity Integrity)

实体完整性规则　若属性 A 是基本关系 R 的主属性，则属性 A 不能取空值。

例如，在学生关系中，"学号"是主属性，则"学号"不能取空值；同理，课程关系中的"课程号"也不能取空值。

空值就是"不知道"或"不存在"的值。若主属性为空值，说明包含该主属性的码是不确定的值，也就是说该实体不可标识，即不可区分，这与实体的定义"实体是客观存在并可相互区别的事物"相矛盾，因此主属性不能为空。

实体完整性规则所规定的主属性不能为空值是指关系中的所有的主属性都不能为空值，而不仅仅是主码中的属性不能取空值。例如，院系关系中的"院系编号"和"院系名称"都是主属性，都不能取空值。

2.3.2　参照完整性(Referential Integrity)

现实世界中的实体之间往往存在着某种联系，这种联系是用关系来描述的，因此存在着关系与关系间的引用。

例如，院系关系和学生关系之间存在着引用，即学生关系中的外码"所在院系"属性的值引用了院系关系中的主码"院系编号"属性的值，说明学生必须是属于某个已存在的院系。

再如，学生、课程和选修三个关系间存在着引用，即选修关系中的外码"学号"属性的值引用了学生关系中的主码"学号"属性的值，说明选修的学生必须是已存在的某个学生；同理，选修关系中的外码"课程号"属性的值引用了课程关系中的主码"课程号"属性的值，说明学生所选修的课程必须是已存在的某门课程。

不仅两个或两个以上的关系间可以存在引用关系，同一关系内部属性间也可能存在引用关系。例如，在课程关系中，"课程号"属性是主码，"直接先修课"属性表示当前该课程的直接先修课的课程号，它引用了本关系中的"课程号"属性，即"直接先修课"必须是已经存在的课程的课程号。

参照完整性规则　若属性(或属性组)F是基本关系R的外码，它与基本关系S的主码K_s相对应(R和S不一定是不同的关系)，则对于R中的每个元组在F上的值必须为：或者等于S中某个元组的主码值；或者取空值(F的每个属性均为空值)。

例如，学生关系的外码"所在院系"在"赵刚"这条元组上的取值为"D1"，说明赵刚是"信工学院"的学生；若外码"所在院系"在"赵刚"这条元组上的取值为空值，说明赵刚可能刚入学，暂时还没有分配学院，这与实际应用环境相符合。

再如，选修关系的外码"学号"和"课程号"在第一条元组上的取值为"S1"和"C1"，说明已存在的学生S1选修了已存在的课程C1。

思考：选修关系的外码"学号"和"课程号"能否取空值？

参照完整性规则中的外码F可以取空值，前提是该外码F同时不是其所在关系R的主属性，否则与实体完整性规则相矛盾。

2.3.3　用户自定义完整性(User-defined Integrity)

实体完整性和参照完整性是任何数据库系统都支持的。但不同的数据库系统根据应用环境的不同，往往还需要一些特殊的约束条件。用户自定义完整性是针对某一具体关系数据库的约束条件，它反映了某一具体应用所涉及的数据必须满足的语义要求。例如，年龄必须在15到45岁之间，性别只能取"男"或"女"中的一个值，成绩必须在0到100分之间不等，这些规则由用户根据具体的应用环境来定义，DBMS负责检查和处理。

2.4　关系模型的数据操作

2.4.1　关系模型的数据操作的分类

关系操作的特点是集合操作方式，即操作对象和结果都是集合，这种操作方式也称为"一次一集合"的方式。

关系操作主要分为查询和操纵两大部分，其中查询是最主要也是最重要的操作。查询操作包括选择(Select)、投影(Projection)、连接(Join)、除(Divide)、并(Union)、交(Intersection)、差(Difference)和笛卡尔积等。其中选择、投影、并、差、笛卡尔积是五种基本操作。

2.4.2　关系模型的数据操作的语言

关系操作语言分为三类,见表 2.3。

表 2.3　关系操作语言分类

语言分类	功能	示例语言
关系代数语言	用关系的运算来表达查询要求,仅能查询	ISBL
关系演算语言	用谓词来表达查询要求,仅能查询	APLHA、QUEL、QBE
结构化查询语言	具有关系代数和关系演算双重特点,可进行查询、DDL、DML、DCL 等操作	SQL

关系代数是用代数的方式对关系进行运算来表达查询要求的,关系演算是用谓词来表达查询要求的,二者在表达能力上是完全等价的,都是抽象的查询语言,不能在具体的 DBMS 上实现,它们被用作评估实际系统中查询语言能力的标准或基础。本书中主要介绍关系代数。

SQL 是介于关系代数和关系演算之间的语言,它不仅有丰富的查询功能,还有数据定义和数据控制功能,是集查询、DDL、DML 和 DCL 于一体的关系数据语言。SQL 充分体现了关系数据语言的特点和优点,是关系数据库的标准语言。

2.5　关系代数

关系代数用关系的运算来表达查询,是一种抽象的语言,不能在实际的机器上实现,但它是研究关系运算的数学工具,其给出的功能在任何语言中都能实现。

关系代数是对关系进行运算,得到的结果仍是关系。关系代数用到的运算符包括四类:集合运算符、专门的关系运算符、比较运算符和逻辑运算符,见表 2.4。

表 2.4　关系代数运算符

运算符分类	运算符	含义	表示方法	功能
传统的集合运算符	∪	并	$R \cup S$	由属于关系 R 或属于关系 S 的元组组成的新关系
	∩	交	$R \cap S$	由既属于关系 R 又属于关系 S 的元组组成的新关系
	−	差	$R - S$	由属于关系 R 但不属于关系 S 的元组组成的新关系
	×	笛卡尔积	$R \times S$	关系 R 中的每个元组与关系 S 中的每个元组横向拼接成新元组而组成的新关系
专门的关系运算符	σ	选择	$\sigma_F(R)$	在关系 R 中选择所有满足条件 F 的元组组成新关系
	π	投影	$\pi_{A_1,A_2,\cdots,A_n}(R)$	在关系 R 中将指定属性 A_1，A_2，…，A_n 投影出来组成新的关系，并去掉重复的元组
	∞	连接	$R \underset{A\theta B}{\infty} S$	从 R 和 S 的笛卡尔积中选择满足条件 $A\theta B$ 的元组组成新的关系
	÷	除	$R(A, B) \div S(B, C)$	得到一个新关系 $P(A)$，P 中的每个元组在 R 中的象集包含了 B 属性在关系 S 中的投影
比较运算符	＞	大于	$X > Y$	若 $X > Y$，则返回 *True*，否则返回 *False*
	≥	大于或等于	$X \geqslant Y$	若 $X \geqslant Y$，则返回 *True*，否则返回 *False*
	＜	小于	$X < Y$	若 $X < Y$，则返回 *True*，否则返回 *False*
	≤	小于或等于	$X \leqslant Y$	若 $X \leqslant Y$，则返回 *True*，否则返回 *False*
	＝	等于	$X = Y$	若 X 等于 Y，则返回 *True*，否则返回 *False*
	≠	不等于	$X \neq Y$	若 X 不等于 Y，则返回 *True*，否则返回 *False*
逻辑运算符	¬	非	$\neg X$	若 X 为 *True*，则返回 *False*，否则返回 *True*
	∧	与	$X \wedge Y$	若 X 与 Y 均为 *True*，则返回 *True*，否则返回 *False*
	∨	或	$X \vee Y$	X 与 Y 至少有一个为 *True*，则返回 *True*，否则返回 *False*

2.5.1　传统的集合运算

　　传统的集合运算是二目运算，将关系看成元组的集合，其运算是从关系的"水平"方向即行的角度进行的，包含并、交、差和笛卡尔积四种运算。

　　在介绍传统的集合运算之前，首先给出一些符号的解释。

　　(1)关系模式 $R(A_1, A_2, \cdots, A_n)$ 的一个具体关系为 R。$t \in R$ 表示 t 是 R 的一个元组。$t[A_i]$ 则表示元组 t 中对应于属性 A_i 的一个分量。

　　(2) R 为 n 目关系，S 为 m 目关系。$t_r \in R$，$t_s \in S$，$\overset{\frown}{t_r t_s}$ 称为元组的连接。它是一个 $(n+m)$ 列的元组，前 n 个分量为 R 中的一个 n 元组，后 m 个分量为 S 中的一个 m 元组。

任意两个关系 R 和 S 进行并、交、差集合运算时都要满足下列两个条件。

(1)R 和 S 具有相同的目 n，即 R 和 S 都有 n 个属性。

(2)R 和 S 中相应的属性取自同一个域。

1. 并

关系 R 与关系 S 的并记作：

$$R \cup S = \{t \mid t \in R \vee t \in S\}$$

结果仍为 n 目关系，由属于 R 或属于 S 的元组组成，去掉重复的元组。

2. 差

关系 R 与关系 S 的差记作：

$$R - S = \{t \mid t \in R \wedge t \notin S\}$$

结果仍为 n 目关系，由属于 R 但不属于 S 的所有元组组成。

3. 交

关系 R 与关系 S 的交记作：

$$R \cap S = \{t \mid t \in R \wedge t \in S\}$$

结果仍为 n 目关系，由既属于 R 又属于 S 的元组组成。

关系 R 和 S 的交也可以用差来表示：$R \cap S = R - \{R - S\}$。

【例 1】关系 R、S 和 Q 的内容及相应的运算结果如图 2.3 所示。

R

A	B	C
a_1	b_1	c_1
a_1	b_2	c_2
a_2	b_2	c_1

（a）

S

A	B	C
a_1	b_2	c_2
a_1	b_3	c_2
a_2	b_2	c_1

（b）

Q

D	E
d_1	e_2
d_2	e_3

（c）

$R \cup S$

A	B	C
a_1	b_1	c_1
a_1	b_2	c_2
a_2	b_2	c_1
a_1	b_3	c_2

（d）

$R - S$

A	B	C
a_1	b_1	c_1

（e）

$R \times Q$

A	B	C	D	E
a_1	b_1	c_1	d_1	e_2
a_1	b_1	c_1	d_2	e_3
a_1	b_2	c_2	d_1	e_2
a_1	b_2	c_2	d_2	e_3
a_2	b_2	c_1	d_1	e_2
a_2	b_2	c_1	d_2	e_3

（g）

$R \cap S$

A	B	C
a_1	b_2	c_2
a_2	b_2	c_1

（f）

图 2.3 传统的集合运算示例

4. 笛卡尔积

设关系 R 有 n 目，k_1 个元组，关系 S 有 m 目，k_2 个元组，则 R 与 S 的笛卡尔积记作：

$$R \times S = \{\widehat{t_r t_s} \mid t_r \in R \land t_s \in S\}$$

笛卡尔积就是 R 中的每个元组依次与 S 中的每个元组进行横向连接形成新的元组组成新关系。因此笛卡尔积的结果集合中包含 $n+m$ 列，其中前 n 列是关系 R 中的元组，后 m 列是关系 S 中的元组，一共有 $k_1 \times k_2$ 个元组。图 2.3(g) 是关系 R 和关系 Q 进行笛卡尔积运算的结果。

2.5.2　专门的关系运算

传统的集合运算只是从行的角度进行运算，而专门的关系运算不仅涉及行也涉及列，能灵活地对数据库进行多种多样的操作。专门的关系运算包括选择、投影、连接和除等运算。

在介绍专门的关系运算之前，首先给出一些符号的解释。

(1) 若 $A = \{A_{i1}, A_{i2}, \cdots, A_{ik}\}$，其中 $A_{i1}, A_{i2}, \cdots, A_{ik}$ 是 $A_1, A_2, \cdots, A_n$ 的一部分，则 A 称为属性列或属性组。$\overline{A}$ 则表示 $A_1, A_2, \cdots, A_n$ 中去掉 $A_{i1}, A_{i2}, \cdots, A_{ik}$ 后剩余的属性组。

$t[A] = (t[A_{i1}], t[A_{i2}], \cdots, t[A_{ik}])$ 表示元组 t 在属性列 A 上的诸分量的集合。

(2) 象集 (Images Set)。

给定一个关系 $R(X, Z)$，X 和 Z 为属性组。当 $t[X] = x$ 时，x 在 R 中的象集定义为 $Z_x = \{t[Z] \mid t \in R, t[X] = x\}$。

即 x 的象集是属性组 X 上值为 x 的诸元组在 Z 上的各分量的集合。

例如，在图 2.4 中，

x_1 在 R 中的象集 $Z_{x_1} = \{Z_1, Z_3\}$。

x_2 在 R 中的象集 $Z_{x_2} = \{Z_3\}$。

x_3 在 R 中的象集 $Z_{x_3} = \{Z_1, Z_2\}$。

下面以高校教务管理数据库 Teach 为例给出这些关系运算的定义。

R

X	Z
x_1	Z_1
x_2	Z_3
x_3	Z_2
x_1	Z_3
x_3	Z_1

图 2.4　象集示例

1. 选择

选择运算是从关系 R 中选择满足给定条件的所有元组组成新的关系，记作：

$$\sigma_F(R) = \{t \mid t \in R \land F(t) = \text{True}\}$$

其中，σ 为选择运算符，F 表示给定的条件，是一个逻辑表达式，结果为 True 或 False。

F 的基本形式是：$X\theta Y$。

其中，θ 是比较运算符，表示 $>$、$\geqslant$、$<$、$\leqslant$、$\neq$、$=$ 等。X 通常为属性名，Y 是属性名或常量或简单函数等，属性名也可以用其在原关系中的序号来代替。

选择运算实际上就是从关系 R 中选择使逻辑表达式 F 为 True 的元组。

(1)单条件选择，基本形式：$\sigma_F(R)$。

【例2】查询全体男生的信息。

$\sigma_{Sex='男'}(Stedent)$ 或 $\sigma_{3='男'}(Student)$，其中"3"表示 Sex 属性在 Student 关系中的序号，第 3 列。结果见表 2.5。

表 2.5　【例2】的运算结果

Sno	Sname	Sex	Birth	Dno
S1	赵刚	男	1995-9-2	D1
S3	李强	男	1996-5-2	D3
S5	齐超	男	1997-6-8	D2

【例3】查询学分小于 4 分的课程信息。

$\sigma_{Credit<4}(Course)$ 或 $\sigma_{4<4}(Course)$，结果见表 2.6。

表 2.6　【例3】的运算结果

Cno	Cname	Cpno	Credit
C2	计算机基础	NULL	3
C3	C _ Design	C2	2

(2)多条件选择，基本形式：$\sigma_{F_1 \land/\lor F_2}(R)$。

【例4】查询 D1 院系的全体男生的信息。

$\sigma_{Dno='D1' \land Sex='男'}(Student)$ 或 $\sigma_{5='D1' \land 3='男'}(Student)$，结果见表 2.7。

表 2.7　【例4】的运算结果

Sno	Sname	Sex	Birth	Dno
S1	赵刚	男	1995-9-2	D1

【例5】查询 D1 和 D3 院系的全体学生信息。

$\sigma_{Dno='D1' \lor Dno='D3'}(Student)$ 或 $\sigma_{5='D1' \lor 5='D3'}(Student)$，结果见表 2.8。

表 2.8　【例 5】的运算结果

Sno	Sname	Sex	Birth	Dno
S1	赵刚	男	1995-9-2	D1
S2	周丽	女	1996-1-6	D3
S3	李强	男	1996-5-2	D3
S4	刘珊	女	1997-8-8	D1

2. 投影

投影运算是从关系 R 中选取若干属性组成新的关系，记作：

$$\pi_A(R)=\{t[A]\mid t\in R\}$$

其中，$A=\{A_{i1}，A_{i2}，\cdots，A_{ik}\}$ 是选取的若干属性列。

投影是从列的角度进行运算，从关系 R 中选择若干列，并去掉因此而产生的重复元组。

（1）单字段投影，基本形式：$\pi_{Ai}(R)$。

【例 6】查询学生都来自哪些系。

$\pi_{Dno}(Student)$ 或 $\pi_5(Student)$，结果见表 2.9。

（2）多字段投影，基本形式：$\pi_{A_{i1},A_{i2},\cdots,A_{ik}}(R)$。

【例 7】查询学生的学号和姓名。

$\pi_{Sno,Sname}(Student)$ 或 $\pi_{1,2}(Student)$，结果见表 2.10。

表 2.9　【例 6】的运算结果

Dno
D1
D3
D2
D4

表 2.10　【例 7】的运算结果

Sno	Sname
S1	赵刚
S2	周丽
S3	李强
S4	刘珊
S5	齐超
S6	宋佳

（3）选择和投影混合形式：$\pi_A(\sigma_F(R))$。

【例 8】查询选修 C3 课程的学生的学号。

$\pi_{Sno}(\sigma_{Cno='C3'}(SC))$，结果见表 2.11。

表 2.11　【例 8】的运算结果

Sno
S1
S5
S6

【例 9】查询选修 C2 课程且成绩在 80 分以上的学生的学号。

$\pi_{Sno}(\sigma_{Cno='C2' \wedge Score>80}(SC))$，结果见表 2.12。

表 2.12　【例 9】的运算结果

Sno
S2
S1
S6

3. 连接

(1)一般的连接。

连接运算是从两个关系的笛卡尔积中选取属性间满足一定条件的元组组成新的关系，记作：

$$R\underset{A\theta B}{\infty}S=\{\widehat{t_r t_s} \mid t_r \in R \wedge t_s \in S \wedge t_r[A]\theta t_s[B]\}$$

其中，A 和 B 分别是 R 和 S 上列数相同且可比的属性组，θ 是比较运算符。

连接运算就是从 R 和 S 的笛卡尔积中选取 R 关系在 A 属性组上的值与 S 关系在 B 属性组上的值满足比较运算符 θ 的元组。如图 2.5(c)是 R 和 S 按照 C＜E 条件进行连接的结果。

(2)等值连接(Equi Join)。

在一般连接中，当 θ 为"＝"时的连接称为等值连接，即等值连接就是从 R 和 S 两个关系的笛卡尔积中选取 A、B 属性值相等的元组组成新的关系，记作：

$$R\underset{A=B}{\infty}S=\{\widehat{t_r t_s} \mid t_r \in R \wedge t_s \in S \wedge t_r[A]=t_s[B]\}$$

两个关系 R 和 S 若要进行等值连接，二者必须要有域相同、可比较的属性 A 和 B，否则不能进行等值连接。如图 2.5(d)是 R 和 S 进行等值连接的结果。

(3)自然连接(Natural Join)。

自然连接是一种特殊的等值连接，在等值连接的结果中将重复的属性列去掉，就是自然连接的结果，记作：

$$R\infty S=\{\widehat{t_r t_s} \mid t_r \in R \wedge t_s \in S \wedge t_r[A]=t_s[B]\}$$

同理，两个关系 R 和 S 若要进行自然连接，二者也必须要有域相同、可比较的属性 A 和 B，否则不能进行自然连接。如图 2.5(e)是 R 和 S 进行自然连接的结果。

一般的连接操作是从行的角度进行运算。但自然连接还需要取消重复的列，所以是同时从行和列的角度进行运算。

(4)左外连接(Left Outer Join)。

在自然连接时，若将左边关系 R 中要舍弃的元组保留在结果集中，对应的右边关系 S 中的属性为空值(Null)，则称这种连接是左外连接。如图 2.5(f)是 R 和

S 进行左外连接的结果。

（5）右外连接（Right Outer Join）。

在自然连接时，若将右边关系 S 中要舍弃的元组保留在结果集中，对应的左边关系 R 中的属性为空值，则称这种连接是右外连接。如图 2.5(g)是 R 和 S 进行右外连接的结果。

（6）外连接（Outer Join）或全外连接。

在自然连接时，若将左右两边的关系 R 和 S 中要舍弃的元组都保留在结果集中，对应的属性为空值，则称这种连接是外连接。如图 2.5(h)是 R 和 S 进行外连接的结果。

R

A	B	C
a_1	b_1	5
a_1	b_2	6
a_2	b_3	8
a_2	b_4	12

（a）关系R

S

B	E
b_1	3
b_2	7
b_3	10
b_3	2
b_5	2

（b）关系S

$R \infty S$
$_{C<E}$

A	R.B	C	S.B	E
a_1	b_1	5	b_2	7
a_1	b_1	5	b_3	10
a_1	b_2	6	b_2	7
a_1	b_2	6	b_3	10
a_2	b_3	8	b_3	10

（c）一般连接

$R \infty S$
$_{R.B=S.B}$

A	R.B	C	S.B	E
a_1	b_1	5	b_1	3
a_1	b_2	6	b_2	7
a_2	b_3	8	b_3	10
a_2	b_3	8	b_3	2

（d）等值连接

$R \infty S$

A	B	C	E
a_1	b_1	5	3
a_1	b_2	6	7
a_2	b_3	8	10
a_2	b_3	8	2

（e）自然连接

A	B	C	E
a_1	b_1	5	3
a_1	b_2	6	7
a_2	b_3	8	10
a_2	b_3	8	2
a_2	b_4	12	Null

（f）左外连接

A	B	C	E
a_1	b_1	5	3
a_1	b_2	6	7
a_2	b_3	8	10
a_2	b_3	8	2
Null	b_5	Null	2

（g）右外连接

A	B	C	E
a_1	b_1	5	3
a_1	b_2	6	7
a_2	b_3	8	10
a_2	b_3	8	2
a_2	b_4	12	Null
Null	b_5	Null	2

（h）外连接

图 2.5　连接运算示例

（7）自然连接的基本形式：$\pi_A(\sigma_F(R\infty S))$。

其中 A 称为目标列（或结果列），条件 F 中涉及的列称为条件列，查询的技巧可参考如下。

①首先看查询条件 F 和结果 A 中涉及的属性来自哪些表，将其归置到最少的表中查询。

②若涉及多个表则需要将多表进行连接，表间有相同属性时可直接相连，否则要寻求与各表有相同属性的中间联系表进行连接，且将中间联系表写在中间位置。

【例 10】查询选修 C2 课程的女学生的学号和姓名。

查询分析：结果列"学号"和"姓名"来自 Student 表，条件列"性别"也来自 Student 表，条件列"课程号"，来自 Course 表和 SC 表，因为 Student 表和 Course 表没有相同字段，而 Student 表和 SC 表有相同字段"学号"，所以选择对 Student 表和 SC 表进行连接查询。

$$\pi_{\text{Sno, Sname}}(\sigma_{\text{Sex='女' }\wedge\text{ Cno='C2'}}(\text{Student}\infty\text{SC}))。$$

查询过程是先将 Student 表与 SC 表进行自然连接，然后再从自然连接的结果中选择性别是"女"且课程号是"C2"的元组，最后从这些元组中将 Sno 和 Sname 投影出来。该查询过程如下。

第一步：Student∞SC，结果如下。

Sno	Sname	Sex	Birth	Dno	Cno	Score
S1	赵刚	男	1995-9-2	D1	C1	90
S1	赵刚	男	1995-9-2	D1	C2	98
S1	赵刚	男	1995-9-2	D1	C3	98
S1	赵刚	男	1995-9-2	D1	C4	52
S2	周丽	女	1996-1-6	D3	C2	82
S3	李强	男	1996-5-2	D3	C1	85
S3	李强	男	1996-5-2	D3	C2	67
S4	刘珊	女	1997-8-8	D1	C1	46
S4	刘珊	女	1997-8-8	D1	C2	69
S5	齐超	男	1997-6-8	D2	C2	78
S5	齐超	男	1997-6-8	D2	C3	77
S6	宋佳	女	1998-8-2	D4	C4	79
S6	宋佳	女	1998-8-2	D4	C3	NULL
S6	宋佳	女	1998-8-2	D4	C2	87

第二步：从自然连接的结果中选择满足条件的元组，结果如下。

Sno	Sname	Sex	Birth	Dno	Cno	Score
S2	周丽	女	1996-1-6	D3	C2	82
S4	刘珊	女	1997-8-8	D1	C2	69
S6	宋佳	女	1998-8-2	D4	C2	87

第三步：在选出的元组中投影出 Sno 和 Sname 属性列，得到最终结果如下。

Sno	Sname
S2	周丽
S4	刘珊
S6	宋佳

【例 11】查询所有男同学的姓名及其所选修的课程名。

查询分析：结果列"姓名"来自 Student 表，"课程名"列来自 Course 表，条件列为"性别"，来自 Student 表。但 Student 表和 Course 表没有相同字段，要寻求中间联系表——SC 表，因此需要将 Student 表、Course 表和 SC 表三者进行连接查询，而且书写时要将中间联系表 SC 写在中间。

$$\pi_{Sname,Cname}(\sigma_{Sex='男'}(Student \infty SC \infty Course))。$$

查询过程是：先将 Student 表与 SC 表进行自然连接，然后再把该自然连接的结果集与 Course 表进行自然连接，在最后的结果集中选择性别是"男"的元组，再从这些元组中将 Sname 和 Cname 投影出来。结果见表 2.13。

表 2.13 【例 11】的运算结果

Sname	Cname
赵刚	数据库
赵刚	计算机基础
赵刚	C_Design
赵刚	网络数据库
李强	数据库
李强	计算机基础
齐超	计算机基础
齐超	C_Design

在【例 10】和【例 11】中，都是先将关系进行自然连接，然后再选取满足条件的元组和属性列。在所有的关系操作中，连接是最耗时的操作。为了提高效率，可以考虑在关系连接前先去掉不满足条件的行和列，使关系变得尽可能小，然后再连接，这样能大大提高查询的效率，这个过程称为连接的优化。

(8)自然连接的优化形式：$\pi_c(\pi_A(\sigma_{F1}(R)) \infty \pi_B(\sigma_{F2}(S)))$。

其中，A 包含了来自 R 的结果列和连接列，B 包含了来自 S 的结果列和连接列，C 为最终的结果列，且 $C \in (A，B)$。

优化的原则：连接前将各表按结果列和条件列取出需要的列和行，使参与连接的行和列尽可能少，然后再连接。

【例 12】对例 10 进行优化：查询选修 C2 课程的女学生的学号和姓名。

基本形式：$\pi_{\text{Sno,Sname}}(\sigma_{\text{Sex}=\text{'女'} \wedge \text{Cno}=\text{'C2'}}(\text{Student} \infty \text{SC}))$。

优化形式：$\pi_{\text{Sno,Sname}}(\pi_{\text{Sno,Sname}}(\sigma_{\text{Sex}=\text{'女'}}(\text{Student})) \infty \pi_{\text{Sno}}(\sigma_{\text{Cno}=\text{'C2'}}(\text{SC})))$。

【例 13】对例 11 进行优化：查询所有男同学的姓名及其所选修的课程名。

基本形式：$\pi_{\text{Sname,Cname}}(\sigma_{\text{Sex}=\text{'男'}}(\text{Student} \infty \text{SC} \infty \text{Course}))$。

优化形式：$\pi_{\text{Sname,Cname}}(\pi_{\text{Sno,Sname}}(\sigma_{\text{Sex}=\text{'男'}}(\text{Student})) \infty \pi_{\text{Sno,Cno}}(\text{SC}) \infty \pi_{\text{Cno,Cname}}(\text{Course}))$。

【例 14】查询信工学院的女生所选修的成绩在 60 以上的课程的成绩，要求包含学号和成绩。

基本形式：$\pi_{\text{Sno,Score}}(\sigma_{\text{Dname}=\text{'信工学院'} \wedge \text{Sex}=\text{'女'} \wedge \text{Score}>60}(\text{Department} \infty \text{Student} \infty \text{SC}))$。

优化形式：$\pi_{\text{Sno,Score}}(\pi_{\text{Dno}}(\sigma_{\text{Dname}=\text{'信工学院'}}(\text{Department})) \infty \pi_{\text{Sno,Dno}}(\sigma_{\text{Sex}=\text{'女'}}(\text{Student})) \infty \pi_{\text{Sno,Score}}(\sigma_{\text{Score}>60}(\text{SC})))$，结果见表 2.14。

表 2.14　【例 14】的运算结果

Sno	Score
S4	69

(9)否定＝全部－肯定。

涉及"没有""不"等否定查询，要用差来做，即用全部的减去肯定的。

【例 15】查询没有选修 C3 课程的学生的学号。

查询分析：没有选修 C3 课程的学生的学号＝全部的学生的学号－选修 C3 课程的学生的学号。

$\pi_{\text{Sno}}(\text{Student}) - \pi_{\text{Sno}}(\sigma_{\text{Cno}=\text{'C3'}}(\text{SC}))$，结果见表 2.15。

表 2.15　【例 15】的运算结果

Sno
S2
S3
S4

注意：

①全部的学号是 Student 表中的学号而不是 SC 表中的学号，SC 表中的学号

是选修了课程的学生的学号，可能有些学生还没有选课，那么该生的学号就不会出现在 SC 表中。

②否定不能用不等于(≠)条件去做。例如下面的写法是错误的。

$\pi_{Sno}(\sigma_{Cno \neq 'C3'}(SC))$。

请读者思考上述查询的结果是什么。

4. 除

设关系 $R(X，Y)$ 和 $S(Y，Z)$，其中 X、Y、Z 为属性组，R 中的后半部分与 S 中的前半部分是域相同的属性组。R 除以 S 得到一个新的关系 $P(X)$，P 是 R 中满足下列条件的元组在 X 属性列上的投影：元组在 X 上的分量值 x 的象集 Y_x 包含 S 在 Y 上投影的集合。记作：

$$R \div S = \{t_r[X] \mid t_r \in R \wedge \pi_Y(S) \subseteq Y_x\}$$

其中，Y_x 为 x 在 R 中的象集；$\pi_Y(S)$ 为 S 在 Y 上投影。

【例 16】设关系 R 和 S 如图 2.6 所示，计算 $R \div S$。

分析：关系 $R(A，B，C)$ 中的后半部分(B，C)与关系 $S(B，C，D)$ 的前半部分(B，C)相同，因此可以进行除法运算，运算得到的是一个 $P(A)$ 关系。

在关系 R 中 A 可以取 4 个值 $\{a_1，a_2，a_3，a_4\}$，其各自的象集如下。

a_1 的象集是 $\{(b_1，c_2)，(b_2，c_3)，(b_2，c_1)\}$；

a_2 的象集是 $\{(b_3，c_7)，(b_2，c_3)\}$；

a_3 的象集是 $\{(b_4，c_6)\}$；

a_4 的象集是 $\{(b_6，c_6)\}$；

S 在(B，C)上的投影为 $\{(b_1，c_2)，(b_2，c_1)，(b_2，c_3)\}$。

显然，只有 a_1 的象集包含了 S 在(B，C)属性组上的投影，因此 $R \div S = \{a_1\}$。

R		
A	B	C
a_1	b_1	c_2
a_2	b_3	c_7
a_3	b_4	c_6
a_1	b_2	c_3
a_4	b_6	c_6
a_2	b_2	c_3
a_1	b_2	c_1

（a）

S		
B	C	D
b_1	c_2	d_1
b_2	c_1	d_1
b_2	c_3	d_2

（b）

$R \div S$
A
a_1

（c）

图 2.6　除运算示例

(10)涉及"全部""至少"等查询可用除法。

将图 2.1 中 SC 表的 Sno 和 Cno 两列投影出来组成一个临时关系 R(Sno，Cno)，下面考查 R 中各分量的象集的含义。

S1 的象集是{C1，C2，C3，C4}，表示 S1 选修的所有课程的集合；

S2 的象集是{C2}，表示 S2 选修的所有课程的集合；

S3 的象集是{C1，C2}，表示 S3 选修的所有课程的集合；

S4 的象集是{C1，C2}，表示 S4 选修的所有课程的集合；

S5 的象集是{C2，C3}，表示 S5 选修的所有课程的集合；

S6 的象集是{C2，C3，C4}，表示 S6 选修的所有课程的集合；

C1 的象集是{S1，S3，S4}，表示选修 C1 课程的所有学生的集合；

C2 的象集是{S2，S5，S1，S3，S6，S4}，表示选修 C2 课程的所有学生的集合；

C3 的象集是{S1，S5，S6}，表示选修 C3 课程的所有学生的集合；

C4 的象集是{S1，S6}，表示选修 C4 课程的所有学生的集合。

做除运算时，首先要明白象集的实际意义，然后再构建合适的除数与被除数关系，下面在此基础上考查例 17～20。

【例 17】查询选修了全部课程的学生的学号。

$\pi_{Sno,Cno}(SC) \div \pi_{Cno}(Course)$。

由分析知，只有 S1 的象集包含了所有的课程号{C1，C2，C3，C4}，结果见表 2.16。

表 2.16　【例 17】的运算结果

Sno
S1

【例 18】查询被全部学生都选修了的课程的课程号。

$\pi_{Cno,Sno}(SC) \div \pi_{Sno}(Student)$。

由分析知，只有 C2 的象集包含了所有的学号{S1，S2，S3，S4，S5，S6}，结果见表 2.17。

表 2.17　【例 18】的运算结果

Cno
C2

【例 19】查询选修了全部课程的学生的学号和姓名。

$\pi_{Snc,Cno}(SC) \div \pi_{Cno}(Course) \infty \pi_{Sno,Sname}(Student)$。

结果见表 2.18。

表 2.18 【例 19】的运算结果

Sno	Sname
S1	赵刚

【例 20】查询被全部学生都选修了的课程的课程号和课程名。

$\pi_{\text{Cno,Sno}}(\text{SC}) \div \pi_{\text{sno}}(\text{Student}) \infty \pi_{\text{Cno,Cname}}(\text{Course})$。

结果见表 2.19。

表 2.19 【例 20】的运算结果

Cno	Cname
C2	计算机基础

【例 21】查询至少选修了 C2 和 C3 课程的学生学号。

(1)方法一：除。

$\pi_{\text{Sno,Cno}}(\text{SC}) \div \pi_{\text{Cno}}(\sigma_{\text{Cno}='C2' \vee \text{Cno}='C3'}(\text{Course}))$。

(2)方法二：集合运算——交。

$\pi_{\text{Sno}}(\sigma_{\text{Cno}='C2'}(\text{SC})) \bigcap \pi_{\text{Sno}}(\sigma_{\text{Cno}='C3'}(\text{SC}))$。

(3)方法三：笛卡尔积。

$\pi_1(\sigma_{1=4 \wedge 2='C2' \wedge 5='C3'}(\text{SC} \times \text{SC}))$。

结果见表 2.20。

表 2.20 【例 21】的运算结果

Sno
S1
S5
S6

【例 22】查询至少选修了两门课程的学生学号。

$\pi_1(\sigma_{1=4 \wedge 2 \neq 5}(\text{SC} \times \text{SC}))$。

结果见表 2.21。

表 2.21 【例 22】的运算结果

Sno
S1
S3
S4
S5
S6

2.6　小结

本章介绍了关系数据库的一整套理论，包括关系的形式化定义、关系的三类完整性约束和对关系进行操作的关系代数。

关系的本质是笛卡尔积的有意义的子集，是二维表中行的集合。一般地，对关系进行研究时不关心其内容，只关心其结构，因此使用关系模式的五元组形式来描述关系。

本章以某高校教务管理数据库 Teach 为例，介绍了关系的实体完整性、参照完整性和用户自定义完整性，详细介绍了对关系进行操作的关系代数。关系代数中有传统的集合运算和专门的关系运算，主要的运算有选择、投影、连接和除，而连接操作的优化和除操作是本章的重点和难点。

习题

一、选择题

1. 关系模式的五元组表示 R(U，D，DOM，F)中，U 表示(　　)。

A. 关系名　　　　　　　　　　　B. 属性的集合

C. 域的集合　　　　　　　　　　D. 数据依赖的集合

2. 下列哪项是关系的基本操作(　　)。

A. 并、交、差　　　　　　　　　B. 并、差、除

C. 选择、投影、并　　　　　　　D. 选择、投影、连接

3. 关系代数是以(　　)为基础的运算。

A. 集合运算　　　B. 谓词运算　　　C. 关系运算　　　D. 代数运算

4. 一个关系只有一个(　　)。

A. 超码　　　　　B. 外码　　　　　C. 候选码　　　　D. 主码

5. 关于码的描述错误的是(　　)。

A. 码只能由一个属性组成

B. 码可以由一个或多个属性组成

C. 码的值能唯一标识关系中的每一个元组

D. 码是标识每一个元组的最少属性的组合

6. 同一个关系中的任意两个元组值(　　)。

A. 可以完全相同　　B. 不能完全相同　　C. 必须完全相同　　D. 以上都不对

7. 下列关系的运算中，花费时间最长的是(　　)。

A. 除　　　　　　　B. 连接　　　　　　C. 选择　　　　　　D. 投影

8. 在关系 $A(S，SN，D)$ 和 $B(D，CN，NM)$ 中，A 的主码是 S，B 的主码是 D，则 D 在 A 中称为(　　)。

A. 主码　　　　　　　B. 外码　　　　　　　C. 全码　　　　　　D. 候选码

9. 有一名为"列车运营"的实体，含有车次、日期、实际发车时间、实际抵达时间和情况摘要等属性，该实体的码是（　　　）。

A. 车次　　　　　　　B. 日期　　　　　　　C. 车次＋日期　　　D. 车次＋情况摘要

10. 设关系 R 和 S 的属性个数分别是 2 和 3，那么 $R\underset{1<2}{\infty}S$ 等价于（　　　）。

A. $\sigma_{1<2}(R\times S)$ 　　　　　　　　　　　B. $\sigma_{1<4}(R\times S)$

C. $\sigma_{1<2}(R\infty S)$ 　　　　　　　　　　　D. $\sigma_{1<4}(R\infty S)$

11. 选取关系中满足某个条件的元组的关系代数运算称为（　　　）。

A. 选择运算　　　　B. 选中运算　　　　C. 投影运算　　　　D. 连接运算

12. 自然连接是去掉（　　　）的等值连接。

A. 第一行　　　　　B. 重复行　　　　　C. 第一列　　　　　D. 重复列

13. 自然连接是构成新关系的有效方法。一般情况下，当对关系 R 和 S 使用自然连接时，要求 R 和 S 含有一个或多个共有的（　　　）。

A. 元组　　　　　　B. 行　　　　　　　C. 记录　　　　　　D. 属性

14. 在关系代数中，对一个关系做投影操作后，新关系的元组个数（　　　）原来关系的元组个数。

A. 小于　　　　　　B. 小于或等于　　　C. 等于　　　　　　D. 大于

15. 在关系代数查询的优化中，不正确的描述是（　　　）。

A. 尽可能早地执行连接

B. 尽可能早地执行选择

C. 尽可能早地执行投影

D. 把笛卡尔积和随后的选择合并成连接运算

16. 以下关于外码和相应的主码之间的关系，不正确的是（　　　）。

A. 主码的值不能为空值，但外码的值可以为空值

B. 外码所在的关系与主码所在的关系可以是同一个关系

C. 外码一定要与主码同名

D. 外码不一定要与主码同名

17. 设有关系 $R(A，B，C)$ 和 $S(B，C，D)$，那么与 $R\infty S$ 等价的关系代数表示式是（　　　）。

A. $\underset{2=1}{\sigma_{3=5}}(R\infty S)$ 　　　　　　　B. $\pi_{1,2,3,6}(\underset{2=1}{\sigma_{3=5}}(R\infty S))$

C. $\sigma_{3=5\wedge2=4}(R\times S)$ 　　　　　D. $\pi_{1,2,3,6}(\sigma_{3=2\wedge2=1}(R\times S))$

18. 下列式子中不正确的是（　　　）。

A. $R-S=R-(R\cap S)$ 　　　　　　　B. $R=(R-S)\cup(R\cap S)$

C. $R\cap S=S-(S-R)$ 　　　　　　　D. $R\cap S=S-(R-S)$

19. 关系代数表达式 $R \times S \div T - U$ 的运算结果是(　　　)。

R			S		T		U	
A	B		C		A		B	C
1	a		x		1		a	x
2	b		y		3		c	z
3	a							
3	b							
4	a							

A.
B	C
a	y

B.
B	C
B	X

C.
B	C
a	x
b	x
b	y

D.
B	C
a	x
c	z

20. 关系代数表达式 $R \div S$ 的运算结果是(　　　)。

R					S		
A	B	C	D		C	D	E
2	1	a	c		a	c	5
2	2	a	d		a	c	2
3	2	b	d		b	d	6
3	2	b	c				
2	1	b	d				

A.
A	B
2	1
3	2

B.
A	B
2	1

C.
C	D
a	c
b	d

D.
A	B	E
2	1	5
1	2	2

二、简答题

1. 解释下列术语。

(1)域，笛卡尔积，关系，元组，属性。

(2)关系模式，关系，关系数据库。

(3)码，主码，外码，全码，主属性，非主属性。

2. 简述关系的性质。

3. 简述关系的实体完整性规则和参照完整性规则，并说明外码在什么情况下可以为空值。

三、操作题

1.(1)已知关系 R、S 如下，求 $R \cup S$，$R \cap S$，$R - S$，$R \times S$。

R			S	
A	B		A	B
a	d		d	a
b	e		a	d
c	a		c	a
d	e		b	c

(2)已知关系 P、Q 如下，求 $P \underset{D<F}{\infty} Q$，$P \underset{P.C=Q.C}{\infty} Q$，$P \infty Q$，$P \times Q$。

P			Q		
C	D		E	F	C
C1	3		E4	2	C2
C3	5		E2	9	C4
C5	9		E1	3	C1
C2	1		E3	8	C6

2. 参照 Teach 数据库，用关系代数表示下列查询。

(1)查询 T2 教师任课的班级名。

(2)查询 17 网工在 2016-2 学期开设的课程的课程号。

(3)查询在 2017-2 学期开设的且学分为 4 的课程的课程号和课程名。

(4)查询讲授 C4 课程的教师名及其任课班级。

(5)查询海洋老师所教授的所有课程的课程名和学分。

(6)查询哪些学院的教师在 2017-1 学期开设计算机基础课。

(7)查询地理学院讲授计算机基础课的教师姓名和职称。

(8)查询讲授 C2 或 C3 课程的教师编号。

(9)查询至少讲授 C2 和 C3 课程的教师编号。

(10)查询至少讲授两门课程的教师编号。

(11)查询不讲授 C2 课程的教师的教师编号和教师姓名。

(12)查询刑林老师不讲授的课程的课程号。

(13)查询讲授了全部课程的教师的教师编号。

(14)查询讲授了全部学分是 4 的课程的教师的教师编号和姓名。

(15)查询被全部教师讲授的课程的课程号。

(16)查询被全部讲师讲授的课程的课程号和课程名。

(17)查询至少讲授了 T5 教师所讲授的全部课程的教师的教师号。

第三章　关系数据库标准语言 SQL

SQL(Structured Query Language，结构化查询语言)是关系数据库的标准语言。SQL 语言结构简单、功能强大、易学易用，是用户与数据库之间进行交流的接口，已被大多数关系数据库管理系统采用。

3.1　SQL 语言简介

20 世纪 70 年代中期，IBM 公司研发了 SQL 语言，并使之在 SYSTEM R 关系数据库系统中实现。

1979 年，IBM 公司研发了商用的 SQL，并在 DB2 和 SQL/DS 数据库系统中实现。

1986 年，美国国家标准化组织 ANSI(American National Standards Institute)采用并发布了 SQL86 标准，后来被国际化标准组织 ISO(International Standards Organization)采纳为国际标准。

1989 年，ANSI 发布了一个增强完整性特征的 SQL89 标准。

1992 年，ISO 发布了 SQL2 标准，实现了对远程数据库访问的支持。

1999 年，发布了 SQL3 标准，包括对象数据库、开放数据库互联等内容。

随后出现了三个版本：SQL 2003、SQL2006 和 SQL2008。

3.1.1　SQL 数据库的三级模式结构

SQL 支持数据库的三级模式结构，如图 3.1 所示。其中，外模式对应于视图和部分基本表，模式对应于基本表，内模式对应于存储文件。

1. 基本表

基本表是本身独立存在的表，对应数据库中一个实际存在的关系。基本表是数据库中的基本对象，是模式的基本内容。

2. 视图

视图是从一个或几个基本表中导出的虚拟表，本身不存储数据，数据存储在基本表中。视图是根据用户应用的需求而对表数据的一个映射。因此，视图对应于反映用户需求的外模式。

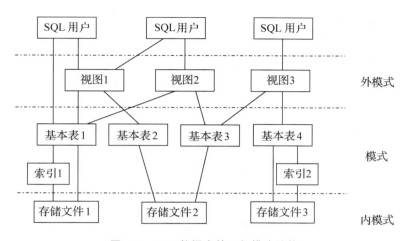

图 3.1　SQL 数据库的三级模式结构

3. 存储文件

存储文件是内模式的基本单位。一个基本表对应一个或多个存储文件，一个存储文件可以存放一个或多个基本表。一个基本表可以有若干个索引，索引同样存放在存储文件中。存储文件的存储结构对用户是透明的。

3.1.2　SQL 语言的组成

SQL 语言的功能极强，只用 9 个动词即可完成数据库的核心功能，如表 3.1 所示。

表 3.1　SQL 的 9 个核心动词

SQL 功能	动词
数据定义	CREATE、DROP、ALTER
数据操纵	INSERT、DELETE、UPDATE
数据查询	SELECT
数据控制	GRANT、REVOKE

1. 数据定义语言(Data Definition Language，DDL)。

数据定义语言包括 CREATE、DROP 和 ALTER 语句，用来定义、删除、修改数据库中的各种对象，如创建表、修改表结构、删除表等。

2. 数据操纵语言(Data Manipulation Language，DML)。

数据操纵语言包括 INSERT、DELETE 和 UPDATE 语句，用来插入、删除、更新数据库中的数据，如插入表记录、删除表数据、修改表记录等。

3. 数据查询语言(Data Query Language，DQL)。

数据查询语言只有 SELECT 语句，用于查询表中的数据。例如，根据给定的条件查询满足要求的数据。

　　4. 数据控制语言(Data Control Language，DCL)。

　　数据控制语言包括 GRANT 和 REVOKE，用于权限控制等。例如，将表的查询权限授予某用户，或回收某用户对表的查询权限等。

3.1.3　SQL 语言的特点

　　SQL 语言是一个综合的、功能极强又简单易学的语言。SQL 语言集数据定义、数据操纵、数据查询、数据控制功能于一体，主要特点如下。

　　1. 综合统一

　　SQL 语言风格统一，可以独立完成数据库生命周期中的全部活动，包括创建数据库、定义关系模式、插入数据、删除数据、更新数据、数据库安全控制等一系列操作。

　　2. 高度非过程化

　　用 SQL 语言进行数据操作，用户只需要提出"做什么"，而不需要指明"怎么做"，数据的存取路径和 SQL 的操作过程由系统自动完成，用户无需了解这些，只需发出指令。这不但大大减轻了用户的负担，而且有利于提高数据的独立性。

　　3. 面向集合的操作方式

　　SQL 语言采用"一次一集合"的操作方式，将表等数据库对象看成是记录的集合，对集合进行增、删、改、查，得到的结果还是集合。

　　4. 以同一种语法结构提供两种使用方式

　　SQL 语言既可以是独立的语言，让用户在终端直接输入 SQL 命令对数据库进行操作，又可以作为嵌入式语言，嵌入其他宿主语言(如 VB、VC、JAVA)程序中编程使用。在这两种不同的使用方式下，SQL 语言的语法结构基本上是一致的。

　　5. 语言简洁、易学易用

　　SQL 是一种结构化的查询语言，它的结构、语法、词汇等本质上都是精确的、典型的英语的结构、语法和词汇，这样就使用户不需要任何编程经验就可以读懂它、使用它，容易学习，容易使用。

3.1.4　SQL 语言的编写规则

　　1. SQL 关键字不区分大小写

　　关键字可以大写，可以小写，也可以大小写混用。为了统一标准，通常指定 SQL 关键字大写。

　　2. 对象名和列名不区分大小写

　　对象名和列名等可以大写，可以小写，也可以大小写混用。为了统一标准，通常指定对象名和列名小写。

3. 所有的标点符号都是英文半角字符。

4. 适当的增加空格和缩进,以提高程序的可读性。

5. 使用注释增强程序的可读性。

SQL 有两种注释:单行注释和多行注释。单行注释是两个连字符"――",多行注释是"/ * …… * /",例如:

――授权测试,这是单行注释。

/ *

GRANT SELECT ON Student TO user1

REVOKE SELECT ON Student FROM user1

* /两条操作语句,这是多行注释。

3.2 SQL 的数据定义

SQL 的数据定义语言的功能是实现对各种数据库对象的创建、修改和删除。例如,通过 CREATE 语句创建各种数据库对象(如表、视图和索引等),通过 ALTER 语句修改数据库对象的结构,通过 DROP 语句删除数据库对象,见表 3.2。

表 3.2 SQL 的数据定义语句

SQL 语句	功能	
CREATE	CREATE DATABASE	创建数据库
	CREATE TABLE	创建表
	CREATE VIEW	创建视图
	CREATE INDEX	创建索引
ALTER	ALTER TABLE	修改表结构
DROP	DROP DATABASE	删除数据库
	DROP TABLE	删除表
	DROP VIEW	删除视图
	DROP INDEX	删除索引

3.2.1 Oracle 支持的常用的数据类型

1. 字符类型

(1)CHAR,固定长度的字符类型,基本格式是 CHAR(n),表示固定长度为 n 的字符类型,n 的缺省值为 1,最大值为 2 KB。若实际存储的字符长度不够定义的长度，则在其右边添加空格来补满。一般地，学号、身份证号、手机号等固定长度的字符型数据可以定义为 CHAR 类型。

（2）VARCHAR2，变化长度的字符类型，基本格式是 VARCHAR2(n)，表示最大长度为 n 的字符类型，n 没有缺省值，最大值为 4KB，实际有多少个字节就分配多少个字节的存储空间。一般地，姓名、院系名称等不定长度的字符型数据可以定义为 VARCHAR2 类型。

字符串常量的定界符为单引号，如'2015001''hello''男''计算机系'等。

2. 数值类型

NUMBER 可以表示所有的数值类型，包括整数及浮点数。其基本格式是 NUMBER(m，n)，m 表示数字的总长度，其范围是 $1 \sim 38$，n 表示小数点后的位数。当 $n = 0$ 或省略时，表示整数。例如，NUMBER（7，2），NUMBER（3）等。

数值型常量没有定界符，直接书写即可，如 3621.8，1699 等。

3. 日期类型

DATE 数据类型是用 7B 的固定长度保存的日期型数据，存储世纪、年、月、日、小时、分和秒等详细信息。DATE 型数据默认的显示格式为 DD-MON-YY，可以通过以下命令查看当前的日期显示格式。

SELECT　SYSDATE　FROM　DUAL；

若要改变日期的显示格式，可以通过设置 NLS ＿ DATE ＿ FORMAT 的方式实现，命令如下。

ALTER　SESSION　SET　NLS ＿ DATE ＿ FORMAT＝'YYYY-MM-DD'；该命令将日期的显示格式设置为"年-月-日"形式。

日期型数据的定界符为单引号，例如，'18-06-18''2018-06-18'等。

4. 大对象类型

（1）BLOB，存储最多 4GB 数据的二进制大对象，用来保存图像和文档等二进制数据。

（2）CLOB，存储字符型的大对象。VARCHAR2 类型最多存储 4 KB 字符，若要存储的字符串长度超过 4KB，则可以考虑使用 CLOB 数据类型。

3.2.2 基本表的创建

表是最基本也是最重要的数据库对象，由表结构和表内容两部分组成。表结构以列为单位，包括列的名字、列的数据类型、长度和约束等。对表结构的操作有创建（CREATE）、修改（ALTER）和删除（DROP）。表内容以行为单位，表中的一行称为一条记录。对表内容的操作有插入、更新和删除。

1. 创建表

创建表的语句是 CREATE TABLE，其格式如下。

CREATE　TABLE　［模式名.］＜表名＞

（＜列名 1＞＜列类型和长度＞［DEFAULT 默认值］［［CONSTRAINT 约束名］　列级约束］，

　　＜列名 2＞＜列类型和长度＞［DEFAULT 默认值］［［CONSTRAINT 约束名］　列级约束］，

　　……

　　＜列名 n＞＜列类型和长度＞［DEFAULT 默认值］［［CONSTRAINT 约束名］　列级约束］，

　　［［CONSTRAINT 约束名］　表级约束］

）；

说明：

(1)在所有的格式语法中，"＜＞"中的内容是必选项，"［］"中的内容是可选项，"｜"表示两边的内容二者选择其一。

(2)模式(Schema)指的是一个用户所拥有的所有数据库对象的逻辑集合。在创建一个新用户时，同时也创建了一个同名的模式，该用户所创建的所有数据库对象都位于这个模式中，并对所拥有的数据库对象有完全的操作权限，若要访问其他用户的数据库对象，则需指定对方的模式名称，如 SCOTT. EMP。

(3)表名必须以字母开头，长度为 1～30 个字符，只能使用大小写字母、数字、＿、$ 和♯等字符，不能使用 Oracle 保留字。在同一用户模式中，表名不能相同。

(4)一个表中不能有相同的列名，但在不同的表中，可以有相同的列名。

(5)列的类型参照 3.2.1 节中列出的数据类型，若数据类型是固定的，则不必指定其长度，如日期型数据。

(6)DEFAULT 短语为列指定默认值，当向表中插入记录而没有给该列指定值时，该列的值为默认值。

(7)列级约束位于某列定义的后面，只能为这一列设置约束条件，是一种强制性的规则。当向表中插入记录或修改记录数据时，必须满足该列约束规定的条件。常见的约束有以下五种。

①主码约束：PRIMARY KEY。每个表必须要有主码，在主码列加上主码约束，用来唯一标识表中的一行数据。在有主码约束的列中，要求数据不能重复且不能为 NULL。

②唯一性约束：UNIQUE。唯一性约束规定该列的数据必须唯一，不能重复，但是可以为 NULL。

③非空值/空值约束：NOT NULL/NULL。该约束规则表明指定的列是否允许为 NULL 值，默认值为 NULL。

④外码约束：REFERENCES ＜父表名＞(主码)。外码约束加在外码列上，表明该列的取值要么参照父表中的主码值，要么取 NULL 值。外码表示该表与父表之间的关联关系。

⑤检查约束：CHECK(关系表达式)。CHECK 约束规定了该列的值必须满足的表达式条件。例如，CHECK(性别 IN('男'，'女'))表示性别字段的值只能是"男"或"女"。

(8)表级约束位于所有列定义的后面，即表定义的最后。表级约束可以约束单列，也可以约束多列。约束的功能如上描述，约束的格式略有不同，一般有以下四种表约束。

①主码约束：PRIMARY　KEY(列名 1，列名 2，……)；

②唯一性约束：UNIQUE(列名)；

③外码约束：FOREIGN　KEY(外码)　REFERENCES ＜父表名＞(主码)；

④检查约束：CHECK(关系表达式)。

(9)CONSTRAINT 短语为约束起名字，方便以后对该约束进行查看或删除等操作。一般地，约束命名使用"约束类型简写 _ 约束字段名"规则。主码约束 PRIMARY KEY 简写为"PK"，唯一约束 UNIQUE 简写为"UQ"，外码约束 FOREIGN KEY 简写为"FK"，检查约束 CHECK 简写为"CK"。例如，要在学号(Sno)字段上创建主码约束，可以将约束命名为 pk _ sno。

若用户没有给约束起名，Oracle 系统会给出默认的约束名，格式为"SYS _ C 序列号"，例如，SYS _ C0011795。

(10)CREATE TABLE 语句中，各项定义的后面都有一个逗号，只有最后一项后面没有逗号，书写时要注意。

【例 1】创建带列级约束的院系表 Department，要求如表 3.3 所示。

表 3.3　创建 Department 表的要求

列名	类型	约束
Dno	VARCHAR2(3)	主码
Dname	VARCHAR2(30)	院系名不能重复
Office	VARCHAR2(4)	NULL

```
CREATE　TABLE　Department
(Dno　VARCHAR2(3)　PRIMARY KEY,
Dname　VARCHAR2(30)　UNIQUE,
Office　VARCHAR2(4)
);
```

表创建完成后，可用 DESC 命令查看表结构，该命令只列出表中各字段的字段名、数据类型和是否允许为空值等属性。例如，查看 Department 表结构的命令如下。

DESC Department；

结果如下。

名称	空值	类型
DNO	NOT NULL	VARCHAR2(3)
DNAME		VARCHAR2(30)
OFFICE		VARCHAR2(4)

SQL DEVELOPER 环境中查看表结构的方法是在左侧"连接"窗口中单击表名，在右侧窗口中选择各选项卡，可以查看表结构的详细信息，见图 3.2 和图 3.3。

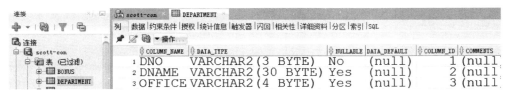

图 3.2　表结构之"列"选项卡

图 3.3　表结构之"约束条件"选项卡

【例 2】创建带列级约束的学生表 Student，要求如表 3.4 所示。

表 3.4　创建 Student 表的要求

列名	类型	约束	约束名
Sno	VARCHAR2(3)	主码	pk _ sno
Sname	VARCHAR2(10)	不能为空	nn _ sname
Sex	CHAR(2)	只能是"男"或"女"	ck _ sex
Birth	DATE	NULL	无
Dno	VARCHAR2(3)	外码	student _ fk _ dno

CREATE　TABLE　Student

(Sno　VARCHAR2(3)　CONSTRAINT　pk＿sno　PRIMARY　KEY，

Sname　VARCHAR2(10)　CONSTRAINT　nn＿sname　NOT　NULL，

Sex　CHAR(2)　DEFAULT'男'　CONSTRAINT　ck＿sex　CHECK(Sex IN('男'，'女'))，

Birth　DATE，

Dno　VARCHAR2(3)　CONSTRAINT　student＿fk＿dno　REFERENC-ES　Department(Dno)

)；

请用例1中的方法查看 Student 表的结构。

【例3】创建带表级约束的课程表 Course，要求如表3.5所示。

表 3.5　创建 Course 表的要求

列名	类型	约束	约束名
Cno	VARCHAR2(3)	主码	pk＿cno
Cname	VARCHAR2(20)	课程名不能重复	uq＿cname
Cpno	VARCHAR2(3)	NULL	无
Credit	NUMBER(1)	学分只能是1，2，3或4	ck＿credit

CREATE　TABLE　Course

(Cno　VARCHAR2(3)，

Cname　VARCHAR2(20)，

Cpno　VARCHAR2(3)，

Credit　NUMBER(1)，

CONSTRAINT　pk＿cno　PRIMARY　KEY(Cno)，

CONSTRAINT　uq＿cname　UNIQUE(Cname)，

CONSTRAINT　ck＿credit　CHECK(Credit　IN (1，2，3，4))

)；

【例4】创建带混合约束的成绩表 SC，要求如表3.6所示。

表 3.6　创建 SC 表的要求

列名	类型	约束	约束名
Sno	VARCHAR2(3)	外码	fk＿sno
Cno	VARCHAR2(3)	外码	sc＿fk＿cno
Score	NUMBER(3)	成绩在0~100之间	ck＿score
		主码是(Sno，Cno)	pk＿sc

格式一：

CREATE TABLE SC

（Sno VARCHAR2（3） CONSTRAINT fk_sno REFERENCES Student(Sno)，

Cno VARCHAR2（3） CONSTRAINT sc_fk_cno REFERENCES Course(Cno)，

Score NUMBER（3） CONSTRAINT ck_score CHECK（Score BETWEEN 0 AND 100），

CONSTRAINT pk_sc PRIMARY KEY(Sno，Cno)

）；

格式二：

CREATE TABLE SC

（Sno VARCHAR2(3)，

Cno VARCHAR2(3)，

Score NUMBER（3） CONSTRAINT ck_score CHECK（Score BETWEEN 0 AND 100），

CONSTRAINT fk_sno FOREIGN KEY（Sno） REFERENCES Student(Sno)，

CONSTRAINT sc_fk_cno FOREIGN KEY(Cno) REFERENCES Course(Cno)，

CONSTRAINT pk_sc PRIMARY KEY(Sno，Cno)

）；

创建表时，当约束只涉及一列时，可以使用列级约束，放在该列的后面，也可以使用表级约束，放在所有列定义的后面；当约束涉及多列时，只能作为表级约束放在所有列定义的后面。在使用 PRIMARY KEY、FOREIGN KEY、UNIQUE和CHECK 这四种约束时，注意表级约束和列级约束的区别。无论是表级约束还是列级约束，其位置可能不同，但其作用是相同的。

2. 利用子查询创建表

根据应用的需求，有时需要创建一个和已存在的某个表结构和内容完全相同（复制表）或部分相同的表，此时可以使用带子查询的 CREATE 语句来实现，格式如下。

CREATE TABLE ＜表名＞ AS SELECT 语句；

SELECT 语句中指定的列为新表中的列，子查询返回的数据为新表中的记录，即子查询的结果就是新表的结构和内容。这样，在创建表的同时也向表中插入了若干条记录。

【例 5】创建表 Goodscore，包含 SC 表中所有成绩在 90 分（包括 90 分）以上的学生选修信息。

CREATE　TABLE　Goodscore　AS　SELECT　＊　FROM　SC　WHERE　Score＞＝90；

新表 Goodscore 结构和内容如下。

	SNO	CNO	SCORE
1	S1	C1	90
2	S1	C2	98
3	S1	C3	98

【例 6】复制表 SC，新表名为 SCnew。

CREATE　TABLE　SCnew　AS　SELECT　＊　FROM　SC；

3.2.3　基本表的结构的修改

基本表的结构包括字段名、字段的数据类型和长度、约束等。因此，修改表结构指的是增加字段或约束，删除字段或约束，修改字段的数据类型和长度，修改列名等。修改表结构的语句是 ALTER TABLE，其格式如下。

ALTER　TABLE　＜表名＞

［ADD　＜新字段名＞＜数据类型＞　［DEFAULT 默认值］　［＜列级约束＞]]；

［MODIFY　＜字段名＞　［＜新的数据类型和长度＞］　［DEFAULT 默认值]［NULL/NOT　NULL]]；

［RENAME　COLUMN　字段名　TO　新字段名]；

［DROP　COLUMN ＜字段名＞]；

［DROP（字段1，字段2，……）]；

［DROP　CONSTRAINT　＜约束名＞]；

［ADD　CONSTRAINT　＜约束名＞　＜表级约束＞]；

说明如下。

（1）一个 ALTER　TABLE 语句后面只能有一个短语，实现单一功能的结构修改，几条短语不能同时使用。

（2）［ADD　＜新字段名＞　＜数据类型＞　［DEFAULT 默认值］　［＜列级约束＞]]。

该短语的功能是为表增加新字段，同时，可以为新增加的字段指定默认值或列级约束。新字段的值必须允许为 NULL。一个 ALTER　TABLE……ADD 语句只能增加一个字段，若要增加多个字段，则需要使用多个 ALTER　TABLE……ADD

语句。

【例 7】为 Department 表增加一个学院成立时间字段，字段名为"Dtime"，数据类型为 DATE。

ALTER　TABLE　Department　ADD　Dtime　DATE;

【例 8】为 Department 表增加一个学院教师人数字段，字段名为"Tnumber"，数据类型为 NUMBER(3)，并为该字段增加名为 ck _ tnumber 的约束，限定教师人数的取值范围是 0 到 200 之间。

ALTER　TABLE　Department　ADD　Tnumber　NUMBER(3)
CONSTRAINT　ck _ tnumber　CHECK(Tnumber　BETWEEN　0　AND　200);

(3)［MODIFY　＜字段名＞　［＜新的数据类型和长度＞］　［DEFAULT 默认值］［NULL/NOT NULL]]。

该短语的功能是修改已有字段的类型和长度、字段的默认值或修改字段是否允许为空值。一个 ALTER TABLE……MODIFY 语句只能修改一个字段，若要修改多个字段，则需要使用多个 ALTER TABLE……MODIFY 语句。

【例 9】修改 Department 表的 Tnumber 字段的类型为 NUMBER(4)且不能为空值。

ALTER　TABLE　Department　MODIFY　Tnumber　NUMBER(4)
NOT　NULL;

【例 10】修改 Department 表的 Tnumber 字段的默认值为 60。

ALTER　TABLE　Department　MODIFY　Tnumber　DEFAULT　60;

【例 11】修改 Department 表的 Tnumber 字段，使其可以取空值。

ALTER　TABLE　Department　MODIFY　Tnumber　NULL;

说明：不能为已有 NULL 值的列增加 NOT　NULL 约束。

(4)［RENAME COLUMN 字段名 TO 新字段名］。

该短语的功能是修改字段名。

【例 12】修改 Department 表的 Tnumber 字段名为 Teachernumber。

ALTER　TABLE　Department　RENAME　COLUMN　Tnumber　TO
Teachernumber;

(5)［DROP　COLUMN　＜字段名＞］。

该短语的功能是删除表中的一个字段，注意有 COLUMN 关键字。

【例 13】删除 Department 表中的 Office 字段。

ALTER　TABLE　Department　DROP　COLUMN　Office;

(6)［DROP（字段 1，字段 2，……）］。

该短语的功能是删除表中的多个字段，注意没有 COLUMN 关键字。

【例 14】删除 Department 表中的 Dname 和 Dtime 字段。

ALTER TABLE Department DROP(Dname，Dtime)；

(7)[DROP CONSTRAINT <约束名>]。

该短语的功能是删除表中的约束。若创建约束时没有给约束起名，则删除时用系统给出的默认约束名。

【例 15】删除 Department 表中 Teachernumber 字段上的列级约束 ck＿tnumber。

ALTER TABLE Department DROP CONSTRAINT ck＿tnumber；

(8)[ADD CONSTRAINT <约束名> <表级约束>]。

该短语的功能是为表增加表级约束。

注意：不能为表中已有的字段增加列级约束，只能增加表级约束。

【例 16】为 Department 表中 Teachernumber 字段增加列级约束 ck＿tn，限定人数的取值为 0 到 100 之间。

ALTER TABLE Department ADD CONSTRAINT ck＿tn CHECK (Teachernumber ＞＝0 AND Teachernumber ＜＝100)；

3.2.4　基本表的删除

当一个表不再使用时，用户可将其删除。删除基本表的语句是 DROP TABLE，其格式如下。

DROP TABLE <表名>；

【例 17】删除基本表 SC。

DROP TABLE SC；

3.3　SQL 的数据操纵

SQL 的数据操纵语言包括 INSERT、DELETE 和 UPDATE 语句，其功能是实现对基本表中数据的增加、删除和修改。

3.3.1　插入数据

基本表创建完成后，其表内容是空的，此时可以向表中插入数据，或是向已有数据的表中追加数据。SQL 中使用 INSERT 语句向表中插入数据。

1. 插入单个元组

插入单个元组的 INSERT 语句格式为：

INSERT INTO <表名>[(字段名 1，字段名 2，……，字段名 n)]
　　　　　　　VALUES(表达式 1，表达式 2，……，表达式 n)；

说明：

（1）一条插入语句只能向一个表中插入数据。

（2）插入数据时，是将（表达式 i）的值赋给（字段 i），因此，表达式的个数、顺序和类型一定要与字段的个数、顺序和类型一一对应匹配，否则会出错。IN-SERT 语句中的字段的顺序可以和表中字段的顺序不一致，只要表达式的顺序和字段的顺序一致即可。

（3）插入部分数据时，没有指定值的字段，若定义表时该字段有默认值，则为默认值，若定义表时该字段没有默认值，则为空值；对不允许为空值的字段一定要给该字段指定值或用其默认值（如果有的话）。

（4）插入全部数据时，字段名可以全部省略，此时要求表达式的个数、顺序和类型一定要与表中字段的个数、顺序和类型一一对应匹配。

（5）使用该 INSERT 语句格式一次只能向表中插入一行数据。若要插入多行数据，需要使用多个 INSERT 语句。

【例 1】向院系表 Department 中插入数据。

/＊插入部分数据＊/

INSERT　INTO　Department（Dno，Dname）　VALUES（'D1'，'信工学院'）；

INSERT　INTO　Department（Dname，Dno）　VALUES（'地理学院'，'D2'）；

/＊插入全部数据＊/

INSERT　INTO　Department　VALUES（'D3'，'工学院'，'F301'）；

INSERT　INTO　Department（Dno，Dname，Office）　VALUES（'D4'，'医学院'，'B206'）；

/＊查看全部数据＊/

SELECT　＊　FROM　Department；

结果如下。

DNO	DNAME	OFFICE
D1	信工学院	(null)
D2	地理学院	(null)
D3	工学院	F301
D4	医学院	B206

【例 2】向学生表 Student 表中插入数据。

INSERT　INTO　Student（Sno，Sname，Birth，Dno）

VALUES（'S1'，'赵刚'，TO＿DATE（'1995-09-02'，'YYYY-MM-DD'），'D1'）；

/＊查看插入的数据＊/

SELECT　＊　FROM　Student；

结果如下。

SNO	SNAME	SEX	BIRTH	DNO
S1	赵刚	男	1995-09-02	D1

说明：

（1）对于性别字段没有指定值，但在定义表时该字段有默认的值"男"，因此该字段采用其默认的值"男"。

（2）对于日期型数据的插入，可以使用字符串转换为日期的 TO_DATE（字符串，日期格式）函数来实现。

2. 插入多个元组

在应用中，可以将某个子查询的结果一次性插入表中，实现一次插入多个元组，语法格式如下。

INSERT INTO ＜表名＞ ［（字段名 1，字段名 2，……，字段名 n）］
＜子查询＞；

各字段的个数、顺序和类型必须与子查询中目标列的个数、顺序和类型一致。若字段名全部省略，则子查询中的目标列的个数、顺序和类型一定要与表中全部字段的个数、顺序和类型一致。

【例 3】向 Goodscore 表中插入 SC 表中成绩在 80 分（包括 80 分）到 90 分（不包括 90 分）的学生选修信息。

INSERT INTO Goodscore SELECT * FROM SC WHERE
Score＞＝80 AND Score＜90；

结果如下。

SNO	CNO	SCORE
S1	C1	90
S1	C2	98
S1	C3	98
S2	C2	82
S3	C1	85
S6	C2	87

3.3.2 更新数据

SQL 中使用 UPDATE 语句修改表中的数据，UPDATE 语句的语法格式如下。

UPDATE ＜表名＞
SET 列名 1＝值 1［，列名 2＝值 2，……］
［WHERE ＜条件＞］；

该语句的功能是修改满足条件的元组中指定列的值。若省略 WHERE 短语，则表示修改全部元组中指定列的值。

1. 更新单个元组的值

【例4】将 Department 表中 D1 学院的办公地点设置为 C101。

UPDATE　Department　SET　Office＝'C101'　WHERE　Dno＝'D1';

2. 更新多个元组的值

【例5】将 SC 表中所有选修 C1 课程的学生成绩降低 5 分。

UPDATE　SC　SET　Score＝Score－5　WHERE　Cno＝'C1';

【例6】将 SC 表中所有学生的成绩加 1 分。

UPDATE　SC　SET　Score＝Score＋1;

UPDATE 语句一次只能更新一个表的内容，即 UPDATE 后面的表名只能有一个。若要更新多个表的内容，则需要写多个 UPDATE 语句，如例 7。

【例7】将 C1 课程的学分减 1 分，并将所有选修该课程的成绩提高 10%。

UPDATE　Course　SET　Credit＝Credit-1　WHERE　Cno＝'C1';

UPDATE　SC　SET　Score＝Score＊(1＋0.1)　WHERE　Cno＝'C1';

3. 带子查询的更新语句

若 UPDATE 在更新某个表的内容时，所涉及的条件列在另外一个表中，则需要用带子查询的更新语句。

【例8】将所有选修数据库课程的学生成绩降低 5%。

UPDATE　SC　SET　Score＝Score＊(1－0.05)

WHERE　Cno　IN

　　(SELECT　Cno　FROM　Course　WHERE　Cname＝'数据库');

3.3.3　删除数据

SQL 中使用 DELETE 语句删除表中的一个或多个元组，DELETE 语句的语法格式如下。

DELETE　FROM　＜表名＞　［WHERE　＜条件＞］;

该语句的功能是删除表中满足条件的元组。若省略 WHERE 短语，则表示删除全部元组，即将表内容清空，但表结构还在。

1. 删除单个元组

【例9】删除 Department 表中 D4 院系的信息。

DELETE　FROM　Department　WHERE　Dno＝'D4';

2. 删除多个元组

【例10】删除 SC 表中所有选修 C1 课程的选修信息。

DELETE　FROM　SC　WHERE　Cno＝'C1';

【例11】删除 SC 表中所有学生的选修信息。

DELETE　FROM　SC；

DELETE 语句一次只能删除一个表中的元组，即 DELETE 后面的表名只能有一个。若要删除多个表中的元组，则需要写多个 DELETE 语句，如例 12。

【例 12】删除 SC 表中所有选修 C2 课程的选修信息并删除 C2 课程信息。

DELETE　FROM　SC　WHERE　Cno＝'C2'；

DELETE　FROM　Course　WHERE　Cno＝'C2'；

3. 带子查询的删除语句

若 DELETE 在删除某个表的元组时，所涉及的条件列在另外一个表中，则需要用带子查询的删除语句。

【例 13】删除所有选修"网络数据库"课程的选修信息。

DELETE　FROM　SC

WHERE　Cno　IN

　　（SELECT　Cno　FROM　Course　WHERE　Cname＝'网络数据库'）；

3.3.4　DML 操作时参照完整性的检查

数据库中的表都是有联系的。一个参照完整性将两个表中的相应元组联系起来。因此，对被参照表和参照表进行 DML 操作时有可能破坏表间的参照完整性，DBMS 会对其进行检查，并给出违约处理。可能破坏参照完整性的情况及违约处理见表 3.7。

表 3.7　可能破坏参照完整性的情况及违约处理

被参照表		参照表	违约处理
可能破坏参照完整性	←	插入元组	拒绝
可能破坏参照完整性	←	修改外码值	拒绝
删除元组	→	可能破坏参照完整性	拒绝/级联删除/设置为空值
修改主码值	→	可能破坏参照完整性	拒绝/级联修改/设置为空值

例如，Teach 数据库中 Student 表和 SC 表有参照完整性的联系，Student 表是被参照表，SC 是参照表。当对 Student 表和 SC 表进行 DML 操作时，有四种可能破坏参照完整性的情况。

第一种，当向参照表 SC 中插入元组时，如果所插入元组的学号值在 Student 表中没有与之相等的，就破坏了二者之间的参照完整性，DBMS 会拒绝插入。

例如：

INSERT　INTO　SC　VALUES（'S4'，'C4'，88）；——可以插入

INSERT　INTO　SC　VALUES（'S8'，'C4'，88）；——拒绝插入

第二种，当修改参照表 SC 中某个元组的外码学号的值时，若修改后的学号值在 Student 表中没有与之相等的，就破坏了二者之间的参照完整性，DBMS 会拒绝修改。

例如：

UPDATE　SC　SET　Sno＝'S4'　WHERE　Sno＝'S3'　AND　Cno＝'C4'；－－可以修改

UPDATE　SC　SET　Sno＝'S8'　WHERE　Sno＝'S3'　AND　Cno＝'C4'；－－拒绝修改

第三种，当删除被参照表 Student 表的元组时，若在参照表 SC 中有元组的学号值与删除元组中的学号值相等时，则 DBMS 有三种可选择的处理方式。

(1)拒绝，即 DBMS 会拒绝删除该 Student 表中的元组。

(2)级联删除，即 DBMS 会将参照表 SC 中学号值与 Student 表中要删除元组的学号值相等的元组一起删除。

(3)设置为空值，即 DBMS 会将参照表 SC 中学号值与 Student 表中要删除元组的学号值相等的元组的学号值设置为 NULL。但是，在 SC 表中学号列是主属性，不能设置为 NULL，因此这种违约处理方式在这种情况下不适合使用。

例如，执行以下 SQL 命令时，

DELETE　FROM　Student　WHERE　Sno＝'S1'；

因为 SC 表中有'S1'学生的选修元组，因此，DBMS 有三种可选择的处理方式。

(1)拒绝，即 DBMS 会拒绝删除 Student 表中"S1"学生的元组。

(2)级联删除，即 DBMS 会将参照表 SC 中学号值是"S1"的元组一起删除。

(3)设置为空值，即 DBMS 会将参照表 SC 中学号值是"S1"的元组的学号值设置为 NULL。但是，在 SC 表中学号列是主属性，不能设置为 NULL，因此这种违约处理方式在这种情况下不适合使用，只能采用前两种方法中的一种。

第四种，当修改被参照表 Student 表中主码学号的值时，若在参照表 SC 中有元组的学号值与被修改元组中的学号值相等时，则 DBMS 有三种可选择的处理方式。

(1)拒绝，即 DBMS 会拒绝修改 Student 表中的元组。

(2)级联修改，即 DBMS 会将参照表 SC 中学号值与 Student 表中要修改元组的学号值相等的元组的学号值一起修改为同一个值。

(3)设置为空值，即 DBMS 会将参照表 SC 中学号值与 Student 表中要修改元组的学号值相等的元组的学号值设置为 NULL。但是，在 SC 表中学号列是主属性，不能设置为 NULL，因此这种违约处理方式在这种情况下也不适合使用。

例如，执行以下 SQL 命令时，

UPDATE   Student   SET   Sno='S8'   WHERE   Sno='S1';

因为 SC 表中有"S1"学生的选修元组，因此，DBMS 有三种可选择的处理方式。

(1)拒绝，即 DBMS 会拒绝将 Student 表中"S1"学号值修改为"S8"。

(2)级联修改，即 DBMS 会将参照表 SC 中学号值是"S1"的元组的学号全部修改为"S8"。

(3)设置为空值，即 DBMS 会将参照表 SC 中学号值是"S1"的元组的学号值设置为 NULL。但是，在 SC 表中学号列是主属性，不能设置为 NULL，因此这种违约处理方式在这种情况下不适合使用，只能采用前两种方法中的一种。

3.4   SQL 的数据查询

SQL 的数据查询功能是对数据库最基本也是最重要的操作。数据库建立后，对其最主要的操作就是利用 SELECT 语句实现从表中查询需要的数据。SELECT 语句短语多，形式多样，功能强大，能完成各种复杂的查询，如单表查询、分组查询、多表查询、嵌套查询等。

3.4.1   单表查询

1. 单表无条件查询

单表无条件查询是指从单个表中选择满足条件的列，其语法格式如下。

SELECT   * |〔DISTINCT | ALL〕   列名列表 | 表达式   列别名
FROM 表名;

(1)查询所有属性列。

当 SELECT 后面的目标列为所有属性列时，可以依次列出所有的列名，中间用逗号分隔，也可以用 * 表示所有列。

【例 1】查询所有的院系信息。

SELECT   Dno, Dname, Office   FROM   Department;

或者，

SELECT   *   FROM   Department;

查询结果如下。

DNO	DNAME	OFFICE
D1	信工学院	C101
D2	地理学院	S201
D3	工学院	F301
D4	医学院	B206

（2）查询部分属性列。

查询部分属性列时，将目标列依次列在 SELECT 后面，中间用逗号分隔。

【例2】查询所有院系的院系编号和院系名称。

SELECT Dno，Dname FROM Department；

查询结果如下。

DNO	DNAME
D1	信工学院
D2	地理学院
D3	工学院
D4	医学院

（3）查询没有重复行数据的属性列。

在 SELECT 后面用 DISTINCT 短语去掉目标列中的重复数据。

【例3】查询学生表中的学生都来自哪些院系。

SELECT DISTINCT Dno FROM Student；

查询结果如下。

DNO
D1
D3
D2
D4

（4）查询含有列表达式的属性列。

当 SELECT 后面的目标列有表达式时，要为该列起别名。

【例4】查询所有学生的姓名和年龄。

SELECT Sname 姓名，EXTRACT（YEAR FROM SYSDATE）-EX-
TRACT（YEAR FROM Birth） 年龄 FROM Student；

查询结果如下。

姓名	年龄
赵刚	23
周丽	22
李强	22
刘珊	21
齐超	21
宋佳	20

注意：EXTRACT（YEAR FROM 日期型数据）函数的功能是从日期型数据中提取年份，详见本章 3.4.7 节。

一般地，对带表达式的属性列都要起别名，列别名和表达式或原列名之间有空格。如例4中，"年龄"是表达式的列别名，与表达式之间有空格。对于原表中的属性列，也可以起别名，以统一风格或便于用户理解，如例4中的 Sname 列的别名是"姓名"。

2. 单表带条件查询

单表带条件查询是指从单个表中选择满足条件的列和行，其语法格式如下。

SELECT ＊ │［DISTINCT │ ALL］列名列表 │ 表达式 列别名 FROM 表名 ［WHERE ＜查询条件＞］；

WHERE 短语的功能是根据查询条件筛选满足条件的行，SELECT 后面的目标列表示筛选出来的属性列，这说明带 WHERE 短语的查询语句不仅能从表中查询列，也能查询满足条件的行。

WHERE 短语中的条件是一个关系表达式，有多种形式，如表 3.8 所示。

表 3.8 WHERE 短语中常用的查询条件

查询条件	运算符	功能
比较	＝，＞，＜，＞＝，＜＝，！＝，＜＞，！＞，！＜	比较两个表达式的值
确定范围	BETWEEN AND，NOT BETWEEN AND	判断属性值是否在某个范围内，闭区间
确定集合	IN，NOT IN	判断属性值是否在一个集合内
空值	IS NULL，IS NOT NULL	判断属性值是否为空
多重条件	AND，OR	多个条件要用 AND 或 OR 连接起来
字符匹配	LIKE:％(匹配多个字符)，_ (匹配单个字符)；NOT LIKE	判断属性值是否与指定的字符串模板相匹配

（1）比较判断。

【例 5】查询 D1 院系所有学生的姓名和出生日期。

SELECT Sname，Birth FROM Student WHERE Dno＝'D1'；

查询结果如下。

SNAME	BIRTH
赵刚	1995-09-02
刘珊	1997-08-08

【例 6】查询不及格的同学的学号和所选修的课程号。

SELECT Sno，Cno FROM SC WHERE Score＜60；

查询结果如下。

SNO	CNO
S4	C1
S1	C4

【例 7】查询不在 D2 学院的所有学生的学号和姓名。

SELECT Sno，Sname FROM Student WHERE Dno＜＞'D2'；

查询结果如下。

SNO	SNAME
S1	赵刚
S2	周丽
S3	李强
S4	刘珊
S6	宋佳

(2)确定范围。

谓词 BETWEEN A AND B 确定一个连续的范围，表示该属性的值在闭区间[A，B]内。相反，NOT BETWEEN A AND B 表示该属性的值不在闭区间[A，B]内。

例如：Sal BETWEEN 1000 AND 3000 表示 Sal $>=$ 1000 AND Sal $<=$ 3000，

NOT Sal BETWEEN 1000 AND 3000 表示 Sal $<$ 1000 OR Sal $>$ 3000。

【例8】查询成绩在 60 到 90 之间的选修信息。

SELECT * FROM SC WHERE Score BETWEEN 60 AND 90;

查询结果如下。

SNO	CNO	SCORE
S1	C1	90
S2	C2	82
S3	C1	85
S5	C2	78
S3	C2	67
S6	C2	87
S5	C3	77
S6	C4	79
S4	C2	69

【例9】查询成绩不在 60 到 90 之间的选修信息。

SELECT * FROM SC WHERE Score NOT BETWEEN 60 AND 90;

查询结果如下。

SNO	CNO	SCORE
S4	C1	46
S1	C2	98
S1	C3	98
S1	C4	52

(3)确定集合。

谓词 IN 可以用来查询属性值属于指定集合的元组。例如，Sal IN (2000，3000，4000)表示工资值等于 2000 或工资值等于 3000 或工资值等于 4000。相反，

NOT　IN 表示查询属性值不属于指定集合，例如，Sal　NOT　IN（2000，3000，4000)表示工资值不等于 2000，不等于 3000，也不等于 4000。

【例 10】查询 D1 和 D2 院系的所有学生信息。

SELECT ＊ FROM　Student　WHERE　Dno　IN('D1'，'D2')；

查询结果如下。

SNO	SNAME	SEX	BIRTH	DNO
S1	赵刚	男	1995-09-02	D1
S4	刘珊	女	1997-08-08	D1
S5	齐超	男	1997-06-08	D2

【例 11】查询不在 D1 和 D2 院系的所有学生信息。

SELECT ＊ FROM　Student　WHERE　Dno　NOT　IN('D1'，'D2')；

查询结果如下。

SNO	SNAME	SEX	BIRTH	DNO
S2	周丽	女	1996-01-06	D3
S3	李强	男	1996-05-02	D3
S6	宋佳	女	1998-08-02	D4

（4）空值查询。

IS　NULL 表示要查询值为 NULL 的元组，IS　NOT　NULL 表示要查询值不是 NULL 的元组。注意这里的 IS 不能用等号（＝)代替。

【例 12】查询没有成绩（Score 值为 NULL)的选修信息。

SELECT ＊ FROM　SC　WHERE　Score　IS　NULL；

查询结果如下。

SNO	CNO	SCORE
S6	C3	(null)

【例 13】查询所有有成绩的选修信息。

SELECT　＊　FROM SC　WHERE　Score　IS　NOT　NULL；

查询结果如下。

SNO	CNO	SCORE
S1	C1	90
S2	C2	82
S3	C1	85
S4	C1	48
S5	C2	76
S1	C2	95
S3	C2	67
S6	C2	67
S1	C3	95
S5	C3	77
S1	C4	52
S6	C4	73
S4	C2	63

（5）多重条件查询。

当 WHERE 短语中有多个条件时，要用 AND 或 OR 将多个条件连接起来。

【例 14】改写例 8，查询成绩在 60 到 90 之间的选修信息。

SELECT ＊ FROM SC WHERE Score＞＝60 AND Score ＜＝90;

查询结果与例 8 的结果相同。

【例 15】改写例 9，查询成绩不在 60 到 90 之间的选修信息。

SELECT ＊ FROM SC WHERE Score＜60 OR Score ＞90;

查询结果与例 9 的结果相同。

（6）字符匹配。

WHERE 短语中使用 LIKE 运算符进行字符串匹配查询，格式如下。

WHERE 字符型属性 ［NOT］ LIKE '匹配串模板' ［ESCAPE '换码字符'］;

①精确匹配。

当匹配串模板为精确的字符串时，表示查询和匹配串模板相同属性值的元组。

【例 16】查询课程名为"数据库"的课程信息。

SELECT ＊ FROM Course WHERE Cname LIKE '数据库';

该语句等价于，

SELECT ＊ FROM Course WHERE Cname＝'数据库';

查询结果如下。

CNO	CHAME	CPNO	CREDIT
C1	数据库	C3	4

②模糊匹配。

当匹配串模板含有通配符"％"或"_"时，表示不确定的匹配串模板，用于进行字符串模糊匹配查询。其中，

第一种，％（百分号）代表任意长度（可以为 0）的字符串，例如'a％b'表示以 a 开头，以 b 结尾的任意长度的字符串，如'acb'，'ab'，'ahib'均满足该匹配串。

第二种， _（下划线）代表任意单个（不能为 0）字符，如'a _ b'表示以'a'开头，以'b'结尾且长度为 3 的字符串。

【例 17】查询课程名包含数据库的课程信息。

SELECT ＊ FROM Course WHERE Cname LIKE '％数据库％';

查询结果如下。

CNO	CHAME	CPNO	CREDIT
C1	数据库	C3	4
C4	网络数据库	C1	4

如果要查询的属性值本身就含有字符％或＿，这时就要使用 ESCAPE 短语，对其进行转义，转换为普通字符，而不再是通配符。

【例 18】查询课程名以"C＿"开头的课程信息。

SELECT ＊ FROM Course WHERE Cname LIKE 'C \ ＿ ％' ESCAPE ' \ '；

该语句中' \ '是转义字符，表示将它后面的通配符进行转义，变成一般的普通字符，而不再是通配符。

查询结果如下。

CNO	CNAME	CPNO	CREDIT
C3	C Design	C2	2

注意：LIKE 运算符只对字符型的属性进行匹配查询操作，其他类型的属性不能使用 LIKE 短语。

3. 对查询结果排序

SQL 中使用 ORDER BY 短语对查询的最终结果进行排序，语法格式如下。

ORDER BY ＜属性名 1＞ ［ASC｜DESC］ ［，＜属性名 2＞ ［ASC｜DESC］，……］；

该语句的功能是根据指定属性列的值对最终查询结果中的元组按指定的顺序进行排序。

说明：

(1)排序属性可以是一列，也可以是多列。当为多列时，第一列为排序主关键字，第二列为次关键字，依此类推，各属性列之间用逗号分隔。多列排序时，先按主关键字的大小进行排序，当主关键字相同时，再按次关键字的大小排序，依此类推。

(2)ASC 表示升序，是默认的顺序，可以省略；DESC 表示降序。

(3)排序属性列可以是表中的原列名或列别名，也可以使用该列在 SELECT 后面的目标列中的顺序序号来代替。

【例 19】查询选修 C1 课程的学生学号及成绩，将查询结果按成绩的降序排列。

SELECT Sno，Score FROM SC WHERE Cno＝'C1' ORDER BY Score DESC；

或者，

SELECT Sno 学号，Scor 成绩 FROM SC WHERE Cno＝'C1' ORDER BY 成绩 DESC；

或者，

SELECT Sno 学号，Score 成绩 FROM SC WHERE Cno＝'C1'
ORDER BY 2 DESC；

查询结果如下。

SNO	SCORE
S1	90
S3	85
S4	46

【例 20】查询所有学生的信息，将查询结果按院系升序排列，相同院系的按出生日期降序排列。

SELECT ＊ FROM Student ORDER BY Dno，Birth DESC；

或者，

SELECT ＊ FROM Student ORDER BY 5，4 DESC；

查询结果如下。

SNO	SNAME	SEX	BIRTH	DNO
S4	刘珊	女	1997-08-08	D1
S1	赵刚	男	1995-09-02	D1
S5	齐超	男	1997-06-08	D2
S3	李强	男	1996-05-02	D3
S2	周丽	女	1996-01-06	D3
S6	宋佳	女	1998-08-02	D4

3.4.2 分组查询

分组查询是将表中满足条件的行按指定列的值分成若干组，每组返回一个结果，而不是像以前的查询一样，每行返回一个结果。该功能是通过在查询语句 SELECT 中加入 GROUP BY 子句来分组、加入 HAVING 子句选择满足条件的分组以及作用聚集函数对每组数据进行汇总和统计来实现的。

1. 聚集函数

聚集函数也称为分组函数，是一种与单行函数相对应的多行函数。多行函数是指对多行数据进行计算，只返回一个汇总、统计结果，而不是每行都返回一个结果。常用的聚集函数如表 3.9 所示。

表 3.9　常用的聚集函数

聚集函数	功能
COUNT(DISTINCT ｜ ALL ｜ ＊)	统计元组的个数
COUNT(DISTINCT ｜ ALL ｜列名)	统计某一列值的个数
SUM(DISTINCT ｜列名)	计算某一列值的总和(此列必须是数值型)

聚集函数	功能
AVG(DISTINCT ｜ 列名)	计算某一列值的平均值(此列必须是数值型)
MAX(DISTINCT ｜ 列名)	返回某一列值中的最大值
MIN(DISTINCT ｜ 列名)	返回某一列值中的最小值

我们在使用聚集函数时，若指定 DISTINCT 短语，则表示在计算时要取消指定列中的重复值。若不指定 DISTINCT 短语或指定 ALL 短语(ALL 为缺省值)，则表示不取消重复值。除了 COUNT(＊)之外，其他聚集函数(包括 COUNT(＜列名＞))都会自动忽略对列值为 NULL 的统计。

【例 21】查询学生总人数。

SELECT　COUNT(＊)　学生总人数　FROM　Student;

查询结果如下。

学生总人数
6

【例 22】查询学生来自几个院系。

SELECT　COUNT(DISTINCT Dno)　院系数　FROM　Student;

查询结果如下。

院系数
4

【例 23】查询所有学生的平均成绩，最高分和最低分。

SELECT　ROUND(AVG(Score)，2)　平均成绩，MAX(Score)　最高分，MIN(Score)　最低分　FROM　SC;

查询结果如下。

平均成绩	最高分	最低分
77.54	98	46

【例 24】查询 S1 同学的总成绩。

SELECT　SUM(Score)　S1 的总成绩　FROM　SC　WHERE　Sno＝'S1';

查询结果如下。

S1的总成绩
338

2. GROUP　BY 子句

SQL 中使用 GROUP　BY 短语对满足条件的元组按指定列分组，在 SELECT

后的目标列中使用聚集函数对每组进行汇总和统计，以组为单位返回结果，语法格式如下。

GROUP BY <属性名 1> [，<属性名 2>……];

该语句的功能是根据指定属性列的值对查询结果中的元组进行分组，可以按一列分组，也可以按多列分组。分组的属性名只能是原列名或列表达式，不能是列别名。

(1)按单列分组。

【例 25】查询每个学生的学号及其所得成绩的最高分和最低分。

SELECT Sno 学号，MAX(Score) 最高分，MIN(Score) 最低分 FROM SC GROUP BY Sno；

查询结果如下。

	学号	最高分	最低分
1	S1	98	52
2	S2	82	82
3	S3	85	67
4	S4	69	46
5	S5	78	77
6	S6	87	79

注意：在分组查询中，SELECT 后面的目标列要么是分组列，要么是包含聚集函数的列，要么二者都有，其他情况则出错。

【例 26】查询每门课程的课程号、选课人数及平均分，并将查询结果按课程号升序排列。

SELECT Cno 课程号，COUNT（Sno） 选课人数，ROUND（AVG（Score），2） 平均分 FROM SC

GROUP BY Cno

ORDER BY Cno；

查询结果如下。

课程号	选课人数	平均分
C1	3	73.67
C2	6	80.17
C3	3	87.5
C4	2	65.5

(2)按多列分组。

【例 27】查询每个院系、各种年龄的学生人数。

SELECT Dno 院系编号，EXTRACT（YEAR FROM SYSDATE）— EXTRACT（YEAR FROM Birth） 年龄，COUNT（＊） 人数

FROM Student

GROUP　BY　Dno，EXTRACT(YEAR FROM SYSDATE)－EXTRACT
(YEAR FROM Birth)；

查询结果如下。

院系编号	年龄	人数
D3	22	2
D1	23	1
D1	21	1
D4	20	1
D2	21	1

3. HAVING 子句

HAVING 子句必须与 GROUP BY 子句配合使用，其功能是对分组后的查询结果再进一步选择满足条件的分组，语法格式如下。

GROUP　BY　＜属性名1＞　［，＜属性名2＞……］［HAVING　＜分组条件表达式＞］；

其中 HAVING 后面的＜分组条件表达式＞只能用原列名或列表达式，不能用列别名。

【例 28】查询选修了 3 门以上课程的学生的学号。

SELECT　Sno　FROM　SC

GROUP　BY　Sno　HAVING　COUNT(＊)＞3；

查询结果如下。

SNO
S1

4. 分组查询小结

完整的分组查询语法格式如下。

SELECT　＊　|　［DISTINCT | ALL］列名列表　|　表达式　列别名　FROM
表名

　　［WHERE　＜查询条件＞］

　　［GROUP　BY　＜属性名1＞　［，＜属性名2＞……］［HAVING　＜分组条件表达式＞］］

　　［ORDER　BY　＜属性名1＞　［ASC | DESC］　［，＜属性名2＞　［ASC |
DESC］，……］］；

该语句的执行过程如下。

(1)WHERE 子句筛选出满足条件的元组。

(2)将满足条件的元组按 GROUP　BY 后面的属性列分组。

(3)HAVING 子句选择出满足条件的分组。

(4)ORDER　BY 对最终的查询结果排序。

【例29】查询至少有 3 门课程是 90 分以上（包含 90 分）的学生的学号，并将查询结果按学号升序排序。

SELECT　Sno　FROM　SC

WHERE　Score>=90

GROUP　BY　Sno　HAVING　COUNT(＊)>=3

ORDER　BY　Sno；

查询结果如下。

$Sno

S1

该语句的执行过程：先从 SC 表中将 90 分（包含 90 分）以上成绩的元组选出，然后按学号进行分组，再筛选出有 3 条或 3 条以上元组的分组，最后按学号升序对这些分组记录排序。

从例 29 可以看出，WHERE 子句与 HAVING 子句的区别在于作用对象不同。WHERE 子句作用于基本表，从表中选择满足条件的元组；而 HAVING 子句作用于组，从各分组中选择满足条件的分组。

3.4.3　连接查询

前面的查询都是基于一个表数据的查询，在应用中的查询往往涉及多个表。例如，查询所有学生的姓名及其选修的课程成绩，这就涉及了 Student 和 SC 两个表，此时要用到多表连接查询。

连接查询是指对两个或两个以上的表或视图进行的查询。连接查询也称为多表查询，是数据库中最主要的查询，包括等值连接查询、非等值连接查询、外连接查询和自身连接查询。

1. 等值连接与非等值连接

两个表进行连接时，必须要有可比字段，以两个可比字段的值逐一进行比较来决定当前的两条元组是否可以连接，起连接作用的可比字段称为连接字段。连接条件的格式如下。

<表名 1. 列名 1>　<比较运算符>　<表名 2. 列名 2>

其中列名 1 和列名 2 为连接字段，比较运算符主要有 =、<、>、<=、>=、! =（或< >）等，或是使用 BETWEEN……AND 等其他连接谓词。

当起连接作用的比较运算符为"="时，称为等值连接，其他情况的连接为非等值连接。

【例30】等值连接：查询每个学生的详细信息及其所选修课程的情况。

分析：学生详细信息在 Student 表中，选修课程的情况在 SC 表中，两个表有可比的共同字段 Sno，因此可以相连，代码如下。

SELECT　Student. ＊, SC. ＊

FROM　　Student，SC

WHERE　Student. Sno＝SC. Sno；

查询结果如下。

	SNO	SNAME	SEX	BIRTH	DNO	SNO_1	CNO	SCORE
1	S1	赵刚	男	1995-09-02	D1	S1	C2	98
2	S1	赵刚	男	1995-09-02	D1	S1	C1	90
3	S1	赵刚	男	1995-09-02	D1	S1	C4	52
4	S1	赵刚	男	1995-09-02	D1	S1	C3	98
5	S2	周丽	女	1996-01-06	D3	S2	C2	82
6	S3	李强	男	1996-05-02	D3	S3	C1	85
7	S3	李强	男	1996-05-02	D3	S3	C2	67
8	S4	刘珊	女	1997-08-08	D1	S4	C1	46
9	S4	刘珊	女	1997-08-08	D1	S4	C2	69
10	S5	齐超	男	1997-06-08	D2	S5	C2	78
11	S5	齐超	男	1997-06-08	D2	S5	C3	77
12	S6	宋佳	女	1998-08-02	D4	S6	C2	87
13	S6	宋佳	女	1998-08-02	D4	S6	C4	79
14	S6	宋佳	女	1998-08-02	D4	S6	C3	(null)

【例 31】非等值连接：查询每个学生的成绩等级，包括学号、成绩和等级。假设在 Teach 数据库中有等级表（SG），如表 3.10 所示。

表 3.10　成绩等级表（SG）

成绩等级（Grade）	最低分（Minscore）	最高分（Maxscore）
不及格	0	59
及格	60	69
中等	70	79
良好	80	89
优秀	90	100

分析：学号和成绩在 SC 表中，等级在 SG 表中，连接条件是 SC 表中的 Score 在 SG 表某一条元组的最低分 Minscore 和最高分 Maxscore 之间，代码如下。

SELECT　SC. Sno，SC. Score，SG. Grade

FROM　　SC，SG

WHERE　SC. Score　BETWEEN　SG. Minscore　AND　SG. Maxscore；

查询结果如下。

SNO	SCORE	GRADE
S4	46	不及格
S1	52	不及格
S3	67	及格
S4	69	及格
S5	77	中等
S5	78	中等
S6	79	中等
S2	82	良好
S3	85	良好
S6	87	良好
S1	90	优秀
S1	98	优秀
S1	98	优秀

2. 自然连接(内连接)

从例 30 的结果可以看出，Student 表和 SC 表的所有字段都出现在查询结果中。其中，学号这两列完全相同。根据关系的性质，一个关系中不能有相同的列，为了使结果是一个正确的关系，一般用自然连接。

自然连接就是去掉重复列的等值连接。与外连接相对应，自然连接也称为内连接。内连接有两种形式：显式内连接和隐式内连接。

(1)显式内连接。

两个表的显式内连接格式如下。

SELECT　目标列列表　FROM　表1　INNER　JOIN　表2

ON　表1.连接列＝表2.连接列　WHERE　查询条件；

三个表的显式内连接格式如下。

SELECT　目标列列表　FROM　表1　INNER　JOIN　表2　ON　表1.连接列＝表2.连接列　INNER　JOIN　表3　ON　表1(或表2).连接列＝表3.连接列　WHERE　查询条件；

【例 32】查询所有男生的姓名和成绩。

分析：目标列"姓名"来自 Student 表，目标列"成绩"来自 SC 表，条件列"性别"来自 Student 表，目标列和条件列涉及的两个表 Student 和 SC 有共同的字段"学号"，可以直接连接。因此显式连接代码如下。

SELECT　Sname,Score　FROM　Student　INNER　JOIN　SC

ON　Student.Sno＝SC.Sno

WHERE　Sex＝'男'；

查询结果如下。

	SNAME	SCORE
1	赵刚	98
2	赵刚	90
3	赵刚	52
4	赵刚	98
5	李强	85
6	李强	67
7	齐超	78
8	齐超	77

【例33】查询 D1 院系的学生的姓名及其所选修的课程名。

分析：目标列"姓名"来自 Student 表，目标列"课程名"来自 Course 表，条件列"院系编号"在 Department 和 Student 表中都有，按"归置到最少的表中"的原则应选择 Student 表和 Course 表，但是 Student 表和 Course 表没有共同的可比的字段相连，因此要寻求起连接作用的第三个表 SC。SC 表中有 Sno 字段与 Student 表的 Sno 字段相同，有 Cno 字段与 Course 表的 Cno 字段相同，因此可以将这两个表连接起来。这三个表的显式连接代码如下。

SELECT Sname，Cname FROM Student INNER JOIN SC ON Student. Sno＝SC. Sno INNER JOIN Course ON SC. Cno＝Course. Cno

WHERE Dno＝'D1'；

查询结果如下。

SNAME	CNAME
赵刚	数据库
赵刚	计算机基础
赵刚	C Design
赵刚	网络数据库
刘珊	数据库
刘珊	计算机基础

(2)隐式内连接。

两个表的隐式内连接格式如下。

SELECT 目标列列表 FROM 表1，表2

WHERE 表1. 连接字段＝表2. 连接字段 AND 查询条件；

三个表的隐式内连接格式如下。

SELECT 目标列列表 FROM 表1，表2，表3

WHERE 表1. 连接字段＝表2. 连接字段 AND 表1(或表2). 连接字段＝表3. 连接字段 AND 查询条件；

例32的隐式连接形式如下。

SELECT Sname，Score FROM Student，SC

WHERE Student. Sno＝SC. Sno AND Sex＝'男'；

例33的隐式连接形式如下。

SELECT　Sname，Cname　FROM　Student，SC，Course
WHERE　Student. Sno＝SC. Sno　AND　SC. Cno＝Course. Cno　AND
Dno＝'D1'；

在连接查询中需要注意的问题如下。

(1)FROM 子句后面的表名，可以用表原名，也可以为它起表别名。一旦表有了别名，整个查询语句中凡是涉及用表名的地方都要用表别名。

(2)在查询语句中出现的所有列，若在所有涉及的表中是唯一的，则列名前可以不加表名前缀，若不是唯一的(即有两个或两个以上的表中都有该字段)，则必须在列名前加表名前缀，以确定其唯一性。

(3)对于带查询条件的连接查询来说，DBMS 的一种高效的执行过程是先根据查询条件选出满足条件的元组，然后再连接多个表，最后在连接后的中间临时结果表中选出目标列。

【例 34】查询学分是 4 分的课程的课程号以及选修该课程的学生的学号和成绩。

写法一：
SELECT　Course. Cno，Sno，Score　FROM　Course，SC
WHERE　Course. Cno＝SC. Cno　AND　Credit＝4；

写法二：
SELECT　C. Cno，Sno，Score　FROM　Course　C ，SC　S
WHERE　C. Cno＝S. Cno　AND　Credit＝4；

查询结果如下。

CNO	SNO	SCORE
C1	S1	90
C1	S3	85
C1	S4	46
C4	S1	52
C4	S6	79

3. 外连接

外连接包括左外连接、右外连接和全外连接。关于各种外连接的规则请参见第二章的 2.5.2 节。

(1)左外连接。

左外连接是以左边的表为基准，让左边表中的所有元组都出现在结果表中，若右边表中没有与之相匹配的元组，则结果元组中右表部分的字段值为NULL。

两个表的左外连接格式如下。

SELECT　目标列列表　FROM　表 1　LEFT　JOIN　表 2

ON　表1.连接列＝表2.连接列

WHERE　查询条件；

【例35】查询所有学院的院系名称及其所有的教师姓名，包括没有教师的学院。

SELECT　Dname，Tname　FROM　Department　LEFT　JOIN　Teacher　ON　Department.Dno＝Teacher.Dno；

查询结果如下。

DNAME	TNAME
信工学院	刘伟
工学院	刑林
工学院	吕轩
信工学院	陈武
地理学院	海洋
医学院	(null)

（2）右外连接。

右外连接是以右边的表为基准，让右边表中的所有元组都出现在结果表中，若左边表中没有与之相匹配的元组，则结果元组中左表部分的字段值为NULL。

两个表的右外连接格式如下。

SELECT　目标列列表　FROM　表1　RIGHT　JOIN　表2

ON　表1.连接列＝表2.连接列

WHERE　查询条件；

【例36】查询所有学院的院系名称及其所有教师姓名，包括没有学院的教师。

SELECT　Dname，Tname　FROM　Department　RIGHT　JOIN　Teacher　ON　Teacher.Dno＝Department.Dno；

查询结果如下。

DNAME	TNAME
信工学院	刘伟
工学院	刑林
工学院	吕轩
信工学院	陈武
地理学院	海洋
(null)	付阳

（3）全外连接。

全外连接是将左右两个表先左外连接，再右外连接，然后将两个结果并在一起。

两个表的全外连接格式如下。

SELECT　目标列列表　FROM　表1　FULL　（OUTER）　JOIN　表2

ON　表1.连接列＝表2.连接列

WHERE 查询条件；

注意：OUTER 为可选项，可以省略。

【例 37】查询所有学院的院系名称及其所有的教师姓名，包括没有教师的学院以及暂时没有分配学院的教师。

SELECT Dname，Tname FROM Department FULL JOIN Teacher ON Department.Dno＝Teacher.Dno；

查询结果如下。

4. 自身连接

连接操作不仅可以在多个表之间进行连接，而且可以是一个表与其自身进行连接，这样的连接称为表的自身连接。表的自身连接，相当于两个一模一样的表进行连接，两个表的表名和各列名都相同，为了加以区别，必须给它们起两个表别名，且各列前必须要有表别名前缀。

【例 38】查询每门课的课程号及其间接先修课（即直接先修课的直接先修课）的课程号。

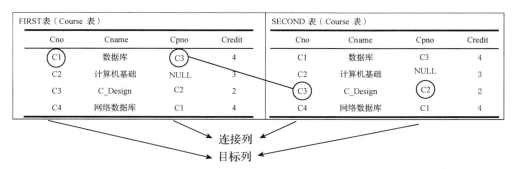

图 3.4 Course 表的自身连接

显式连接的代码如下。

SELECT FIRST.Cno，SECOND.Cpno

FROM Course FIRST INNER JOIN Course SECOND ON FIRST.Cpno＝SECOND.Cno；

隐式连接的代码如下。

SELECT　FIRST. Cno，SECOND. Cpno

FROM　Course　FIRST　，Course　SECOND　WHERE　FIRST. Cpno＝SECOND. Cno；

查询结果如下。

CNO	CPNO
C4	C3
C3	(null)
C1	C2

3.4.4　嵌套查询

在 SQL 语言中，一个 SELECT-FROM-WHERE 语句称为一个查询块。将一个查询块嵌套在另一个查询块的 WHERE 子句或 HAVING 子句的条件中的查询称为嵌套查询。例如：

SELECT　Sname　FROM　Student　　　　　　　　／＊外层查询或父查询＊／

WHERE　Sno　IN

　　(SELECT　Sno　FROM　SC　WHERE　Cno＝'C3')；　　　／＊内层查询或子查询＊／

在本例中，下层查询块 SELECT　Sno　FROM　SC　WHERE　Cno＝'C3'嵌套在上层查询块 SELECT　Sname　FROM　Student　WHERE　Sno IN 的 WHERE 条件中。上层的查询块称为外层查询或父查询，下层查询块称为内层查询或子查询。内层查询的 WHERE 子句还可以再继续嵌套查询，最多可以嵌套 255 层。

SQL 的这种以层层嵌套的方式将多个简单查询构成复杂查询的构造方式，正体现了其"结构化"的含义。

根据子查询返回元组的行数，将嵌套查询分为单行子查询和多行子查询；根据子查询的查询条件是否依赖于父查询，将嵌套查询分为不相关子查询和相关子查询；根据引出子查询的谓词的不同，将嵌套查询分为带比较运算符的子查询、带 IN(或 NOT IN)谓词的子查询、带 ANY/ALL 谓词的子查询和带 EXISTS(或 NOT EXISTS)谓词的子查询。

在上例中，子查询实现的功能是从 SC 表中查询选修'C3'课程的学生的学号，返回多行，因此是多行子查询；子查询可以单独执行，不依赖于父查询，因此是不相关子查询；引出子查询的谓词是 IN，因此是带 IN 谓词的子查询。

不相关子查询的执行过程如下。

(1)先执行内层查询，将内层查询的结果返回到外层查询的 WHERE 条件中。

(2)执行外层查询，得到最终结果。

下面是一个相关子查询的示例。

SELECT　Sname　FROM　Student

WHERE　EXISTS

　　（SELECT　Sno　FROM　SC　WHERE　Cno＝'C3'　AND　Sno＝Student. Sno）；

相关子查询的执行过程如下。

（1）首先取外层查询表的第一条记录为当前记录。

（2）将当前记录与内层查询相关的列值传入内层查询的条件中。

（3）执行内层查询，将结果返回到外层查询的 WHERE 子句中，若该 WHERE 子句的条件为真，则将外层表的当前记录放入结果表中；若该 WHERE 子句的条件为假，则不把外层表的当前记录放入结果表中，即放弃该记录。

（4）然后再取外层查询表的下一条记录为当前记录。若有记录，则转到（2）；若无记录（外层表的所有记录循环处理完毕），则结束。

1. 带比较运算符的子查询

带比较运算符的子查询是指父查询与子查询之间用比较运算符进行连接。当用户能确切知道内层查询返回的是单个值时，可以用＞、＜、＝、＞＝、＜＝、！＝或＜＞等比较运算符。

【例 39】查询与刘珊在同一个院系的学生的学号和姓名。

分析：如果一个学生只能属于一个院系，那么我们就要先查询出"刘珊"在哪个院系（只有一个值），然后再查询该院系的所有学生的学号和姓名。

第一步，查询"刘珊"在哪个院系。

SELECT　Dno　FROM　Student　WHERE　Sname＝'刘珊'；

结果为'D1'。

第二步，查询'D1'院系的所有学生的学号和姓名。

SELECT　Sno, Sname　FROM　Student

WHERE　Dno ＝'D1'；

根据不相关子查询的执行过程，将第一步的查询嵌套在第二步查询的 WHERE 子句中，构造的嵌套查询如下。

SELECT　Sno, Sname　FROM　Student

WHERE　Dno ＝

　　（SELECT　Dno　FROM　Student　WHERE　Sname＝'刘珊'）；

查询结果如下。

SNO	SNAME
S1	赵刚
S4	刘珊

【例40】查询比计算机基础课程的学分高的课程的课程号和课程名。

SELECT　Cno，Cname　FROM　Course

WHERE　Credit＞

　（SELECT　Credit　FROM　Course　WHERE　Cname＝'计算机基础'）；

查询结果如下。

CNO	CNAME
C1	数据库
C4	网络数据库

【例41】查询在所有选修C4课程的学生中，成绩低于该课程平均成绩的学生学号以及成绩。

SELECT　Sno，Score　FROM　SC

WHERE　Cno＝'C4'　AND　Score＜

（SELECT　AVG(Score)　FROM　SC　WHERE　Cno＝'C4'）；

查询结果如下。

SNO	SCORE
S1	52

【例42】查询每个学生不低于他所有选修课程的平均成绩的课程号。

SELECT　Sno，Cno

FROM　SC　X

WHERE　Score＞＝

　（SELECT　AVG(Score)　FROM　SC　Y　WHERE　Y. Sno＝X. Sno)；

分析：这是一个相关子查询，内层查询不能单独执行，因为它的条件 Y. Sno＝X. Sno 中的 X. Sno 是一个变量，需要从外层表中传递进来，外层表当前记录的学号值是谁，里层查询就返回谁的平均分。

该语句的执行过程如下。

（1）取外层 SC 表（别名为 X）中的第一条记录（'S1'，'C1'，90）为当前记录。

（2）将当前记录的 Sno 值'S1'传给内层查询的 WHERE 条件，变成 WHERE　Y. Sno＝'S1'。

（3）执行内层查询。

SELECT　AVG(Score)　FROM　SC　Y　WHERE　Y. Sno＝'S1'；

结果为 84.5；

（4）将内层查询的结果返回到外层查询的 WHERE 条件中，判断外层表当前记录的 Score 值 90 是否大于或等于 84.5，WHERE 条件为真，因此将当前记录的 Sno 和 Cno 的值'S1'和'C1'放入结果表中。

（5）取外层 X 表的下一条记录（'S2'，'C2'，80）为当前记录，转到（2），以同样的方法处理，判断第二条记录是否满足条件。依此循环处理，直到外层 X 表中的所有记录处理完毕，该语句查询结束。

查询结果如下。

SNO	CNO
S1	C1
S2	C2
S3	C1
S5	C2
S1	C2
S6	C2
S1	C3
S4	C2

从本例可以看出，相关子查询的执行是循环反复的，其执行次数与外层表的记录条数相同。

2. 带 IN(或 NOT IN)谓词的子查询

在嵌套查询中，子查询往往有多个值返回，此时我们不能直接使用比较运算符，而要用谓词 IN(或 NOT IN)引出子查询。

【例 43】查询所有选修 C3 课程的学生的姓名。

SELECT　Sname　FROM　Student

WHERE　Sno　IN

　(SELECT　Sno　FROM　SC　WHERE　Cno＝'C3');

查询结果如下。

SNAME
赵刚
齐超
宋佳

【例 44】查询没有选修 C3 课程的学生的姓名。

SELECT　Sname　FROM　Student

WHERE　Sno　NOT　IN

　(SELECT　Sno　FROM　SC　WHERE　Cno＝'C3');

查询结果如下。

SNAME
周丽
李强
刘珊

【例 45】查询选修了网络数据库课程的学生的学号和姓名。

SELECT　Sno，Sname　FROM　Student

WHERE　Sno　IN

　(SELECT　Sno　FROM　SC

WHERE　Cno　IN

（SELECT　Cno　FROM　Course　WHERE　Cname＝'网络数据库'））；

查询结果如下。

SNO	SNAME
S1	赵刚
S6	宋佳

注意：使用 IN 引出子查询时，IN 谓词前面的列名一定要与 IN 后面引出的子查询中的目标列名相同。

3. 带 ANY/ALL 谓词的子查询

在嵌套查询中，子查询返回单个值时我们可直接用比较运算符进行比较，但返回多个值时，我们就要将比较运算符与 ANY 或 ALL 谓词连用了。ANY 和 ALL 的语义如表 3.11 所示。

表 3.11　ANY 和 ALL 的语义

谓词	语义
＞ANY	大于子查询结果中的某个值
＞ALL	大于子查询结果中的所有值
＜ANY	小于子查询结果中的某个值
＜ALL	小于子查询结果中的所有值
＞＝ANY	大于或等于子查询结果中的某个值
＞＝ALL	大于或等于子查询结果中的所有值
＜＝ANY	小于或等于子查询结果中的某个值
＜＝ALL	小于或等于子查询结果中的所有值
＝ANY	等于子查询结果中的某个值
＝ALL	等于子查询结果中的所有值（通常没有实际意义）
！＝（或＜＞）ANY	不等于子查询结果中的某个值
！＝（或＜＞）ALL	不等于子查询结果中的任何一个值

【例 46】查询其他院系中比 D1 院系的某一学生出生日期大的学生姓名和出生日期。

SELECT　Sname，Birth　FROM　Student

WHERE　Birth＞ANY（SELECT　Birth　FROM　Student　WHERE　Dno＝'D1'）　AND　Dno＜＞'D1'；

查询结果如下。

SNAME	BIRTH
宋佳	1998-08-02
齐超	1997-06-08
李强	1996-05-02
周丽	1996-01-06

【例 47】查询其他院系中比 D1 院系的所有学生出生日期都大的学生姓名和出生日期。

SELECT　Sname，Birth　FROM　Student

WHERE　Birth＞ALL(SELECT　Birth　FROM　Student　WHERE　Dno＝'D1')　AND　Dno＜＞'D1'；

查询结果如下。

SNAME	BIRTH
宋佳	1998-08-02

事实上，用户用聚集函数实现子查询通常比直接用 ANY 或 ALL 查询效率要高。ANY 和 ALL 与聚集函数的对应等价关系如表 3.12 所示。

表 3.12　ANY 和 ALL 与聚集函数的对应等价关系

	＝	＜＞或！＝	＜	＜＝	＞	＞＝
ANY	IN	—	＜MAX	＜＝MAX	＞MIN	＞＝MIN
ALL	—	NOT　IN	＜MIN	＜＝MIN	＞MAX	＞＝MAX

从表 3.12 可以看出，＝ANY 与 IN 等价，！＝ALL 与 NOT　IN 等价，＜ANY 与＜MAX 等价等。在嵌套查询中，这些等价的谓词可以互相代替，使得嵌套的形式多种多样。例 43 到例 47 的代码改写如下。

【例 43-ANY】查询所有选修 C3 课程的学生的姓名。

SELECT　Sname　FROM　Student

WHERE　Sno＝ANY

　(SELECT　Sno　FROM　SC　WHERE　Cno＝'C3')；

【例 44-ALL】查询没有选修 C3 课程的学生的姓名。

SELECT　Sname　FROM　Student

WHERE　Sno＜＞ALL

　(SELECT　Sno　FROM　SC　WHERE　Cno＝'C3')；

【例 45-ANY】查询选修了网络数据库课程的学生的学号和姓名。

SELECT　Sno，Sname　FROM　Student

WHERE　Sno＝ANY

　(SELECT　Sno　FROM　SC

　　　WHERE　Cno＝ANY

　　　　　　　　（SELECT　Cno　FROM　Course　WHERE　Cname＝
'网络数据库'））；

　　【例46-MIN】查询其他院系中比 D1 院系的某一学生出生日期大的学生姓名和
出生日期。

　　SELECT　Sname，Birth　FROM　Student
　　WHERE　Birth＞（SELECT　MIN(Birth)　FROM　Student　WHERE
Dno＝'D1'）　AND　Dno＜＞'D1'；

　　【例47-MAX】查询其他院系中比 D1 院系的所有学生出生日期都大的学生姓
名和出生日期。

　　SELECT　Sname，Birth　FROM　Student
　　WHERE　Birth＞（SELECT　MAX(Birth)　FROM　Student　WHERE
Dno＝'D1'）　AND　Dno＜＞'D1'；

　　4. 带 EXISTS(或 NOT EXISTS)谓词的子查询

　　在嵌套查询中，外层查询 WHERE 条件中的 EXISTS 表示存在量词"∃"，
用来判断子查询是否有结果返回，而不关心返回的具体值，因此子查询中的目标
列通常使用 ∗，EXISTS 或 NOT EXISTS 引出的子查询通常都是相关子查询。

　　由 EXISTS 引出的嵌套查询，若子查询结果非空，则外层的 WHERE 子句
条件为真，否则为假；由 NOT　EXISTS 引出的嵌套查询，若子查询结果非空，
则外层的 WHERE 子句条件为假，否则为真。

　　【例43-EXISTS】查询所有选修 C3 课程的学生的姓名。

　　SELECT　Sname　FROM　Student
　　WHERE　EXISTS
　　　（SELECT　∗　FROM　SC　WHERE　Cno＝'C3'　AND　Sno＝
Student. Sno)；

　　该查询语句的执行过程如下。

　　(1)取外层 Student 表中的第一条记录('S1'，'赵刚'，'男'，'1995-9-2'，
'D1')为当前记录。

　　(2)将当前记录的 Sno 值'S1'传给内层查询的 WHERE 条件中，变成 Sno＝'S1'。

　　(3)执行内层查询。

　　SELECT　∗　FROM　SC　WHERE　Cno＝'C3'　AND　Sno＝'S1'；
　　结果为非空。

　　(4)将内层查询的非空结果返回到外层查询的 WHERE EXISTS 条件中，条
件为真，将当前记录的 Sname 值'赵刚'放入结果表中。

　　(5)取外层 Student 表的下一条记录('S2'，'周丽'，'女'，'1996-1-6'，'D3')
为当前记录，转到(2)，以同样的方法处理，判断第二条记录是否满足条件。依此

循环处理，直到外层 Student 表中的所有记录处理完毕，该语句查询结束。

【例 44-NOT EXISTS】查询没有选修 C3 课程的学生的姓名。

SELECT Sname FROM Student
WHERE NOT EXISTS
　(SELECT ＊ FROM SC WHERE Cno＝'C3' AND Sno＝Student. Sno)；

该查询语句的执行过程如下。

(1)取外层 Student 表中的第一条记录('S1'，'赵刚'，'男'，'1995-9-2'，'D1')为当前记录。

(2)将当前记录的 Sno 值'S1'传给内层查询的 WHERE 条件中，变成 Sno＝'S1'。

(3)执行内层查询。

SELECT ＊ FROM SC WHERE Cno＝'C3' AND Sno＝'S1'；
结果为非空。

(4)将内层查询的非空结果返回到外层查询的 WHERE NOT EXISTS 条件中，条件为假，舍弃当前记录。

(5)取外层 Student 表的下一条记录('S2'，'周丽'，'女'，'1996-1-6'，'D3')为当前记录，转到(2)，以同样的方法处理，判断第二条记录是否满足条件。依此循环处理，直到外层 Student 表中的所有记录处理完毕，该语句查询结束。

SQL 中没有全称量词"∀"，用户可以用存在量词"∃"等价表示：

$(\forall x)P \equiv \neg(\exists x(\neg P))$。

【例 48】查询选修了全部课程的学生姓名。

分析：该语句的含义是查询这样的学生，对于每门课程，他都选修了。这是一个全称量词的表达，可以将该含义转换成等价的用存在量词的形式表达：查询这样的学生，没有一门课程是他不选的。用两个 NOT EXISTS 实现，SQL 语句如下。

SELECT Sname FROM Student
WHERE NOT EXISTS
　(SELECT ＊ FROM Course WHERE NOT EXISTS
　　　(SELECT ＊ FROM SC WHERE Sno＝Student. Sno AND
Cno＝Course. Cno))；

查询结果如下。

SNAME
赵刚

该语句的执行过程是一个双重循环过程，流程图如图 3.5 所示。

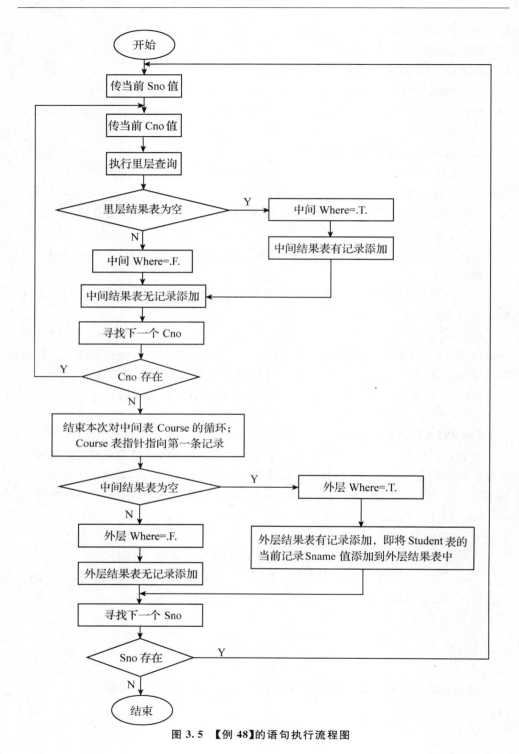

图 3.5　【例 48】的语句执行流程图

【例 49】查询选修了全部学分是 4 分的课程的学生姓名。

SELECT Sname FROM Student

WHERE NOT EXISTS

  (SELECT * FROM Course WHERE Credit＝4 AND

NOT EXISTS

      (SELECT * FROM SC WHERE Sno＝Student.Sno AND

Cno＝Course.Cno))；

  查询结果如下。

⬧ SNAME
赵刚

【例 50】查询选修了全部学分是 4 分的课程的男生姓名。

SELECT Sname FROM Student

WHERE Sex＝'男' AND NOT EXISTS

  (SELECT * FROM Course WHERE Credit＝4 AND

NOT EXISTS

      (SELECT * FROM SC WHERE Sno＝Student.Sno AND

Cno＝Course.Cno))；

  查询结果如下。

⬧ SNAME
赵刚

  例 49 和例 50 是例 48 的变形，分别缩小了参与循环的 Student 表和 Course 表的记录范围，请读者思考：查询被所有学生选修的课程的课程名的 SQL 语句是什么？可以有什么样的变形？

  SQL 中也没有蕴含逻辑运算，同样可以用存在量词"∃"等价表示：

$$(\forall y)p\rightarrow q\equiv \neg(\exists y(\neg(p\rightarrow q)))\equiv \neg(\exists y(\neg(\neg p\vee q)))\equiv \neg\exists y(p\wedge \neg q)$$

【例 51】查询至少选修了学生 S3 选修的全部课程的学生的学号（不包括 S3 本人）。

  分析：该语句的含义是查询学号是 x 的学生，对所有的课程 y，只要 S3 学生选修了课程 y，则 x 也选修了课程 y。

  用 p 表示谓词"学生 S3 选修了课程 y"，用 q 表示谓词"学生 x 选修了课程 y"。则上述查询可表示为 $(\forall y)p\rightarrow q$。

  这是一个蕴含逻辑的表达，可以将该含义转换成等价的用存在量词表达的形式：不存在这样的课程 y，学生 S3 选修了，而学生 x 没有选。用两个 NOT EXISTS 实现，SQL 语句如下。

SELECT　DISTINCT　Sno

FROM　SC　SCX

WHERE　SCX. Sno<>'S3'　AND　NOT　EXISTS

　（SELECT　＊　FROM　SC　SCY

　　　　WHERE　SCY. Sno='S3'　AND　NOT　EXISTS

　　　　　　（SELECT　＊　FROM　SC　SCZ

　　　　　　　　　WHERE　SCZ. Sno = SCX. Sno　AND　SCZ. Cno =

SCY. Cno））；

查询结果如下。

⬦ SNO
S4
S1

3.4.5　集合查询

SELECT 查询语句的结果是元组的集合，因此当两个 SELECT 查询结果的结构完全一致时，用户可以对这两个查询结果进行并、交、差等集合运算，运算符分别为 UNION、INTERSECT 和 MINUS，格式如下。

SELECT　语句 1

UNION | INTERSECT | MINUS

SELECT　语句 2

1. UNION

UNION 是并运算，包括两个查询结果的所有元组，去掉重复的元组。

【例 52】查询选修了 C1 课程或者 C3 课程的学生的学号。

方法一：集合查询。

SELECT　Sno　FROM　SC　WHERE　Cno='C1'

UNION

SELECT　Sno　FROM　SC　WHERE　Cno='C3'；

方法二：单表查询。

SELECT　DISTINCT　Sno　FROM　SC　WHERE　Cno='C1'　OR

Cno='C3'；

查询结果如下。

⬦ SNO
S1
S3
S4
S5
S6

2. INTERSECT。

INTERSECT 是交运算，包括两个查询结果中共有的元组。

【例 53】查询既选修了 C1 课程又选修了 C3 课程的学生的学号。

方法一：集合查询。

SELECT Sno FROM SC WHERE Cno='C1'

INTERSECT

SELECT Sno FROM SC WHERE Cno='C3';

查询结果如下。

⟨SNO
S1

思考：本例是否可以用以下 SQL 语句实现？为什么？

SELECT Sno FROM SC WHERE Cno='C1' AND Cno='C3';

方法二：嵌套查询。

SELECT Sno FROM SC

WHERE Cno='C1' AND Sno IN

(SELECT Sno FROM SC WHERE Cno='C3');

3. MINUS。

MINUS 是差运算，包括属于第一个结果集但不属于第二个结果集的元组。

【例 54】查询选修了 C1 课程但没有选修 C3 课程的学生的学号。

方法一：集合查询。

SELECT Sno FROM SC WHERE Cno='C1'

MINUS

SELECT Sno FROM SC WHERE Cno='C3';

方法二：嵌套查询。

SELECT Sno FROM SC

WHERE Cno='C1' AND Sno NOT IN

(SELECT Sno FROM SC WHERE Cno='C3');

查询结果如下。

⟨SNO
S3
S4

3.4.6 多表查询的等价形式

涉及多个表的查询(连接查询或嵌套查询)可以用多种等价形式表示。一般来说，自然连接、带有 IN 谓词的子查询、带有比较运算符的子查询、ANY/ALL

引出的子查询都可以用带 EXISTS 或 NOT　EXISTS 谓词的子查询等价替换，反之则不一定成立。

由于带 EXISTS 量词的相关子查询只关心内层查询是否有返回值，并不关心具体的返回值是什么，因此其效率并不一定低于其他的不相关子查询，有时是高效的方法。

下面对多表查询的各种等价形式进行总结。

1. 多表查询的肯定形式

（1）自然连接（显式连接和隐式连接）。

（2）IN 嵌套。

（3）ANY/ALL 嵌套及其等价的表达。

（4）EXISTS 嵌套。

（5）多种混合形式。

【例55】查询数据库课程的成绩单，包括选修该课程的学生的学号和成绩。

方法一：自然连接之显式连接。

SELECT　Sno，Score　FROM　SC　INNER　JOIN　Course　ON　SC. Cno＝Course. Cno　WHERE　Course. Cname＝'数据库'；

方法二：自然连接之隐式连接。

SELECT　Sno，Score　FROM　SC，Course

WHERE　SC. Cno＝Course. Cno　AND　Course. Cname＝'数据库'；

方法三：IN 嵌套。

SELECT　Sno，Score　FROM　SC

WHERE　Cno　IN

　（SELECT　Cno　FROM　Course　WHERE　Cname＝'数据库'）；

方法四：ANY 嵌套。

SELECT　Sno，Score　FROM　SC

WHERE　Cno　=　ANY

　（SELECT　Cno　FROM　Course　WHERE　Cname＝'数据库'）；

方法五：EXISTS 嵌套。

SELECT　Sno，Score　FROM　SC

WHERE　EXISTS

　（SELECT　＊　FROM　Course

　　　WHERE　Cname＝'数据库'　AND　Course. Cno＝SC. Cno）；

查询结果如下。

SNO	SCORE
S1	90
S3	85
S4	46

【**例 56**】查询所有数据库课程不及格的学生的学号和姓名。

方法一：自然连接之显式连接。

SELECT　Student. Sno，Sname　FROM　Student　INNER　JOIN　SC
ON　Student. Sno＝SC. Sno　INNER　JOIN　Course
ON　Course. Cno＝SC. Cno　WHERE　Score＜60　AND　Cname＝'数据库'；

方法二：自然连接之隐式连接。

SELECT　Student. Sno，Sname　FROM　Student，SC，Course
WHERE　Student. Sno＝SC. Sno　AND　Course. Cno＝SC. Cno
　　　AND　Score＜60　AND　Cname＝'数据库'；

方法三：IN 嵌套。

SELECT　Sno，Sname　FROM　Student
WHERE　Sno　IN
　（SELECT　Sno　FROM　SC
　　　WHERE　Score＜60　AND　Cno　IN
　　　　（SELECT　Cno　FROM　Course　WHERE　Cname＝'数据库'））；

方法四：ANY 嵌套。

SELECT　Sno，Sname　FROM　Student
WHERE　Sno　＝ANY
　（SELECT　Sno　FROM　SC
　　　WHERE　Score＜60　AND　Cno　＝ANY
　　　　（SELECT　Cno　FROM　Course　WHERE　Cname＝'数据库'））；

方法五：EXISTS 嵌套。

SELECT　Sno，Sname　FROM　Student
WHERE　EXISTS
　（SELECT　＊　FROM　SC
　　　WHERE　Score＜60　AND　SC. Sno＝Student. Sno　AND　EXISTS
　　　　（SELECT　＊　FROM　Course
　　　　　WHERE　Cname＝'数据库'　AND　Course. Cno＝SC. Cno））；

或者：

SELECT　Sno，Sname　FROM　Student
WHERE　EXISTS
　（SELECT　＊　FROM　SC

　　WHERE　Score＜60　　AND　EXISTS

　　　　（SELECT　＊　FROM　Course

　　　　　　WHERE　Cname＝'数据库'　AND　Course. Cno＝SC. Cno AND

SC. Sno＝Student. Sno））；

　　方法六：混合形式之一。

SELECT　Sno，Sname　FROM　Student

WHERE　Sno　IN

　　（SELECT　Sno　FROM　SC ，Course

WHERE　SC. Cno＝Course. Cno　AND　Score＜60　AND　Cname＝'数据库'）；

　　查询结果如下。

SNO	SNAME
S4	刘珊

　　对于其他的混合形式，请读者自行研究并写出来。

　　思考："查询所有不及格的学生的学号、姓名和所在院系名"这个查询能否用以上的六种方法去查询？为什么？你得出了什么结论？

　　2. 多表查询的否定形式

　　（1）MINUS 集合查询。

　　（2）NOT　IN 嵌套。

　　（3）＜＞ALL 嵌套。

　　（4）NOT　EXISTS 嵌套。

　　【例 57】查询不在信工学院的学生名单。

　　方法一：MINUS 集合查询。

SELECT　Sname　FROM　Student

MINUS

SELECT　Sname　FROM　Student

WHERE　Dno　IN

　　（SELECT　Dno　FROM　Department　WHERE　Dname＝'信工学院'）；

　　方法二：NOT　IN 嵌套。

SELECT　Sname　FROM　Student

WHERE　Dno　NOT　IN

　　（SELECT　Dno　FROM　Department　WHERE　Dname＝'信工学院'）；

　　方法三：＜＞ALL 嵌套。

SELECT　Sname　FROM　Student

WHERE　　Dno ＜＞ ALL

（SELECT　Dno　FROM　Department　WHERE　Dname＝'信工学院'）；

方法四：NOT　EXISTS 嵌套。

SELECT　Sname　FROM　Student

WHERE　NOT　EXISTS

　（SELECT　＊　FROM　Department

WHERE　Dname＝'信工学院'　AND　Dno＝Student. Dno）；

查询结果如下。

【例 58】查询周丽同学不学的课程的课程号和课程名。

方法一：MINUS 集合查询。

SELECT　Cno，Cname　FROM　Course

MINUS

SELECT　Cno，Cname　FROM　Course

WHERE　Cno　IN

　（SELECT　Cno　FROM　SC

　　WHERE　Sno　IN

　　　（SELECT　Sno　FROM　Student　WHERE　Sname＝'周丽'））；

方法二：NOT　IN 嵌套。

SELECT　Cno，Cname　FROM　Course

WHERE　Cno　NOT　IN

　（SELECT　Cno　FROM　SC

　　WHERE　Sno　IN

　　　（SELECT　Sno　FROM　Student　WHERE　Sname＝'周丽'））；

方法三：＜＞ALL 嵌套。

SELECT　Cno，Cname　FROM　Course

WHERE　Cno　＜＞　ALL

　（SELECT　Cno　FROM　SC

　　WHERE　Sno　IN

　　　（SELECT　Sno　FROM　Student　WHERE　Sname＝'周丽'））；

方法四：NOT　EXISTS 嵌套。

SELECT　Cno，Cname　FROM　Course

WHERE　NOT　EXISTS

　　　（SELECT　＊　FROM　SC

　　　　WHERE　EXISTS

　　　　　（SELECT　＊　FROM　Student　WHERE　Sname＝'周丽'

　　　　　　AND　Sno＝SC. Sno　AND　SC. Cno＝Course. Cno））；

或者：

SELECT　Cno，Cname　FROM　Course

WHERE　NOT　EXISTS

　　（SELECT　＊　FROM　SC

　　　WHERE　SC. Cno＝Course. Cno　AND　EXISTS

　　　　　（SELECT　＊　FROM　Student　WHERE　Sname＝'周丽'

　　　　　　AND　Sno＝SC. Sno ））；

查询结果如下。

CNO	CNAME
C1	数据库
C3	C Design
C4	网络数据库

请将例 43 和例 44 的所有查询形式都写出来。

3.4.7　Oracle 中常用的函数

　　在查询过程中，SQL 常常会使用 DBMS 提供的函数来进行数据处理或复杂计算，以满足用户的需求。Oracle 提供了数值函数、字符函数、日期函数和转换函数等常用的四类函数。

　　1. 数值函数

　　数值函数一般用于对数值进行处理，其参数和返回值一般都是数值。常用的数值函数见表 3.13。

表 3.13　常用的数值函数

序号	函数	功能	示例
1	ABS(n)	返回数值 n 的绝对值	ABS(5)＝5；ABS($-$5)＝5
2	CEIL(n)	返回大于或等于 n 的最小整数（上取整）	CEIL(5.2)＝6
3	FLOOR(n)	返回小于或等于 n 的最大整数（下取整）	FLOOR(5.2)＝5
4	MOD(m，n)	返回 m 除以 n 的余数	MOD(10，3)＝1
5	ROUND(m，n)	n 默认为 0，若 n 为正数，则返回 m 四舍五入到小数点右边 n 位后的数；若 n 为负数，则返回 m 四舍五入到小数点左边 n 位后的数	ROUND（1.546，2）＝1.55；ROUND（236.31，$-$2）＝200；ROUND(266.31，$-$2)＝300

续表

序号	函数	功能	示例
6	TRUNC(m, n)	n 默认为 0，若 n 为正数，则返回 m 截断到小数点后 n 位的数；若 n 为负数，则返回 m 截断到小数点左边 n 位后的数	TRUNC（1.546，2）=1.54；TRUNC（236.31，−2）=200；TRUNC（266.31，−2）=200

2. 字符函数

字符函数一般用于对字符进行处理，其参数和返回值一般都是字符。常用的字符函数如表 3.14 所示。

表 3.14　常用的字符函数

序号	函数	功能	示例
1	ASCII(s)	返回字符串 s 的第一个字母的 ASCII 码	ASCII('a')=97；ASCII('abc')=97
2	CHR(n)	返回整数 n 对应的 ASCII 字符	CHR(97)='a'
3	INITCAP(s)	将字符串 s 中每个单词的第一个字母大写，其他字母小写	INITCAP('hello world')='Hello World'
4	LENGTH(s)	返回字符串 s 的长度，若 s 为 NULL，则返回 NULL	LENGTH('hello')=5
5	UPPER(s)	将字符串 s 全部变为大写字母	UPPER('Hello')='HELLO'
6	LOWER(s)	将字符串 s 全部变为小写字母	LOWER('Hello')='hello'
7	CONCAT($s1$, $s2$)	连接字符串 s1 和 s2，作用同 '‖'	CONCAT('a', 'b')='ab'
8	SUBSTR(s, m, n)	从字符串 s 的第 m 位开始取长度为 n 的子串 若省略 n，则取到字符串末尾	SUBSTR('hello', 1, 2)='he'
9	REPLACE($s1$, $s2$, $s3$)	用 s3 替换 s1 中的 s2 子串	REPLACE（'she is happy', 'happy', 'sad'）='she is sad'
10	LTRIM($s1$, $s2$)	删除字符串 s1 左边的前缀字符，使其第一个字符不在 s2 中。省略 s2，则默认为空格字符	LTRIM('　hello', '　')='hello'
11	RTRIM($s1$, $s2$)	删除字符串 s1 右边的后缀字符，使其最后一个字符不在 s2 中。省略 s2 则默认为空格字符	RTRIM('hello', 'lo')='he'
12	TRIM($s1$, $s2$)	删除字符串 s1 前后两边的字符，使其第一个和最后一个字符都不在 s2 中。省略 s2 则默认为空格字符	TRIM('　hello　')='hello'

3. 日期函数

日期函数一般用于对日期进行处理，其参数和返回值一般是日期或数值。常用的日期函数如表 3.15 所示。

表 3.15　常用的日期函数

序号	函数	功能	示例
1	SYSDATE	返回数据库系统当前的日期和时间	SYSDATE＝2018-04-06
2	EXTRACT（datepart from d)	从指定的日期型数据 d 中抽取相应的部分，datepart 可为 year、month、day、hour 等	EXTRACT（YEAR　FROM SYSDATE)＝2018
3	ADD_MONTHS (d，n)	返回日期 d 加上 n 个月后的日期	ADD_MONTHS（SYSDATE，3)＝2018-07-06
4	LAST_DAY(d)	返回日期 d 中包含的月份中的最后一天	LAST_DAY（SYSDATE)＝2018-04-30

4. 转换函数

转换函数可以实现多种数据类型之间的转换。常用的转换函数如表 3.16 所示。

表 3.16　常用的转换函数

序号	函数	功能	示例
1	TO_CHAR(n[，fmt]) TO_CHAR(d[，fmt])	将数值或日期转换为字符串，fmt 为格式说明	TO_CHAR(12.6)＝'12.6' TO_CHAR(12.6，'＄99.9')＝'＄12.6' TO_CHAR(SYSDATE，'yyyy—mm—dd')＝'2018-04-06'
2	TO_DATE(s[，fmt])	将字符串转换为日期，fmt 为格式说明	TO_DATE('06/04/18'，'dd/mm/yy')＝2018-04-06
3	TO_NUMBER(s[，fmt])	将字符串转换为数值，fmt 为格式说明	TO_NUMBER('12.6')＝12.6 TO_NUMBER('＄12.6'，'＄99.9')＝12.6
4	NVL(e1，e2)	将 NULL 转换为实际值，若 e1 是 NULL，则返回 e2；若 e1 不是 NULL，则返回 e1	SELECT NVL(Score，0) FROM SC；若 Score 字段的值不是 NULL，则返回 Score 字段的原值，若是 NULL，则返回 0

3.5　视图

基本表是数据库中最重要的数据库对象，包含了实际存储的所有基本数据。当数据库建成以后，主要对其进行查询操作，如果操作比较复杂，且频繁进行，我们可以考虑用视图来代替复杂的查询。另外，如果要对用户隐藏数据库中的敏感数据，我们同样可以用视图来实现。

视图是从一个或几个基本表（或视图）导出来的虚拟的表，是到基本表的一种映射。视图中不存储数据，只存放视图的定义，即映射到哪些表的哪些字段。视图中用到的数据是从基本表中根据映射关系获取的，因此，当基本表的数据发生变化时，相应的视图数据也会随之改变。

视图是外模式的基本单位，从用户观点来看，视图和基本表是一样的。因此，视图定义后，可以和基本表一样被用户查询和更新，即用户透过视图可以对基本表进行查询和更新等操作，任何视图都可以查询，但更新是有限制的。

视图具有以下优点。

1. 视图可以简化用户对数据的复杂操作

若用户所关心的数据来自多个表的属性列，则可以用这些多表连接的复杂操作定义一个视图，让用户操作这个简单的视图，就可以简化用户的数据查询操作，对用户来说，这个"表"是怎么来的，无需了解。

2. 视图有利于数据的保密

视图使用户能从多个不同的角度看待同一数据，对不同的用户定义不同的视图，使保密的数据不出现在不应看到这些数据的用户视图里，并且只授予用户访问自己视图的权限。这样，用户就只能看到与自己有关的数据，无法看到其他用户的数据。因此，视图机制提供了对机密数据的安全保护功能。

3. 视图提供了一定程度的数据逻辑独立性

视图是外模式，也称为用户模式。当数据库重构时，数据的逻辑结构发生了变化（例如，一个表垂直分成两个表），只需定义一个映射到原来关系的视图，使用户的外模式保持不变，则外层的应用程序也不必改变。因此，视图能提供一定程度的数据逻辑独立性。

3.5.1　视图的定义

视图的定义包括创建视图、修改视图和删除视图。

一、创建视图

SQL 中创建视图的语句是 CREATE　VIEW，其格式如下。

CREATE ［OR　REPLACE］ VIEW　＜视图名＞［(＜列名 1＞，＜列名

2>，……)]

AS ＜子查询＞

[WITH CHECK OPTION]

[WITH READ ONLY]；

说明：

(1)OR REPLACE 的意思是替换，即要创建的视图已经存在，系统会覆盖掉原来的视图，重新创建一个同名的视图。

(2)视图中的列名要么全部指定，要么全部省略，没有第三种选择。若全部省略，则视图中的列名和定义时子查询中 SELECT 后面的目标列名完全相同，但在下列三种情况下，必须指定视图的所有列名。

①子查询中的某目标列不是原表列，而是包含函数计算或表达式的列。

②子查询中的某目标列不唯一，在查询涉及的多个表中都有该列。

③需要在视图中为某个列启用新的更合适的名字。

(3)子查询是从视图映射到基本表数据的 SELECT 语句，通常不能使用 ORDER BY 子句和 DISTINCT 短语。

(4)WITH CHECK OPTION 是可选项，表示对所创建的视图进行 INSERT、UPDATE 和 DELETE 操作时，必须满足子查询中 WHERE 子句里限定的条件，否则拒绝执行。

(5)WITH READ ONLY 是可选项，表示所创建的视图是只读视图，只能进行查询操作，不能进行 DML 操作。

(6)DBMS 执行 CREATE VIEW 命令时，只把视图的定义存到数据字典中，并不执行其中的子查询 SELECT 语句。只有在对视图进行查询时，DBMS 才能按照视图的定义从基本表中将数据取出。

1. 创建简单视图(行列子集视图)

简单视图是指基于一个基本表建立的视图，并且去掉了基本表的某些行和某些列，但保留了主码，这类视图也称为行列子集视图。

【例 1】创建 D1 学院学生的视图 IE_Student，包括学号、姓名和所在院系。

CREATE VIEW IE_Student

AS

SELECT Sno，Sname，Dno FROM Student WHERE Dno＝'D1'；

2. 创建复杂视图

复杂视图是指创建视图时包含带表达式、函数和分组数据的视图。复杂视图的某些列不是原表中的列，因此，创建复杂视图时一定要全部重新指定列名。指定列名有两个位置：一是在视图名后面全部指定，二是在子查询 SELECT 后面的目标列中全部指定。

【**例 2**】创建视图 C1 _ Score，包含选修了 C1 课程的学生的学号和提高 5％后的成绩。

　　CREATE　VIEW　C1 _ Score(Sno，Up _ Score)
　　AS
　　SELECT　Sno，Score＊(1＋0.05)　FROM　SC　WHERE　Cno＝'C1'；
　　或者：
　　CREATE　VIEW　C1 _ Score
　　AS
　　SELECT　Sno　Sno，Score＊(1＋0.05)　Up _ Score　FROM　SC
WHERE　Cno＝'C1'；

【**例 3**】创建视图 Age _ Student，包含学生的学号、姓名和年龄。

　　CREATE　VIEW　Age _ Student (Sno，Sname，Sage)
　　AS
　　SELECT　Sno，Sname，EXTRACT (YEAR　FROM　SYSDATE)—EX-
TRACT(YEAR　FROM　Birth)
　　FROM　Student；
　　或者：
　　CREATE　VIEW　Age _ Student
　　AS
　　SELECT　Sno　Sno，Sname　Sname，EXTRACT (YEAR　FROM
SYSDATE)—EXTRACT(YEAR FROM Birth)　Sage　FROM　Student；

【**例 4**】创建视图 Avg _ Score，包含每个选修课程的学生的学号以及平均成绩。

　　CREATE　VIEW　Avg _ Score (Sno，Gavg)
　　AS
　　SELECT　Sno，AVG(Score)　FROM　SC
　　GROUP　BY　Sno；

3. 创建连接视图

连接视图是基于多个基本表连接查询而建立的视图。

【**例 5**】创建视图 IE _ Score，包含所有 D1 学院选修 C1 课程的学生的学号、姓名和成绩。

　　CREATE　VIE　IE _ Score (Sno，Sname，Score)
　　AS
　　SELECT　Student. Sno，Sname，Score　FROM　Student，SC
　　WHERE　Dno ＝ 'D1'　AND　Student. Sno ＝ SC. Sno　AND　Cno ＝

'C1'；

4. 创建只读视图

若创建视图时加上了 WITH　READ　ONLY 短语，则创建的视图称为只读视图。

【例6】创建只读视图 No_Pass，包含所有不及格的学生的学号和课程号。

CREATE　VIEW　No_Pass

AS

SELECT　Sno，Cno　FROM　SC　WHERE　Score＜60

WITH　READ　ONLY；

5. 创建基于视图的视图

基于视图的视图是指建立在已定义好的视图上的视图。

【例7】创建视图 IE_Score_90，包含所有信工学院选修 C1 课程且成绩在 90 分以上（包括 90 分）的学生的学号、姓名及成绩。

CREATE　VIEW　IE_Score_90

AS

SELECT　Sno，Sname，Score　FROM　IE_Score　WHERE Score＞＝90；

6. 创建 CHECK 约束视图

若创建视图时加上了 WITH　CHECK　OPTION 短语，则创建的视图称为 CHECK 约束视图。

【例8】创建 CHECK 约束视图 IE_Student_Check，包括 D1 学院学生的学号，姓名和所在院系。

CREATE　VIEW　IE_Student_Check

AS

SELECT　Sno，Sname，Dno　FROM　Student　WHERE　Dno＝'D1'

WITH　CHECK　OPTION；

二、修改视图

SQL 不提供 ALTER　VIEW 命令来修改视图。如果要修改已经存在的视图，可以在创建视图时加上 OR　REPLACE 短语覆盖掉原来的视图，从而达到修改视图的目的。

【例9】修改例 6 创建的视图 No_Pass，取消只读选项。

CREATE　OR　REPLACE　VIEW　No_Pass

AS

SELECT　Sno，Cno　FROM　SC　WHERE　Score＜60；

三、删除视图

SQL 中使用 DROP　VIEW 命令来删除视图。删除视图的格式如下。

DROP　VIEW　＜视图名＞；

【例 10】删除视图 No _ Pass。

DROP　VIEW　No _ Pass；

删除视图就是从数据字典中将该视图的定义删除，对创建该视图的表或视图没有任何影响。但是如果创建视图的表或视图被删除了，那么该视图就无法使用了。

3.5.2　视图的查询

所有类型的视图，当创建好以后，都可以像查询基本表一样查询视图。

【例 11】在 IE _ Student 视图中查询所有男生的学号和姓名。

SELECT　Sno，Sname　FROM　IE _ Student　WHERE　Sex＝'男'；

当对视图进行查询时，DBMS 会进行视图的消解（View　Resolution），转换成等价的对基本表的查询。消解过程是查询视图时首先检查查询中涉及的表、视图等是否存在。如果存在，那么从数据字典中取出视图的定义，把定义中的子查询和用户的查询结合起来，转换成等价的对基本表的查询，然后再执行修正了的查询。

例 11 视图消解后转换成的等价查询如下。

SELECT　Sno，Sname　FROM　Student　WHERE　Dno＝'D1'　AND　Sex＝'男'；

一般地，对行列子集视图的查询，DBMS 都能进行视图的消解，转换成等价的对基本表的查询。但对非行列子集视图的查询，有的能进行视图的消解，有的不能。例如，例 12 中对连接视图的查询可以进行视图的消解，例 13 中的查询不能进行视图的消解。

【例 12】查询 D1 院系选修了 C1 课程的学生的学号和姓名。

SELECT　IE _ Student. Sno，Sname　FROM　IE _ Student，SC
WHERE　IE _ Student. Sno＝SC. Sno　AND　SC. Cno＝'C1'；

本例中视图消解后转换成的等价查询如下。

SELECT　Student. Sno，Sname　FROM　Student，SC
WHERE　Student. Sno＝SC. Sno　AND　SC. Cno＝'C1'　AND　Dno＝'D1'；

【例 13】查询平均成绩在 80 分以上的学生的学号。

SELECT　Sno　FROM　Avg _ Score　WHERE　Gavg＞80；

本例的查询无法进行视图的消解，转换成等价的正确的查询，因此，采用视图消解法的 DBMS 会限制这类查询。

3.5.3　视图的更新

　　视图的更新操作主要是指对视图进行插入、删除和修改操作。因为视图是不存储数据的虚表，因此，对视图的更新都最终转换为对基本表的更新。视图的种类决定了能进行更新操作的种类，见表 3.17。

表 3.17　各类视图的更新操作

视图种类	SELECT	INSERT	DELETE	UPDATE
行列子集视图	YES	YES	YES	YES
复杂视图	YES	NO	NO	NO
连接视图	YES	NO	限制	限制
只读视图	YES	NO	NO	NO
CHECK 约束视图	YES	满足子查询条件	满足子查询条件	满足子查询条件

　　由表 3.17 可以看出，对所有行列子集视图用户都可以进行所有的更新操作；对复杂视图，一般用户不可以进行更新操作，如果用户要进行更新操作必须在满足规定的条件下进行；对于只读视图，用户只能进行查询操作；对于 CHECK 约束视图，在更新时必须满足定义视图时子查询中的条件。

　　1. 简单视图的更新操作

　　【例 14】对简单视图 IE_Student 进行更新操作。

　　(1)向 IE_Student 视图中插入一名学生信息，学号是"S5"，姓名是"张晓"，所在院系是"D1"。

　　INSERT　INTO　IE_Student　VALUES('S5'，'张晓'，'D1')；

　　转换成对基本表的更新如下。

　　INSERT　INTO　Student　VALUES('S5'，'张晓'，'男'，NULL，'D1')；

　　性别"男"是 Student 表 Sex 列默认的值，会自动放入 VALUES 子句中。出生日期 Birth 列没有指定值，默认为 NULL。

　　(2)将 IE_Student 视图中"S5"学生的姓名更改为"王晓"。

　　UPDATE　IE_Student　SET　Sname='王晓'　WHERE　Sno='S5'；

　　转换成对基本表的更新如下。

　　UPDATE　Student　SET　Sname='王晓'　WHERE　Sno='S5'　AND　Dno='D1'；

　　(3)将 IE_Student 视图中"S5"学生的信息删除。

　　DELETE　FROM　IE_Student　WHERE　Sno='S5'；

转换成对基本表的更新如下。

DELETE　FROM　Student　WHERE　Sno＝'S5'　AND　Dno＝'D1';

思考：用户向 IE＿Student 视图中插入一名学生信息，学号是"S6"，姓名是"张玲"，所在院系是"D2"。该学生信息能插入进去吗？如果能插入进去，IE＿Student 视图和 Student 中的内容分别有什么变化？

2. CHECK 约束视图的更新操作

【例 15】对 CHECK 约束视图 IE＿Student＿Check 进行更新操作。

（1）向 IE＿Student＿Check 视图中插入一名学生信息，学号是"S7"，姓名是"吴海"，所在院系是"D1"。

INSERT　INTO　IE＿Student＿Check　VALUES（'S7'，'吴海'，'D1'）;

该操作插入的学生是"D1"院系的，符合创建视图时子查询中的条件 Dno＝'D1'，因此，该学生信息能插入进去。

思考：若向 IE＿Student＿Check 视图中插入一名学生信息，学号是"S6"，姓名是"张玲"，所在院系是"D2"，该学生信息能插入进去吗？为什么？

（2）将 IE＿Student＿Check 视图中"S7"学生的姓名更改为"王海"。

UPDATE　IE＿Student＿Check　SET　Sname＝'王海'　WHERE　Sno＝'S7';

思考：若将 IE＿Student＿Check 视图中"王海"的所在学院更改为"D3"，该更新操作能成功吗？为什么？

（3）将 IE＿Student＿Check 视图中"S7"学生信息删除。

DELETE　FROM　IE＿Student＿Check　WHERE　Sno＝'S7';

3. 复杂视图的更新操作

对于复杂视图，一般用户是不可以更新的，因为对这些视图的更新不能唯一地有意义地转换成对相应基本表的更新，如要把视图 Avg＿Score 中的"S3"学生的平均成绩更新为 90 分，SQL 语句如下。

UPDATE　Avg＿Score　SET　Gavg＝90　WHERE　Sno＝'S3';

这个操作是无法转换成对基本表 SC 的更新的。因为系统无法修改各科成绩，使得平均分为 90，所以视图 Avg＿Score 是不可更新的。

4. 视图的可更新性

不可更新的视图与不允许更新的视图是两个不同的概念。不可更新是指理论上已经被证明是不可能更新的视图，如某些非行列子集视图；不允许更新是指系统中不支持其更新，但它本身有可能是可以更新的视图，如只读视图。

3.6　索引

索引（Index）如同书中的目录一样，是加快查询的有效手段。索引是对表记录按一列或多列值进行逻辑排序的一种结构,是逻辑结构到物理结构的一种映射。如果对含有大量记录的表进行查找,在没有任何索引的情况下,DBMS 要逐条读取记录进行比较,最终找到所需要的记录,最坏的情况下会读取比较所有的记录。这会需要大量的磁盘 I/O,明显降低系统的效率。但如果表有索引,通过索引能很快找到所需数据对应的物理记录,显然,这会大大降低 I/O 次数,提高系统效率。因此,适当地在表中建立索引能加快对表的查询操作。

索引的分类如下。

1. 按索引列的个数可以将索引分为单索引和复合索引

单索引是基于单个列创建的索引;复合索引是基于多列创建的索引。

2. 按照索引值的唯一性可以将索引分为唯一索引和非唯一索引

唯一索引(UNIQUE INDEX)是列值不能重复的索引,即每一个索引值只对应唯一的数据记录;非唯一索引是列值可以重复的索引。

索引可以自动创建,也可以由手工创建。

当用户在一个表中建立主码约束或唯一约束时,系统会在该表上自动创建唯一索引,而且索引名与约束名相同。

手工创建索引是使用 CREATE INDEX 语句完成的。下面主要介绍手工创建索引的方法。

3.6.1 创建索引

创造索引的语法格式如下。

CREATE 〔UNIQUE〕INDEX <索引名> ON <表名>(<列名1>〔<次序>〕〔,<列名2>〔<次序>〕〕…);

说明:

(1)<索引名>是指要创建的索引名;

(2)<表名>指定要建立索引的基本表名字;

(3)<列名>指定建立在表的哪个或哪些列上,各列名之间用逗号分隔;

(4)<次序>表明索引值在该列上的排列次序,升序用 ASC 表示,降序用 DESC 表示,缺省为升序;

(5)〔UNIQUE〕选项表示创建唯一索引,省略该选项表示创建非唯一索引。

1. 创建单索引

单索引是指基于单个列创建的索引。在一个列上基于某种次序只能创建一个索引。

【例1】在课程表的学分列上创建索引 ID _ Credit,按学分的升序排列。

CREATE INDEX ID _ Credit ON Course(Credit);

2. 创建复合索引

复合索引是指基于多列创建的索引。在一个表上可以创建多个复合索引,但列的组合不能相同。

【例 2】在学生表的所在院系和性别两列上创建复合索引 IDC_Dno_Sex，按院系的升序排列，院系相同时按性别的降序排列。

CREATE INDEX IDC_Dno_Sex ON Student(Dno, Sex DESC)；

在复合索引中，组合列中的第一列称为领导字段，例如，索引 IDC_Dno_Sex 中 Dno 列为领导字段。当用户在学生表中建立了 IDC_Dno_Sex 索引后，对该表查询时，若 WHERE 语句中引用了 Dno 和 Sex 列，会使用该索引；若 WHERE 语句中单独引用 Dno 列，也会使用该索引；若 WHERE 语句中单独引用 Sex 列，则不会使用该索引。

3. 创建唯一索引

唯一索引是指索引列值不能重复的索引，即每一个索引值只对应唯一的数据记录，因此，在指定列上用户创建唯一索引时，该列数据不能出现重复的值。用户创建唯一索引时需要加上 UNIQUE 短语。

【例 3】在学生表的姓名列上创建唯一索引 UQ_Sname，按姓名的降序排列。

CREATE UNIQUE INDEX UQ_Sname ON Student(Sname DESC)；

4. 创建非唯一索引

非唯一索引是指索引列值可以重复的索引。当创建索引时没有带 UNIQUE 短语，用户创建的索引就是非唯一索引，如例 1 和例 2 中创建的索引都是非唯一索引。

3.6.2 查看索引

用户可以使用 Oracle 数据字典中的 USER_INDEXES 和 USER_IND_COLUMNS 表来查看指定表中的索引。

【例 4】查询 Student 表中所有的索引信息。

SELECT a.table_name, b.column_name, a.index_name, a.index_type, a.uniqueness, b.descend FROM USER_INDEXES a, USER_IND_COLUMNS b

WHERE a.index_name = b.index_name and a.table_name = 'STUDENT'；

注意：此命令中最后的表名一定要大写。

3.6.3 删除索引

索引主要用来加快查询速度。如果某个索引使用频度很小或是不再使用时，可以将其删除以释放它所占用的磁盘空间。

删除索引的格式如下。

DROP　INDEX　＜索引名＞；

【例 5】删除课程表上的索引 ID _ Credit。

DROP　INDEX　ID _ Credit；

3.6.4　建立索引的原则

建立索引的目的是加快查询的速度，但索引也可能会降低 DML 操作的速度。因为每一次 DML 操作，只要涉及索引列，就会引起索引的调整。因此，在规划创建索引时，要考虑查询和 DML 的需求。

建立索引的几条原则如下。

(1)若一个表中有大量记录，但查询仅选择表中的少量记录，则应该为该表建立索引。

(2)若一个表需要进行频繁的 DML 操作，则不应该为该表建立索引。

(3)不要在太小(包含少量记录)的表上建立索引。

(4)要在 WHERE 子句中常出现的条件列上建立索引。

(5)要在连接字段(主码列和外码列)上建立索引。

(6)不要在经常被修改的列上创建索引。

3.7　小结

本章介绍了关系数据库标准语言 SQL，它主要包括数据定义、数据操纵、数据查询和数据控制等四大功能。数据定义功能是通过 CREATE、DROP、AL-TER 等命令语句实现对表、视图和索引等数据库对象的定义；数据操纵功能是通过 INSERT、DELETE、UPDATE 等命令语句实现对数据的更新操作；最常用的、最重要的查询功能是通过 SELECT 命令语句实现的；实现数据控制功能的 GRANT 和 REVOKE 命令语句将在第五章详细介绍。

SELECT 查询功能强大且多样化，有单表查询、多表查询、连接查询、分组查询、嵌套查询等，并能对查询结果排序，这些都大大丰富和增强了 SQL 语言的功能。

SQL 提供了视图功能，视图是由若干个基本表或其他视图导出的虚拟表。视图能简化数据查询操作并在一定程度上保证数据的安全性。有的视图可以更新，有的不可以更新。视图中的数据会随着基本表中数据的更新而更新，同时，视图中数据的更新也会影响基本表中数据的变化。

SQL 提供了索引功能，通过建立索引可以提高用户对数据的查询速度，但同时索引也会降低数据更新的速度。因此，是否需要建立索引以及在哪些字段上建立索引值得研究。

习题

一、选择题

1. SQL 语言的注释符号是(　　　)。

A. ＊ 和 ＆　　　　　　　　　　　　B. ——和/＊……＊/

C. ％ 和 ♯　　　　　　　　　　　　D. ＆ 和/＊……＊/

2. 在 SQL 中，以下不是实现数据定义功能的命令语句的是(　　　)。

A. CREATE　　　　B. DROP　　　　C. ALTER　　　　D. SELECT

3. 在 SQL 中，以下不是实现数据操纵功能的命令语句的是(　　　)。

A. INSERT　　　　B. DELETE　　　　C. GRANT　　　　D. UPDATE

4. 创建任课表 TC 时，为"开课学期"这一字段创建约束，下列描述正确的是(　　　)。

A. 只能创建列级约束

B. 只能创建表级约束

C. 可以创建列级约束，也可以创建表级约束

D. 以上都不对

5. 创建任课表 TC 时，为(教师编号，课程号，任课班级)定义主码约束时，下列描述正确的是(　　　)。

A. 只能创建列级约束

B. 只能创建表级约束

C. 可以创建列级约束，也可以创建表级约束

D. 以上都不对

6. 为表中约束命名的短语是(　　　)。

A. CONSTRAINT　　　　　　　　　B. FOREIGN

C. PRIMARY　　　　　　　　　　　D. REFERENCES

7. 下列是主码约束的是(　　　)。

A. CHECK　　　　　　　　　　　　B. FOREIGN　KEY

C. PRIMARY　KEY　　　　　　　　D. UNIQUE

8. 下列关于 ALTER　TABLE 语句的描述，不正确的是(　　　)。

A. 可以一次删除多个字段　　　　　B. 可以一次增加多个字段

C. 可以修改字段名　　　　　　　　D. 可以修改字段类型

9. 若要删除基本表 TEST，下列语句正确的是(　　　)。

A. DROP　TEST　　　　　　　　　B. DELETE　TABLE　TEST

C. DELETE　TEST　　　　　　　　D. DROP　TABLE　TEST

10. 现有如下创建表 S 的 SQL 语句：

CREATE　TABLE　S

（SNO　CHAR(6)　PRIMARY　KEY,

SNAME　VARCHAR(10)　NOT　NULL,

SEX　CHAR(2),

AGE　NUMBER）；

下列向 S 表中插入元组的操作，能成功插入的是（　　）。

A. INSERT　INTO　S　VALUES（'200801'，'Tom'，'男'）

B. INSERT　INTO　S(SNO，SNAME，SEX)　VALUES（'200801'，'Tom'，'男'）

C. INSERT　INTO　S　VALUES（'200801'，NULL，'男'，18）

D. INSERT　INTO　S(SNAME，SEX，AGE)　VALUES（'Tom'，'男'，18）

11. 在图 2.1 所示的 Teach 数据库中，下列操作可以执行的是（　　）。

A. INSERT　INTO　TC（Tno，Cno，Classname）　VALUES（'T5'，'C5'，'17 软工'）

B. UPDATE　TC　SET　Tno＝'T9'　WHERE　Tno＝'T6'　AND　Cno＝'C3'；

C. DELETE　FROM　Teacher　WHERE　Tno＝'T1'

D. INSERT　INTO　TC（Tno，Cno，Classname）　VALUES（'T5'，'C4'，'17 软工'）

12. SQL 中，涉及年龄 AGE 字段的是否为空值的操作，下列不正确的是（　　）。

A. AGE　IS　NULL　　　　　　　　B. AGE　IS　NOT　NULL

C. AGE＝NULL　　　　　　　　　　D. NOT（AGE　IS　NULL）

13. SQL 中，与 NOT　IN 等价的是（　　）。

A. ＝ANY　　　　　B. ＜＞ANY　　　　　C. ＝ALL　　　　　D. ＜＞ALL

14. SQL 中，下列操作正确的是（　　）。

A. SNAME＝'张三'

B. SNAME＝'张%'

C. AGE＝MAX(AGE)

D. AGE　BETWEEN　NOT　18　AND　45

15. SQL 查询中，为了去掉不满足条件的分组，可以（　　）。

A. 使用 WHERE 子句

B. 在 GROUP　BY 后面使用 HAVING 子句

C. 先使用 WHERE 子句，再使用 HAVING 子句

D. 先使用 HAVING 子句，再使用 WHERE 子句

16. 学校数据库中有学生(学号，姓名)和宿舍(楼名，房间号，床位号，学号)两个关系，假设有的学生不住宿，床位也可能空闲。若要列出所有学生住宿

和宿舍分配的情况，包括没有住宿的学生和空闲的床位，则应该执行(　　)。

  A. 全外连接   B. 左外连接   C. 右外连接   D. 自然连接

17. 关于表的自身连接操作，下列描述错误的是(　　)。

  A. 必须为表起两个不同的别名

  B. 每个字段前必须加表别名前缀

  C. 自连接操作只能用隐式连接，不能用显示连接

  D. 自连接操作可以用隐式连接，也可以用显示连接

18. 在数据库体系结构中，视图属于(　　)。

  A. 模式   B. 外模式   C. 内模式   D. 存储模式

19. 关于视图，下列描述错误的是(　　)。

  A. 视图是另一种形式的表，本身存储数据

  B. 视图可以限制数据访问、简化复杂查询和提高数据安全性

  C. 可以通过 WITH READ ONLY 限制在视图上执行 DML 操作

  D. 可以在视图上再建立视图

20. 建立索引的作用是(　　)。

  A. 节省存储空间   B. 便于管理

  C. 提高查询速度   D. 提高查询和更新速度

二、简答题

1. 简述 SQL 语言的特点。

2. 简述相关子查询和不相关子查询在执行方式上的区别。

3. 简述视图的定义及分类。

4. 简述索引的创建原则。

三、操作题

  完善 Teach 数据库，创建教师表 Teacher 和任课表 TC，并输入数据，然后对数据库进行 SQL 操作。

  1. 创建教师表 Teacher 和任课表 TC，要求如表 3.18 和表 3.19 所示。

表 3.18　创建教师表 Teacher 的要求

列名	类型	约束	约束名
Tno	VARCHAR2(3)	主码	pk _ tno
Tname	VARCHAR2(10)	不能为空	nn _ tname
Prof	VARCHAR2(10)	无	无
Engage	DATE	无	无
Dno	VARCHAR2(3)	外码	teacher _ fk _ dno

表 3.19　创建任课表 TC 的要求

列名	类型	约束	约束名
Tno	VARCHAR2(3)	外码	fk_tno
Cno	VARCHAR2(3)	外码	tc_fk_cno
Classname	VARCHAR2(20)	不能为空	nn_classname
Semester	CHAR(6)	无	无
		主码(Tno, Cno, Classname)	pk_tc

2. 按要求完成如下操作。

(1)按图 2.1 中给出的数据向 Teacher 表和 TC 表中插入所有数据。

(2)利用 Teach 数据库中的现有表生成新表 S_avg，新表中包括学号(Sno)、姓名(Sname)和平均成绩(Avgscore)，其中平均成绩保留一位小数。

(3)为 S_avg 表增加备注字段，字段名为 Info，数据类型为 Varchar2(30)。

(4)修改 S_avg 表中 Info 字段的类型为 Varchar2(50)。

(5)删除 S_avg 表中的 Info 字段。

3. 完成如下查询操作。

(1)查询 T2 教师任课的班级名。

(2)查询 17 网工在 2016-2 学期开设的课程的课程号。

(3)查询在 2017-2 学期开设的且学分为 4 分的课程的课程号和课程名。

(4)查询讲授 C4 课程的教师姓名及其任课班级。

(5)查询海洋老师所教授的所有课程的课程名和学分。

(6)查询哪些学院的教师在 2017-1 学期开设计算机基础课。

(7)查询地理学院讲授计算机基础的教师姓名和职称。

(8)查询讲授 C2 或 C3 课程的教师编号。

(9)查询至少讲授 C2 和 C3 课程的教师编号。

(10)查询至少讲授两门课程的教师编号，结果按教师编号的升序排序。

(11)查询每位教师的授课门数，结果包含教师编号和授课门数，并按教师编号升序排列。

(12)查询网工专业的班级所开设的所有课程的课程号及开课学期，将查询结果按课程号升序排序，如果课程号相同，再按开课学期降序排序。

(13)查询有教师的院系中，各院系每年聘任的教师人数，要求显示院系编号、年份和人数，将查询结果按院系编号升序、年份降序排序。

(14)查询不讲授 C2 课程的教师编号和教师姓名。

(15)查询刑林老师不讲授的课程的课程号。

(16)查询讲授全部课程的教师的教师编号。

(17)查询讲授全部学分是 4 分课程的教师的教师编号和教师姓名。

(18)查询被全部教师讲授的课程的课程号。

(19)查询被全部讲师讲授的课程的课程号和课程名。

(20)查询至少讲授 T5 教师所讲授的全部课程的教师的教师编号。

4. 完成如下更新操作。

(1)将医学院新进的教师孙哲插入系统中，教师编号是 T7，职称和聘任时间暂时不确定。

(2)将教师付阳调到 D2 学院上班。

(3)将所有教师的聘任时间统一修改为 2018 年 7 月 1 日。

(4)将所有医学院的教师的聘任时间再统一修改为 2018 年 8 月 1 日。

(5)删除 2016-2 学期的所有任课记录。

(6)由于付阳教师要调走，现删除付阳老师的所有信息。

5. 按要求创建视图。

(1)创建包含所有高级职称教师(教授和副教授)的视图 Senior _ prof _ teacher，视图中包括教师编号、教师姓名、职称和所在院系。

(2)创建视图 Workyears _ teacher，视图中包括每位教师的教师编号和现任岗位的工作年数。

(3)创建只读视图 Count _ tc，统计讲授每门课程的教师人数，视图中包含课程号和教师人数两列。

(4)创建视图 Count _ tc2，统计讲授每门课程的教师人数，视图中包含课程号、课程名和教师人数三列。

6. 按要求创建索引。

(1)在教师表的所在院系列上创建索引 ID _ Dno，按所在院系的降序排列。

(2)在任课表的任课班级和开课学期两列上创建复合索引 IDC _ Classname _ Semester，按开课学期的升序排列，开课学期相同时按任课班级的降序排列。

(3)在教师表的姓名列上创建唯一索引 UQ _ Tname，按姓名的升序排列。

第四章　PL/SQL 编程

标准 SQL 主要是对数据库对象进行创建、修改、删除操作和对数据进行查询、插入、更新和删除操作，是一种非过程化的语言，不具备流程控制功能，因此满足不了用户复杂业务流程的需求。如果用户要实现对数据库的复杂操作，那么就需要使用具有流程控制的、结构化的查询语言 PL/SQL。

4.1　PL/SQL 编程基础

PL/SQL(Procedural　Language/SQL)是对标准 SQL 的扩展，是一种过程化的语言。PL/SQL 在 SQL 中加入了流程控制功能，可以实现复杂的业务逻辑，例如，逻辑判断、条件循环以及异常处理。PL/SQL 将 SQL 的数据处理功能和自身的流程控制功能结合在一起，形成强大的编程语言，从而可以创建存储过程、函数和触发器等复杂的数据库对象。

4.1.1　PL/SQL 程序结构

1. PL/SQL 的基本结构

PL/SQL 的基本结构是块，所有的 PL/SQL 程序都是由块组成的，块与块之间可以互相嵌套。

每个 PL/SQL 块通常包括三部分：声明部分、执行部分和异常处理部分。PL/SQL 块的结构如下。

［DECLARE
　　声明常量、变量、游标、自定义异常；］
BEGIN
　　程序的主体部分，主要包括 SQL 语句和 PL/SQL 语句等；
［EXCEPTION
　　异常发生时执行的动作；］
END；

(1)声明部分。

声明部分由关键字 DECLARE 开始，主要包含常量、变量、游标和自定义异常的声明和定义。若没有需要声明和定义的，则该部分可以省略。

（2）执行部分。

执行部分由关键字 BEGIN 开始，以关键字 END 结束，END 后面必须加分号。该部分主要包含 SQL 可执行语句和其他 PL/SQL 功能块等所有的处理操作，是必选的部分。

（3）异常处理部分。

异常处理部分由关键字 EXCEPTION 开始，包含在主体部分里。该部分是对程序中异常情况的处理。若没有异常处理，则该部分可以省略。

【例 1】编写 PL/SQL 块输出信工学院的学生总人数。

/ ＊ 该程序块的功能是获取指定的"D1"院系，即信工学院的学生总人数 ＊ /
DECLARE
　　v ＿ count　　NUMBER（2）：＝0；--定义变量
BEGIN
　　SELECT　　COUNT（＊）　　INTO　　v ＿ count　　FROM　　Student
WHERE　　Dno＝'D1'；
　　dbms ＿ output. put ＿ line（'信工学院的学生总人数是：' ‖ v ＿ count）；--输出语句
END；

2. PL /SQL 块的编程规则

（1）PL/SQL 块的书写位置。

在 SQL DEVELOPER 的 SQL 窗口中书写，以 DECLARE 或 BEGIN 开始，以 END 结束。

（2）PL/SQL 块的书写规则。

①每条语句必须以分号结束。一条语句可以写多行，一行可以写多条语句。

②DECLARE，BEGIN，EXCEPTION 后面没有分号，END 后面必须有分号。

③只能用 SQL 中的 DML 语句，不能用 DDL 语句。

（3）PL/SQL 块的执行。

在 SQL DEVELOPER 的 SQL 窗口中选中该 PL/SQL 块中的所有代码，按 F5 或 ▤（执行脚本）按钮执行。

（4）PL/SQL 块的输出。

在"DBMS 窗口"中查看输出结果。若"DBMS 窗口"未打开，则选择"查看"菜单的"DBMS 输出"打开该窗口，并且单击 ➕ 按钮建立连接，如图 4.1 所示。

3. PL /SQL 块的分类

PL/SQL 块可以分为以下三类。

图 4.1　打开 DBMS 窗口

（1）匿名块：即没有名字的 PL/SQL 块，动态构造，只能执行一次。

（2）子程序：带名字的 PL/SQL 块，例如存储过程、函数和包等，永久存储在数据库中，可以在其他程序中调用它们。

（3）触发器：附属于表的一种数据库对象。当对表进行操作时，满足触发事件就会自动执行相应的 PL/SQL 块主体程序。

4. PL/SQL 块的注释

在代码中添加注释，可以提高程序的可读性。PL/SQL 块的注释包括单行注释和多行注释。

（1）单行注释。

单行注释是指对某一行的注释，用两个半字线（--）表示。例如，在例 1 中对变量和输出语句的注释就是单行注释。

（2）多行注释。

多行注释是指对多行代码注释，其作用主要是说明一段代码的功能，用 /*……*/ 表示多行注释。例如，在例 1 中第一行对整个代码的注释就是多行注释。

4.1.2　PL/SQL 变量的定义

PL/SQL 中的变量包括简单的变量和复合类型的变量。本小节主要介绍简单变量中的一般的标量变量和 %TYPE 字段变量，复合类型中较为复杂的 %ROW-TYPE 记录变量，具有特殊功能的宏替换变量等。

变量都有名字，PL/SQL 中变量的命名规则如下。

（1）只能使用 A～Z、a～z、0～9、_、$ 和 ♯ 等数字和字符，如果使用其他字符，那么需要用双引号引住。

（2）长度不能超过 30 个字符。

（3）第一个字符必须是字母。

（4）不区分大小写。

（5）不能是 SQL 保留字。

1. 标量变量

标量变量是指只能存放单个值的变量。常用的标量数据类型有 VARCHAR2、CHAR、NUMBER、DATE、BOOLEAN、LONG 和 BINARY　INTEGER 等。

（1）标量变量的定义。

标量变量的定义格式如下。

变量名〔CONSTANT〕　数据类型〔NOT　NULL〕〔:＝值 | DEFAULT 值〕；

说明：

①带 CONSTANT 选项表示定义常量，省略该选项表示定义变量。

②NOT NULL 选项表示变量不能为空值。

③定义变量时可以同时给变量赋值。

④〔:＝值 | DEFAULT 值〕表示在定义变量的同时给变量赋值，或者给变量一个默认值。

⑤ 一行只能声明一个变量。

例如，

v ＿ sno　VARCHAR2(4):＝'S1'；

v ＿ avgscore　NUMBER；

（2）标量变量的赋值。

变量的赋值有两种方式，一种是直接赋值，另一种是使用 SELECT　INTO 语句赋值。

方法一：直接赋值，格式如下。

变量名:＝常量或表达式；

例如，v ＿ avgscore:＝0；

方法二：使用 SELECT　INTO 语句赋值，格式如下。

　SELECT　列名1，列名2，…，列名 n　INTO　变量1，变量2，…，变量 n　FROM　表名 〔WHERE　＜条件＞〕；

例如，SELECT　AVG（Score）INTO　v ＿ avgscore　FROM　SC WHERE　Sno＝v ＿ sno；

注意：SELECT　INTO 语句赋值只适用于返回单行数据的查询，且 SELECT 后面的列的个数、顺序要与 INTO 后面变量的个数、顺序一致。

【例 2】根据给定学生的学号，输出该生的平均成绩。

```
DECLARE
    v _ avgscore   NUMBER；
    v _ sno   VARCHAR2(3)；
BEGIN
    v _ sno：＝'S1'；
    SELECT  AVG(Score)  INTO  v _ avgscore  FROM  SC  WHERE
Sno＝v _ sno；
    dbms _ output. put _ line('学号为'‖v _ sno‖'的学生的平均成绩是'‖
v _ avgscore)；
    END；
```

注意：输出语句中"‖"是连接运算符。

【例 3】根据给定学生的学号，输出该生的姓名、性别和所在院系。

```
DECLARE
    v _ sname   VARCHAR2(10)；
    v _ sex   CHAR(2)；
    v _ dno   VARCHAR2(3)；
BEGIN
    SELECT  Sname，Sex，Dno  INTO  v _ sname，v _ sex，v _ dno
    FROM  Student  WHERE  Sno＝'S1'；
    dbms _ output. put _ line('S1 的姓名：'‖v _ sname‖'，性别：'‖v _ sex‖'，
所在院系：'‖v _ dno)；
    END；
```

2. ％TYPE 字段变量

当从数据库中取出表的某列数据时，必须定义相应的变量来接收该数据，而且定义该变量的类型一定要与表中相应列的数据类型相同。例如，在例 3 中 v _ sname、v _ sex、v _ dno 变量的类型和 Student 表中 Sname、Sex、Dno 字段的类型相同。在定义这样的变量时，用户需要事先知道它所存储的表列数据的类型，如果事先不知道，用户可以使用％TYPE 类型的字段变量来实现。

定义％TYPE 类型的字段变量可以使该变量的类型自动与数据库表的某个列的数据类型相同，或者与已经定义的某个数据变量的类型相同。定义％TYPE 字段变量的格式如下。

变量名　表名. 列名％TYPE；

【例 4】根据给定学生的学号，输出该生的姓名、性别和所在院系。使用％TYPE 字段变量。

```
DECLARE
```

　　v _ sname   Student. Sname％TYPE；

　　v _ sex   Student. Sex％TYPE；

　　v _ dno   Student. Dno％TYPE；

BEGIN

　　SELECT Sname，Sex，Dno INTO v _ sname，v _ sex，v _ dno
FROM Student WHERE Sno＝'S1'；

　　dbms _ output. put _ line('S1 的姓名：'‖v _ sname‖'，性别：'‖v _
sex‖'，所在院系：'‖v _ dno)；

END；

使用％TYPE 字段变量的优点如下。

(1)所引用的数据库中表列的数据类型及长度，用户可以不必知道。

(2)所引用的数据库中表列的数据类型可以实时改变，但不会影响％TYPE
类型变量的声明和使用。

(3)提高 PL/SQL 块的执行效率。

3.％ROWTYPE 记录变量

复合类型的变量是指一个变量能存储多个值，是复杂结构的变量。PL/SQL
中提供了一种％ROWTYPE 记录型的复合变量，该变量在结构上与表的一条记
录相同。用户可以将从表中选取的一整条记录赋值给它，然后取各列的值分别
使用。

(1)定义％ROWTYPE 记录变量的格式如下。

变量名   表名％ROWTYPE；

例如，record _ student   Student％ROWTYPE；

(2)获取记录变量的各列值的方法如下。

记录变量名 . 列名；

例如，record _ student. Sname；

【例 5】根据给定学生的学号，输出该生的姓名、性别和所在院系。使用％
ROWTYPE 记录变量。

DECLARE

　　record _ student   Student％ROWTYPE；

BEGIN

　　SELECT * INTO record _ student FROM Student WHERE
Sno＝'S1'；

　　dbms _ output. put _ line('S1 的姓名：'‖record _ student. Sname‖
'，性别：'‖record _ student. Sex‖'，所在院系：'‖record _ student. Dno)；

END；

注意：因为记录类型的变量存储的是表中一整行的数据，所以在用 SELECT INTO 给它赋值时，SELECT 后面的目标列一定得是所有列，可以用"＊"表示。

4. 替换变量

在例 3 至例 5 中，都是查询固定的学号为"S1"的学生的相关信息。如果用户要根据输入不同的学号查询不同学生的信息，那么他就可以使用替换变量。替换变量是为了提高 ORACLE 的交互性而引入的，其特点是在变量名前加一个"&"符号。当程序运行遇到替换变量时会出现一个窗口提示用户输入该变量的值，如图 4.2 所示。根据不同的输入值，程序会有不同的输出。

图 4.2　替换变量

【**例 6**】修改例 5，根据输入的学号，输出该生的姓名、性别和所在院系。

```
DECLARE
    record _ student    Student%ROWTYPE;
BEGIN
    SELECT  *  INTO  record _ student  FROM  Student  WHERE
Sno=&sno;
    dbms _ output. put _ line('该生的姓名：'‖record _ student. Sname‖
'，性别：'‖record _ student. Sex‖'，所在院系：'‖record _ student. Dno);
END;
```

输入替换变量的值时要注意与变量的类型相匹配，匹配如下。

(1)若是数值型，则直接输入。

(2)若是字符串或日期型，则输入时两边要加单引号。

(3)若字符串或日期型变量在程序中已经加了单引号，则在输入时就不用再加了。

例如，例 6 中的 Sno=&sno，Sno 是字符型数据，&sno 替换变量两边没有加单引号，所以用户在输入时两边要加单引号，即输入'S2'。若例 6 中的代码是 Sno='&sno'，则用户输入 S2，两边不需要加单引号。

4.1.3　PL/SQL 控制结构

PL/SQL 和标准 SQL 相比，最大的亮点是 PL/SQL 引入了流程控制结构，是一种结构化的程序设计。PL/SQL 中有三种控制结构：顺序结构、条件结构和循环结构。

1. 条件结构

条件结构也称为分支结构，由 IF 和 CASE 语句实现。在程序中根据条件表达式的取值情况选择要执行的操作语句。

(1)IF 语句。

IF 语句的格式如下。

```
IF    条件表达式 1    THEN
      语句序列 1;
[ELSIF    条件表达式 2    THEN
      语句序列 2;
      ……
ELSE
      语句序列 n;]
END   IF;
```

注意："ELSIF"的写法，最后的 END 和 IF 之间有一个空格。

①IF…THEN…END   IF 形式。

这是最简单的 IF 语句，当 IF 后面的条件表达式的值为真时执行 THEN 后面的语句，否则退出 IF 语句。

【例 7】根据输入的学号，计算该生的平均成绩，当平均成绩大于或等于 80 时，输出"该生成绩较好"。

```
DECLARE
    v _ avgscore   NUMBER;
BEGIN
    SELECT   AVG(Score)   INTO   v _ avgscore   FROM   SC   WHERE
Sno='& sno';
    IF   v _ avgscore>=80   THEN
      dbms _ output. put _ line('该生成绩较好');
    END   IF;
END;
```

②IF…THEN…ELSE…END   IF 形式。

当 IF 后面的条件表达式的值为真时执行 THEN 后面的语句，否则执行

ELSE 后面的语句。

　　【例 8】根据输入的学号，计算该生的平均成绩，当平均成绩大于或等于 80 时，输出"该生成绩较好"；当平均成绩小于 80 时，输出"该生成绩一般"。

```
DECLARE
    v_avgscore  NUMBER;
BEGIN
    SELECT  AVG(Score)  INTO  v_avgscore  FROM  SC  WHERE
Sno='&sno';
    IF  v_avgscore>=80  THEN
      dbms_output.put_line('该生成绩较好');
    ELSE
        dbms_output.put_line('该生成绩一般');
    END  IF;
END;
```

　　③IF…THEN…ELSIF…ELSE…END IF 形式。

　　根据 ELSIF 的个数，可以实现多分支判断。

　　【例 9】根据输入的学号，计算该生的平均成绩，当平均成绩大于或等于 90 时，输出"该生成绩优秀"；当平均成绩小于 90 且大于或等于 80 时，输出"该生成绩良好"；当平均成绩小于 80 且大于或等于 70 时，输出"该生成绩中等"；当平均成绩小于 70 且大于或等于 60 时，输出"该生成绩及格"；当平均成绩小于 60 时，输出"该生成绩不及格"。

```
DECLARE
    v_avgscore  NUMBER;
BEGIN
    SELECT  AVG(Score)  INTO  v_avgscore  FROM  SC  WHERE
Sno='&sno';
    IF  v_avgscore>=90  THEN
      dbms_output.put_line('该生成绩优秀');
    ELSIF  v_avgscore>=80  THEN
      dbms_output.put_line('该生成绩良好');
    ELSIF  v_avgscore>=70  THEN
      dbms_output.put_line('该生成绩中等');
    ELSIF  v_avgscore>=60  THEN
      dbms_output.put_line('该生成绩及格');
    ELSE
```

　　dbms＿output.put＿line('该生成绩不及格');
　　　END　IF；
　END；
（2）CASE 语句。

CASE 语句与 IF…THEN…ELSIF…ELSE…END　IF 一样，实现多分支判断。但 CASE 语句更简洁。CASE 语句有三种形式。

①基本 CASE 语句，语法格式如下。

CASE　选择变量名
　　WHEN　表达式 1　THEN　语句序列 1；
　　WHEN　表达式 2　THEN　语句序列 2；
　　……
　　WHEN　表达式 n　THEN　语句序列 n；
　　ELSE　语句序列 $n+1$；
END　CASE；

执行过程：将选择变量的值依次和各表达式进行比较，若相等，则执行后面相应的语句序列；若不相等，则执行 ELSE 后面的语句序列。

【例 10】用基本 CASE 语句实现例 9 的功能。

DECLARE
　v＿avgscore　NUMBER；
　v＿grade　INTEGER；
BEGIN
　　SELECT　AVG(Score)　INTO　v＿avgscore　FROM　SC　WHERE
Sno='＆sno'；
　　v＿grade：＝TRUNC(v＿avgscore/10)；
　　CASE　v＿grade
　　　WHEN　10 THEN　dbms＿output.put＿line('该生成绩优秀')；
　　　WHEN　9　THEN　dbms＿output.put＿line('该生成绩优秀')；
　　　WHEN　8　THEN　dbms＿output.put＿line('该生成绩良好')；
　　　WHEN　7　THEN　dbms＿output.put＿line('该生成绩中等')；
　　　WHEN　6　THEN　dbms＿output.put＿line('该生成绩及格')；
　　　ELSE　dbms＿output.put＿line('该生成绩不及格')；
　　END　CASE；
　END；
②表达式结构的 CASE 语句，语法格式如下。
变量：＝CASE　选择变量名

WHEN　表达式 1　THEN　值 1

WHEN　表达式 2　THEN　值 2

······

WHEN　表达式 n　THEN　值 n

ELSE　值 $n+1$

END；

执行过程：将选择变量的值依次和各表达式进行比较，若相等，则将该语句 THEN 后面的值赋给变量；若不相等，则将 ELSE 后面的值赋给变量。

注意：值 1，值 2，…，值 n 后面没有分号；结尾的关键字是 END，没有 CASE。

【例 11】用表达式结构的 CASE 语句实现例 9 的功能。

```
DECLARE
    v _ avgscore   NUMBER；
    v _ grade INTEGER；
    result   VARCHAR2(20)；
BEGIN
    SELECT   AVG(Score)   INTO   v _ avgscore   FROM   SC   WHERE
Sno='&sno'；
    v _ grade：=TRUNC(v _ avgscore/10)；
result：= CASE      v _ grade
        WHEN   10   THEN   '该生成绩优秀'
        WHEN   9   THEN   '该生成绩优秀'
        WHEN   8   THEN   '该生成绩良好'
        WHEN   7   THEN   '该生成绩中等'
        WHEN   6   THEN   '该生成绩及格'
        ELSE   '该生成绩不及格'
    END；
    dbms _ output. put _ line(result)；
END；
```

③搜索结构的 CASE 语句，语法格式如下。

```
CASE
    WHEN   条件表达式 1   THEN   语句序列 1；
    WHEN   条件表达式 2   THEN   语句序列 2；
    ······ ······
    WHEN   条件表达式 n   THEN   语句序列 n；
```

ELSE　语句序列 $n+1$；

　END　CASE；

执行过程：依次判断各条件表达式的值是否为真，若为真，则执行后面的语句序列；若都为假，则执行 ELSE 后面的语句序列。

注意：搜索结构 CASE 语句没有选择变量。

【例 12】用搜索结构的 CASE 语句实现例 9 的功能。

DECLARE

　v _ avgscore　NUMBER；

BEGIN

　SELECT　AVG(Score)　INTO　v _ avgscore　FROM　SC　WHERE　Sno='&sno'；

　CASE

　　WHEN　v _ avgscore　BETWEEN　90　AND　100　THEN dbms _ output. put _ line('该生成绩优秀')；

　　WHEN　v _ avgscore　BETWEEN　80　AND　89　THEN dbms _ output. put _ line('该生成绩良好')；

　　WHEN　v _ avgscore　BETWEEN　70　AND　79　THEN dbms _ output. put _ line('该生成绩中等')；

　　WHEN　v _ avgscore　BETWEEN　60　AND　69　THEN dbms _ output. put _ line('该生成绩及格')；

　　ELSE　dbms _ output. put _ line('该生成绩不及格')；

　END　CASE；

END；

2. 循环结构

循环结构是重要的程序控制结构，用来重复执行一条语句或一组语句。PL/SQL 中的循环结构包括基本 LOOP 循环、WHILE…LOOP 循环和 FOR…LOOP 循环三种结构。

(1)基本 LOOP 循环。

基本 LOOP 循环的语法格式如下。

LOOP

　执行语句；

　EXIT　[WHEN　＜条件＞]；

END LOOP；

执行过程：循环开始后，无条件的反复执行 LOOP 与 END　LOOP 之间的执行语句，直到退出循环。WHEN 用于定义退出循环的条件，当条件为真时就退出循环；如果没有 WHEN 条件，那么遇到 EXIT 语句就会无条件退出循环。

【例 13】用基本 LOOP 循环求 1 到 100 的和。

```
DECLARE
    v _ count NUMBER(3):=0;
    v _ sum NUMBER(4):=0;
BEGIN
  LOOP
    v _ count:=v _ count+1;
    v _ sum:= v _ sum+ v _ count;
    dbms _ output. put _ line('v _ count 当前值为' ‖ v _ count);
    EXIT   WHEN  v _ count=100;
  END   LOOP;
    dbms _ output. put _ line('1 到 100 的和为' ‖ v _ sum);
END;
```

(2)WHILE…LOOP 循环。

WHILE…LOOP 循环是有条件的循环，其语法格式如下。

```
    WHILE   <条件>   LOOP
        执行语句;
    END LOOP;
```

执行过程：循环开始时首先判断 WHILE 后面的条件表达式的值，当条件表达式的值为真时，执行循环体语句；当条件表达式的值为假或 NULL 时，退出循环，执行 END LOOP 后面的语句。若第一次判断时条件表达式的值就为假，则不执行循环体。

【例 14】用 WHILE…LOOP 循环求 1 到 100 的和。

```
DECLARE
    v _ count NUMBER(3):=0;
    v _ sum NUMBER(4):=0;
BEGIN
  WHILE   v _ count<100   LOOP
    v _ count:=v _ count+1;
    v _ sum:= v _ sum+ v _ count;
    dbms _ output. put _ line('v _ count 当前值为' ‖ v _ count);
  END   LOOP;
  dbms _ output. put _ line('1 到 100 的和为' ‖ v _ sum);
END;
```

（3）FOR…LOOP 循环。

FOR…LOOP 循环是固定次数的循环，语法格式如下。

　　FOR　控制变量　IN　［REVERSE］　下限.. 上限　LOOP

　　　执行语句；

　　END LOOP；

说明：

①循环控制变量是隐含定义的，不需要提前声明；

②下限和上限的值决定了循环次数。默认情况下，循环控制变量从下限值开始，每循环一次，会自动增加 1，当到达上限值时，FOR 循环结束。

③使用 REVERSE 选项表示循环控制变量的取值从上限开始，每循环一次，会自动减 1，当到达下限值时，FOR 循环结束。

【例 15】用 FOR…LOOP 循环求 1 到 100 的和。

DECLARE

　　v_sum number(4):=0；

BEGIN

　　FOR　v_count　IN　1..100　LOOP

　　　v_sum:= v_sum+ v_count；

　　　dbms_output. put_line('v_count 当前值为'‖v_count)；

　　END　LOOP；

　　dbms_output. put_line('1 到 100 的和为'‖v_sum)；

END；

4.1.4　异常处理

异常（EXCEPTION）是程序运行过程中出现的错误。发生异常后，语句将停止执行，转到异常处理部分，按规定的处理代码来处理。如果没有指出如何处理异常，那么整个程序就会自动终止。

异常处理部分一般在 PL/SQL 块的最后，其语法结构如下。

EXCEPTION

　　WHEN　表达式 1　THEN　＜异常处理语句 1＞

　　WHEN　表达式 2　THEN　＜异常处理语句 2＞

　　……

　　WHEN　表达式 n　THEN　＜异常处理语句 n＞

　　WHEN　OTHERS　THEN　＜其他异常处理语句＞

END；

程序在执行时总会遇到错误或未预料的事件。一个优秀的程序应该能够正确处理各种出错情况，并尽可能从错误中恢复。

Oracle 常用的异常有预定义异常和用户自定义异常。

1. 预定义异常

预定义异常是 Oracle 所提供的已经定义好的系统异常，无需用户自己定义。每个预定义异常对应一个特定的 Oracle 错误，当执行 PL/SQL 块出现这些错误时，系统会隐含地触发相应的预定义异常。Oracle 常用的预定义异常如表 4.1 所示。

表 4.1　Oracle 常用的预定义异常

错误号	异常名称	触发条件
ORA-0001	DUP _ VAL _ ON _ INDEX	在唯一索引对应的列上输入重复值
ORA-0051	TIMEOUT _ ON _ RESOURCE	在等待资源时发生超时
ORA-0061	TRANSACTION _ BACKED _ OUT	发生死锁事务被撤消
ORA-1001	INVALID _ CURSOR	试图使用一个无效的游标
ORA-1012	NOT _ LOGGED _ ON	没有连接到 Oracle
ORA-1017	LOGIN _ DENIED	无效的用户名/口令
ORA-1403	NO _ DATA _ FOUND	SELECT　INTO 没有找到数据
ORA-1422	TOO _ MANY _ ROWS	SELECT　INTO 返回多行数据
ORA-1476	ZERO _ DIVIDE	试图被零除
ORA-1722	INVALID _ NUMBER	转换一个数字失败
ORA-6500	STORAGE _ ERROR	内存不够引发的内部错误
ORA-6501	PROGRAM _ ERROR	内部错误
ORA-6502	VALUE _ ERROR	转换或截断错误
ORA-6504	ROWTYPE _ MISMATCH	宿主游标变量与 PL/SQL 变量的类型不兼容
ORA-6511	CURSOR _ ALREADY _ OPEN	试图打开一个已经打开的游标
ORA-6530	ACCESS _ INTO _ NULL	试图为 NULL 对象的属性赋值

【例 16】为例 6 增加异常处理：根据给定的学号，输出该生的姓名、性别和所在院系。

```
DECLARE
    record _ student    Student％ROWTYPE;
BEGIN
    SELECT  ＊  INTO  record _ student  FROM  Student  WHERE
Sno＝'＆sno';
    dbms _ output. put _ line('该生的姓名:'‖ record _ student. Sname ‖
'，性别:'‖ record _ student. Sex ‖'，所在院系:'‖ record _ student. Dno);
```

EXCEPTION

WHEN NO_DATA_FOUND THEN dbms_output.put_line('该学生不存在!');

WHEN TOO_MANY_ROWS THEN dbms_output.put_line('返回多名学生,请使用游标!');

WHEN OTHERS THEN dbms_output.put_line(SQLCODE‖'————'‖SQLERRM);

END;

注意:SQLCODE 返回遇到的 Oracle 错误号和 SQLERRM 返回遇到的 Oracle错误信息一般用在 WHEN OTHERS 异常处理中,可以获得直观的错误提示信息,方便进一步的错误处理。

【例17】利用替换变量实现向 Course 表中插入数据。

BEGIN

INSERT INTO Course VALUES('&cno','&cname','&cpno', &credit);

dbms_output.put_line('插入成功!');

EXCEPTION

WHEN DUP_VAL_ON_INDEX THEN

dbms_output.put_line('该课程已存在,插入失败');

WHEN OTHERS THEN

dbms_output.put_line(SQLCODE‖'————'‖SQLERRM);

END;

2. 用户自定义异常

在程序开发过程中,编程人员根据具体的业务需求,会将其认为可能出现的非正常情况定义为一个异常。当出现错误时,由 RAISE 语句显式触发该异常。

用户自定义异常的使用步骤如下。

(1)在 PL/SQL 块的声明部分定义异常。

<异常名> EXCEPTION;

(2)在 PL/SQL 块的执行部分引发异常。

RAISE <异常名>;

(3)在 PL/SQL 块的异常部分处理异常。

【例18】将 Course 表中指定课程的学分增加 1 分。

DECLARE

v_cno Course.Cno%TYPE:='&cno';

no_result EXCEPTION;

```
BEGIN
    UPDATE   Course   SET Credit＝Credit＋1   WHERE   Cno＝v＿cno；
    dbms＿output.put＿line('更新成功！')；
    IF   SQL％NOTFOUND   THEN
        RAISE   no＿result；
    END   IF；
EXCEPTION
    WHEN   no＿result   THEN
        dbms＿output.put＿line('没有该课程，更新失败')；
    WHEN   OTHERS   THEN
        dbms＿output.put＿line(SQLCODE ‖ '————' ‖ SQLERRM)；
END；
```

注意：代码中的 SQL％NOTFOUND 是隐式游标的一个属性，判断要更新的元组是否存在。详见本章 4.2 节。

4.2　游标

标准 SQL 的操作是面向集合的，其特点是"一次一集合"，即每次操作的结果是包含多条记录的集合。而 PL/SQL 的变量一次只能存储一条记录，并不能完全满足 SQL 语句向应用程序输出数据的要求。为此，在 PL/SQL 中引入了游标(Cursor)的概念，用游标来协调这两种不同的数据处理方式。

在 PL/SQL 块中执行 SELECT、INSERT、DELETE 和 UPDATE 语句时，Oracle 会在内存中为其分配一个缓冲区，称为"上下文区"。游标就是指向该缓冲区的指针，所指向的记录被称为当前记录。每个 SQL 语句都有单独对应的游标。当 SQL 语句的结果返回多行数据时，应用程序可以利用指针的移动一行一行地单独处理每一行数据。

Oracle 中的游标分为显式游标和隐式游标两种。

(1)显式游标：执行返回多行数据的 SELECT 语句时产生。

(2)隐式游标：执行返回单行数据的 SELECT   INTO 语句和 DML 语句时产生。

隐式游标由 Oracle 自动产生并处理，显式游标需要编程人员根据业务需要显式处理。

4.2.1　显式游标

1. 显式游标的处理步骤

显式游标专门用于处理 SELECT 语句返回的多行数据。显示游标的处理有四个步骤：声明游标、打开游标、提取数据和关闭游标。

(1)声明游标。

在 PL/SQL 块的 DECLARE 部分声明游标，语法格式如下。

CURSOR 游标名[(输入参数 1　类型 1，输入参数 2　类型 2，……)]

IS

SELECT 语句；

说明：

①游标的参数可有可无。如果有参数，只能是输入类型的参数。

②参数类型只有类型名，不能使用长度约束。例如，NUMBER 是正确的，NUMBER(3)是错误的。

③SELECT 语句是对表和视图的查询语句，不能使用 INTO 子句。

(2)打开游标。

打开游标就是执行游标所对应的 SELECT 语句，将其结果存入缓冲区，指针指向缓冲区的首部，标识游标结果集合。打开游标的语法格式如下。

OPEN　游标名[(实参列表)]；

说明：

①如果定义游标时有参数，那么打开游标时必有参数。

②参数的传递有两种方式。

名称表示法：形参与实参在名称上相对应，与位置和次序无关。

格式：(形参名 1＝＞实参名 1，形参名 2＝＞实参名 2，……)，

示例：mycur(a＝＞22，c＝＞44，b＝＞33)；

位置表示法：实参的次序、类型、个数必须与形参一一相对应。

格式：(实参 1，实参 2，……)，

示例：mycur(22，33，44)；

③不能重复打开同一个游标。

(3)提取数据。

提取数据就是将游标指向的当前记录中的数据存入输出变量中。提取数据的语法格式如下。

FETCH　游标名　INTO　<变量列表｜记录型变量>；

说明：

①游标刚启动时，指针指向第一条记录。

②从第一条记录开始整行提取数据，取完后指针自动下移。

③当指针到达游标尾时，已无数据，％FOUND 属性为 FALSE。

④变量列表中的变量的个数、次序和类型一定要与取出的数据（即定义游标时在 SELECT 后的目标列）相对应。

（4）关闭游标。

当提取和处理完游标结果集合中的数据后，应用程序应及时关闭游标，以释放游标所占用的系统资源，使该游标的工作区无效，不能再使用 FETCH 语句提取其中的数据。如果要重新检索数据，应用程序必须重新打开关闭后的游标。关闭游标的语法格式如下。

CLOSE　游标名；

【例1】定义游标 stu_cursor，将 D1 学院的所有学生的学号和姓名输出。

```
DECLARE
    CURSOR  stu_cursor
    IS
    SELECT  Sno, Sname  FROM  Student  WHERE  Dno='D1';
    v_sno  Student.Sno%TYPE;
    v_sname  Student.Sname%TYPE;
BEGIN
    OPEN  stu_cursor;
    FETCH  stu_cursor  INTO  v_sno, v_sname;
    WHILE  stu_cursor%FOUND  LOOP
        dbms_output.put_line(v_sno ‖ ',' ‖ v_sname);
        FETCH  stu_cursor  INTO  v_sno, v_sname;
    END  LOOP;
    CLOSE  stu_cursor;
END;
```

2. 显式游标的属性

显式游标中，需要使用游标的属性来确定游标的状态或者执行信息。显式游标的属性如表 4.2 所示。

表 4.2　显式游标的属性

属性名	返回值类型	说明
％FOUND	布尔型	最近一次 FETCH 语句提取数据成功则为 TRUE，否则为 FALSE
％NOTFOUND	布尔型	最近一次 FETCH 语句提取数据成功则为 FALSE，否则为 TRUE
％ISOPEN	布尔型	游标已经打开时为 TRUE，否则为 FALSE
％ROWCOUNT	整型	返回已从游标中提取的数据行数

使用游标属性时，必以游标名作为前缀，如 stu_cursor%FOUND。

【例 2】 定义游标 stu_cursor2，将前三个学生的学号，姓名和所在院系信息输出。

```
DECLARE
    CURSOR   stu_cursor2
    IS
    SELECT   *   FROM   Student;
    record_stu   Student%ROWTYPE;
BEGIN
    IF(NOT stu_cursor2%ISOPEN)   THEN
      OPEN   stu_cursor2;
    END  IF;
    LOOP
      FETCH   stu_cursor2   INTO   record_stu;
      EXIT   WHEN   stu_cursor2%NOTFOUND;
      dbms_output.put_line(record_stu.Sno || ',' || record_stu.Sname ||
',' || record_stu.Dno);
        IF   stu_cursor2%ROWCOUNT=3   THEN
            EXIT;
        END  IF;
    END  LOOP;
    CLOSE   stu_cursor2;
END;
```

【例 3】 定义带参数的游标 stu_cursor3，将指定学院的所有学生的学号和姓名输出。

```
DECLARE
    CURSOR   stu_cursor3(v_dno   Student.Dno%TYPE)
    IS
    SELECT   Sno，Sname   FROM   Student   WHERE   Dno=v_dno;
    v_sno   Student.Sno%TYPE;
    v_sname Student.Sname%TYPE;
BEGIN
    OPEN   stu_cursor3('&dno');
    FETCH   stu_cursor3   INTO   v_sno, v_sname;
    WHILE   stu_cursor3%FOUND   LOOP
```

```
    dbms _ output. put _ line(v _ sno ‖ ‘,’ ‖ v _ sname);
      FETCH  stu _ cursor3  INTO  v _ sno, v _ sname;
   END  LOOP;
  CLOSE  stu _ cursor3;
END;
```

3. 游标 FOR 循环

一般地，使用显式游标必须按照四个步骤显式地使用 PL/SQL 代码来处理。为了简化游标的处理，PL/SQL 提供了游标 FOR 循环语句，自动执行游标的打开(OPEN)、提取(FETCH)、关闭(CLOSE)和自动循环功能。

当进入循环时，游标 FOR 循环语句会自动打开游标，并提取第一行游标数据；当本次循环处理完后会自动进入下一次循环并提取当前行的数据；当提取完所有数据退出循环时，会自动关闭游标。

游标 FOR 循环的语法格式如下。

```
FOR  循环变量  IN  游标名  LOOP
    处理语句块
END  LOOP;
```

说明：

(1)游标的声明不能自动实现，必须在 DECLARE 部分声明。

(2)循环变量是隐含的，不需要提前声明。

(3)循环变量是记录型的变量，其结构与定义游标的查询语句返回的结果集合的结构相同。

【例 4】使用游标 FOR 循环，将成绩不及格的学生的学号和课程号输出。

```
DECLARE
  CURSOR  sc _ cursor
  IS
  SELECT  Sno, Cno  FROM  SC  WHERE  Score<60;
BEGIN
  FOR  vrecord  IN  sc _ cursor  LOOP
    dbms _ output. put _ line (‘学号：’ ‖ vrecord. Sno ‖ ‘，课程号：’ ‖
vrecord. Cno);
  END  LOOP;
END;
```

如果在游标 FOR 循环中不需要引用游标属性，为了简化 PL/SQL 块，应用程序可以直接在 FOR 循环中引用子查询。例如，例 4 可以修改如下。

```
BEGIN
```

FOR　　vrecord　IN（SELECT　Sno，Cno　FROM　SC　WHERE　Score＜60）　LOOP

dbms ＿ output. put ＿ line（'学号：'‖ vrecord. Sno ‖ '，课程号：'‖ vrecord. Cno）；

END　LOOP；

END；

4. 使用游标更新和删除数据

使用显式游标不仅可以查询数据，而且可以更新或者删除表中指定的数据。

当使用游标更新或者删除数据时，声明游标必须带有 FOR　UPDATE 子句，以便在打开游标时锁定游标结果集中与表中对应数据行的所有列或部分列。使用 FOR　UPDATE 子句的游标声明语法格式如下。

CURSOR　游标名[（输入参数 1　类型 1，输入参数 2　类型 2，……）]

IS

SELECT　语句　FOR　UPDATE　[OF　列名 1[，列名 2 …]]；

说明：OF 选项指明游标当前行中要更新的列，若省略该选项，则表示更新游标当前行中的所有列。

使用 FOR　UPDATE 声明游标后，可以在 UPDATE 和 DELETE 语句进行更新或删除数据时，使用 WHERE　CURRENT　OF 子句更新或删除游标结果集中当前行对应的表列数据，其语法格式如下。

WHERE　CURRENT　OF　游标名；

【例 5】定义游标 sc ＿ cursor2，将 SC 表中成绩在 60 分以下的学生的成绩提高 20％，成绩在 60 分以上（包括 60 分）的学生成绩提高 10％。

DECLARE

CURSOR　sc ＿ cursor2

IS

SELECT　Sno，Score　FROM　SC　FOR　UPDATE　OF　Score；

new ＿ score　SC. Score％TYPE；

BEGIN

FOR　vrecord　IN　sc ＿ cursor2　LOOP

IF　vrecord. Score＜60　THEN

new ＿ score：＝vrecord. Score * 1. 2；

ELSE

new ＿ score：＝vrecord. Score * 1. 1；

END　IF；

UPDATE　SC　SET　Score＝new ＿ score　WHERE　CURRENT

```
OF  sc _ cursor2;
    END  LOOP;
END;
```

【例6】定义游标 sc _ cursor3，将成绩为 NULL 的选修记录删除。

```
DECLARE
  CURSOR  sc _ cursor3
  IS
  SELECT  *  FROM  SC  FOR  UPDATE;
BEGIN
  FOR  vrecord  IN  sc _ cursor3  LOOP
    IF  vrecord. Score  IS  NULL  THEN
      DELETE  FROM  SC  WHERE  CURRENT  OF  sc _ cursor3;
    END  IF;
  END  LOOP;
END;
```

4.2.2　隐式游标

当执行 SELECT INTO 语句和 DML 语句时，系统会自动创建隐式游标。在隐式游标工作区中存放的数据是与用户自定义的显式游标无关的、最新处理的一条 SELECT INTO 语句或 DML 语句所包含的数据。因此所有的隐式游标只有一个默认的名字 SQL。

隐式游标的定义、打开、提取、关闭等操作都是系统自动完成的，不需要用户干预，用户只需利用隐式游标的相关属性来完成相应的操作即可。

隐式游标的属性如表 4.3 所示。

表 4.3　隐式游标的属性

属性名	属性值	SELECT	INSERT	UPDATE	DELETE
%ISOPEN		FALSE	FALSE	FALSE	FALSE
%FOUND	TRUE	有结果		成功	成功
%FOUND	FALSE	没结果		失败	失败
%NOTFOUND	TRUE	没结果		失败	失败
%NOTFOUND	FALSE	有结果		成功	成功
%ROWCOUNT		返回行数，只为1	插入的行数	修改的行数	删除的行数

【例7】使用隐式游标，将所有不及格的学生成绩提高 10 分，并给出更新的结果。

```
DECLARE
```

```
    v _ rows   NUMBER;
    no _ result   EXCEPTION;
BEGIN
    UPDATE   SC   SET   Score＝Score＋10   WHERE   Score＜60;
    IF   SQL％NOTFOUND   THEN
        RAISE   no _ result;
    END   IF;
    v _ rows:＝SQL％ROWCOUNT;
    dbms _ output. put _ line('更新了'‖v _ rows‖'条选修记录');
EXCEPTION
    WHEN   no _ result   THEN
        dbms _ output. put _ line('更新语句失败');
    WHEN   OTHERS   THEN
        dbms _ output. put _ line(SQLCODE‖'－－－－'‖SQLERRM);
END;
```

4.2.3   显式游标与隐式游标的比较

显式游标是用户定义、手动处理的游标，游标名也由用户定义，每个游标有各自不同的名字。隐式游标是系统自动创建的、名为 SQL 的游标。所有的隐式游标操作都是自动隐含完成的，不需要用户干预。显式游标和隐式游标的区别如表 4.4 所示。

表 4.4   显式游标和隐式游标的区别

显式游标	隐式游标
处理 SELECT 返回的多行数据	处理 SELECT INTO 返回的一行数据和 DML 语句
在 PL/SQL 中显式声明、打开、提取数据和关闭	所有操作都是系统自动维护
每个游标都有一个不同的名字	所有游标名字相同，为 SQL
％ISOPEN 属性的值根据游标的状态确定	％ISOPEN 属性的值总是 FALSE

4.3   存储过程

存储过程(Stored Procedure)是一种命名的 PL/SQL 块，是为了完成某种特定功能的 PL/SQL 语句集。存储过程有名字，编译后长期存储在数据库中，通过存储过程的名字和参数(如果有)调用它，存储过程可以多次反复执行，效率高。存储过程在数据库开发过程中以及在数据库维护和管理等任务中起着非常重要的作用。

4.3.1　创建存储过程

创建存储过程的语法格式如下。

CREATE ［OR REPLACE］ PROCEDURE　存储过程名

［（参数名 1 ［IN ｜ OUT ｜ IN　OUT］　参数类型 1，

　　参数名 2 ［IN ｜ OUT ｜ IN　OUT］　参数类型 2，

　　……

　　参数名 n ［IN ｜ OUT ｜ IN　OUT］　参数类型 n）］

IS ｜ AS

　［声明部分］；

BEGIN

　＜执行部分（主程序体）＞；

［EXCEPTION　＜异常处理部分＞］

END ；

说明：

（1）［OR　REPLACE］是可选项，表示新创建的存储过程会覆盖掉同名的已有的存储过程。

（2）存储过程名后面的参数是可选项。如果有参数，要放在的小括号里，缺省的参数值为 NULL；如果没有参数，那么也没有小括号。

（3）参数有 IN、OUT 和 IN　OUT 三种模式。

　　IN 表示输入参数，只能接收从调用程序传来的值，是默认的参数模式。

　　OUT 表示输出参数，用于向调用程序返回值。

　　IN　OUT 表示输入、输出参数，同时具有输入参数和输出参数的特性，既可以接收从调用程序传来的值，也可以向调用程序返回值。

（4）参数类型只能是类型名，不能有长度约束。

（5）声明部分是可选项。如果有变量、游标和异常等需要声明的，就有声明部分；如果没有需要声明的，就没有声明部分。

（6）异常处理部分也是可选项。

【例 1】创建存储过程 user _ time，输出系统当前用户名和系统当前时间。

CREATE　OR　REPLACE　PROCEDURE　user _ time

IS

BEGIN

　dbms _ output. put _ line（'系统当前用户是' ‖ USER）；

　dbms _ output. put _ line（'系统当前时间是' ‖ TO _ CHAR（SYSDATE））；

END；

4.3.2　调用存储过程

存储过程创建完以后，经过编译，会永久存储在数据库中，可以通过存储过程名和参数(如果有)等信息多次反复调用它。调用存储过程有两种方法：一是使用 EXECUTE 语句调用，二是在 PL/SQL 块中调用。

1. EXECUTE 语句调用

使用 EXECUTE 语句调用存储过程的语法格式如下。

EXEC[UTE]　存储过程名[(实参 1，实参 2，……)]；

说明：如果存储过程有参数，就把参数放在小括号里；如果没有参数，后面的小括号可带可不带。

例如，使用 EXECUTE 语句调用例 1 创建的存储过程 user _ time，代码如下：

EXEC　user _ time；

或者：

EXEC　user _ time( )；

2. 在 PL /SQL 块中调用

在 PL/SQL 块中调用存储过程的语法格式如下。

BEGIN

　存储过程名[(实参 1，实参 2，……)]；

END；

说明：如果存储过程有参数，就把参数放在小括号里；如果没有参数，后面的小括号可带可不带。

例如，在 PL/SQL 块中调用例 1 创建的存储过程 user _ time，代码如下：

BEGIN

　user _ time；

END；

或者：

BEGIN

　user _ time( )；

END；

4.3.3　带参数的存储过程

1. 带输入参数的存储过程

【例 2】创建存储过程 insert _ department，向院系表中插入新记录。

```
CREATE   OR   REPLACE   PROCEDURE   insert_department
  (p_dno    Department.Dno%TYPE,
    p_dname    Department.Dname%TYPE,
    p_office    Department.Office%TYPE)
IS
BEGIN
  INSERT   INTO   Department   VALUES(p_dno, p_dname, p_office);
EXCEPTION
  WHEN   DUP_VAL_ON_INDEX   THEN
    dbms_output.put_line('主码重复，插入失败');
END;
```

例 2 的调用代码如下。

```
EXEC   insert_department('D5', '文学院', 'B303');
```

或者：

```
BEGIN
  insert_department('D5', '文学院', 'B303');
END;
```

【例 3】创建存储过程 delete_department，删除 Department 表中指定的学院记录。

```
CREATE   OR   REPLACE   PROCEDURE   delete_department
  (p_dno    Department.Dno%TYPE)
IS
  no_result   EXCEPTION;
BEGIN
  DELETE   FROM   Department   WHERE   Dno=p_dno;
  IF   SQL%NOTFOUND   THEN
    RAISE   no_result;
  END   IF;
  dbms_output.put_line('编号为' ‖ p_dno ‖ '的学院已删除');
EXCEPTION   WHEN   no_result   THEN
  dbms_output.put_line('要删除的学院不存在！');
END;
```

例 3 的调用代码如下。

```
EXEC   delete_department ('D5');
```

或者：

BEGIN

　delete_department（'D5'）；

END；

2. 带输出参数的存储过程

【例 4】创建存储过程 search_department，根据给定的学院编号返回学院名称。

CREATE　OR　REPLACE　PROCEDURE　search_department

　（p_dno　Department. Dno％TYPE，

　　p_dname　OUT　Department. Dname％TYPE）

IS

BEGIN

　SELECT　Dname　INTO　p_dname　FROM　Department　WHERE

Dno＝p_dno；

EXCEPTION

　WHEN　NO_DATA_FOUND　THEN

　　p_dname：＝'NULL'；

　　dbms_output. put_line（'该学院不存在！'）；

END；

例 4 的调用代码如下。

DECLARE

　p_dname Department. Dname％TYPE；

BEGIN

　search_department（'&dno'，p_dname）；

　dbms_output. put_line（'该学院名称是'‖p_dname）；

END；

3. 带输入、输出参数的存储过程

【例 5】创建存储过程 swap，实现两个数的交换。

CREATE　OR　REPLACE　PROCEDURE　swap

　（p_num1　IN　OUT　NUMBER，

　　p_num2　IN　OUT　NUMBER）

IS

　v_temp　NUMBER；

BEGIN

　v_temp：＝p_num1；

```
    p _ num1：=p _ num2；
    p _ num2：=v _ temp；
END；
```

例 5 的调用代码如下。

```
DECLARE
    v _ max    NUMBER：=&n1；
    v _ min    NUMBER：=&n2；
BEGIN
    IF   v _ max<v _ min   THEN
        swap(v _ max，v _ min)；
    END   IF；
    dbms _ output. put _ line('最小的数是' ‖ v _ min ‖ '，最大的数是' ‖
v _ max)；
    END；
```

4.3.4　删除存储过程

当一个存储过程不再需要时，用户可将其删除，以释放所占用的存储空间。删除存储过程的语法格式如下。

```
DROP   PROCEDURE   存储过程名；
```

【例 6】删除存储过程 swap。

```
DROP   PROCEDURE   swap；
```

4.4　函数

函数与存储过程相似，是完成特定功能的 PL/SQL 代码集合，函数必须有函数名，可以有参数。编译后存储在数据库中，用户可多次反复调用。函数与存储过程的区别主要有以下几点。

(1)函数中一般只用 IN 类型的参数。

(2)函数能计算并返回一个值，而存储过程没有返回值。

(3)函数通常作为表达式的一部分被调用，而存储过程的调用是一条 PL/SQL 语句。

4.4.1　创建函数

创建函数的语法格式如下。

```
CREATE   [OR REPLACE]   FUNCTION   函数名
[（参数名 1   [IN]   参数类型 1，
```

参数名 2 ［IN］ 参数类型 2，

    ……

参数名 n ［IN］ 参数类型 n）］

RETURN 数据类型

IS ｜ AS

［声明部分］；

BEGIN

  ＜执行部分（主程序体）＞；

  RETURN 表达式；

［EXCEPTION ＜异常处理部分＞］；

END；

说明：

(1)在声明部分的 RETURN 子句说明函数返回值的类型，只有类型名，没有长度约束。

(2)在程序的主体部分，必须有一条 RETURN 子句将相应类型的表达式值返回。如果程序结束时没有发现返回子句，就会出现错误。

(3)其他部分的说明同存储过程。

【例 1】创建函数 get_avgscore，返回指定学生的平均成绩。

CREATE OR REPLACE FUNCTION get_avgscore(f_sno SC. Sno%TYPE)

RETURN NUMBER

IS

  avgscore NUMBER；

BEGIN

  SELECT ROUND(AVG(Score)) INTO avgscore FROM SC WHERE Sno=f_sno；

  RETURN avgscore；

EXCEPTION

  WHEN NO_DATA_FOUND THEN

    dbms_output. put_line('该学生不存在！')；

  WHEN OTHERS THEN

    dbms_output. put_line('发生其他错误')；

END；

4.4.2 调用函数

函数在 PL/SQL 块中调用，作为表达式的一部分。一般要先定义变量，以便接收函数返回的值。例 1 的调用代码如下。

```
DECLARE
    avgscore   NUMBER；
BEGIN
    avgscore：＝get ＿ avgscore('＆sno')；
    dbms ＿ output. put ＿ line('该生的平均成绩是'‖ avgscore)；
END；
```

4.4.3　删除函数

当一个函数不再需要时，用户可将其删除，以释放所占用的存储空间。删除函数的语法格式如下。

DROP　FUNCTION　函数名；

【例 2】删除函数 get ＿ avgscore。

DROP　FUNCTION　get ＿ avgscore；

4.5　触发器

4.5.1　触发器简介

1. 触发器的定义

触发器是一种特殊的存储过程，定义了与数据库有关的某个事件发生时数据库将要执行的操作。触发器以独立对象的形式存储在数据库中。当触发器所依赖的特定事件发生时，会自动调用该触发器并执行相应代码，其执行过程是隐式的，对用户是透明的。

触发器与存储过程的区别有以下几点。

(1)存储过程通过其他程序调用执行，而触发器由触发事件自动引发，不需要被其他应用程序调用执行。

(2)存储过程可以有参数，而触发器没有参数。

2. 触发器的优缺点

触发器的优点如下。

(1)利用触发器可以创建比 CHECK 约束更为的复杂约束，满足用户的复杂要求，允许或限制对表的修改。

(2)提供审计和日志记录。

(3)实现表的自动级联修改。

(4)启用复杂的业务逻辑。

(5)防止无效的事务处理。

滥用触发器造成数据库以及应用程序的维护困难，是触发器的主要缺点。触发器功能强大，是保证数据完整性的重要条件，但是如果用户在数据库中定义较多的触发器，就会增加过多的束缚，影响数据库的结构，同时增加维护的复杂度。

3. 触发器的分类

（1）系统触发器：当对数据库对象进行 DDL 操作、启动或关闭系统、登录或退出数据库时触发。

（2）DML 触发器：当对数据库对象进行 DML 操作时触发，包括语句级触发器和行级触发器。

①语句级触发器：对一条 DML 语句只触发一次。

②行级触发器：对一条 DML 语句中涉及的每一行都触发一次。

（3）INSTEAD OF 触发器：只在视图上定义，用来替换对视图的实际操作语句。

4.5.2　DML 触发器

创建 DML 触发器的语法格式如下。

```
CREATE ［OR REPLACE］ TRIGGER 触发器名
BEFORE ｜ AFTER
INSERT｜DELETE｜ UPDATE ［OF 列名］
ON 表名
［FOR EACH ROW］
［WHEN 触发条件］
［DECLARE 声明部分］；
BEGIN
    ＜触发体：主体部分，触发操作语句＞；
END；
```

说明：

（1）触发对象：ON 表名或视图名。

（2）触发事件：INSERT ｜ DELETE｜ UPDATE ［OF 列名］，如果多个事件就用 OR 连接。

（3）触发时机：BEFORE｜ AFTER，表明是在 DML 操作之前发生还是之后发生。

（4）触发器类型：带 FOR EACH ROW 选项则为行级触发器，否则为语句级触发器。

（5）行级触发器的触发条件：［WHEN 触发条件］，仅在行级触发器中使用。

（6）触发操作：触发器的主体部分。

1. 语句级触发器

若在创建触发器时没有使用 FOR　EACH　ROW 子句，则创建的触发器称为语句级触发器。语句级触发器对于一条 DML 语句只触发一次，而不管这条 SQL 语句影响了多少行记录。

语句级触发器的典型用途是记录对表的 DML 操作。

【例 1】创建触发器 oper ＿ SC，把对 SC 表的 DML 操作登记在日志表 SC ＿ LOG 中，包括操作用户和操作时间。

第一步：创建日志表 SC ＿ LOG。

CREATE　TABLE　SC ＿ LOG

（Username　VARCHAR2(30)，

Opertime　DATE）；

第二步：创建触发器。

在 SC 表上创建语句级触发器 oper ＿ SC，当用户对 SC 表进行 DML 操作时，系统会将操作的用户名和时间添加到日志表 SC ＿ LOG 中。

CREATE　OR　REPLACE　TRIGGER　oper ＿ SC

BEFORE　INSERT　OR　UPDATE　OR　DELETE

ON　SC

BEGIN

　INSERT　INTO　SC ＿ LOG　VALUES(USER，SYSDATE)；

END；

第三步：测试。

为了测试触发器能否正常运行，在 SC 表中删除成绩为 NULL 的选修记录。

DELETE　FROM　SC　WHERE　Score　IS　NULL；

查询 SC ＿ LOG 日志表的内容如下。

SELECT　＊　FROM　SC ＿ LOG；

结果如下。

USERNAME	OPERTIME
SCOTT	2018-04-07

为了判断 DML 操作的具体事件类型，Oracle 提供了三个条件谓词 INSERTING、UPDATING 和 DELETING。谓词的使用依据如下。

（1）INSERTING：若触发语句是 INSERT 语句，则为 TRUE，否则为 FALSE。

（2）UPDATING：若触发语句是 UPDATE 语句，则为 TRUE，否则为

FALSE。

（3）DELETING：若触发语句是 DELETE 语句，则为 TRUE，否则为
FALSE。

【例 2】修改例 1，为日志表 SC _ LOG 增加字段 actions，存储对表的 DML 操
作的具体类型，同时修改触发器 oper _ SC。

第一步：修改日志表 SC _ LOG。

ALTER　TABLE　SC _ LOG　ADD（actions　VARCHAR2(50)）;

第二步：修改触发器 oper _ SC。

CREATE　OR　REPLACE　TRIGGER　oper _ SC

BEFORE　INSERT　OR　UPDATE　OR　DELETE

ON　SC

DECLARE

　v _ actions　VARCHAR2(50);

BEGIN

　IF　INSERTING　THEN　v _ actions:='INSERT';

　ELSIF　UPDATING　THEN　v _ actions:='UPDATE';

　ELSIF　DELETING　THEN　v _ actions:='DELETE';

　END　IF;

　INSERT　INTO　SC _ LOG　VALUES(USER, SYSDATE, v _ ac-
tions);

END;

第三步：测试。

为了测试触发器能否正常运行，在 SC 表中修改学生 S1 选修课程 C1 的成绩
为 99。

UPDATE　SC　SET　Score=99　WHERE　Sno='S1'　AND　Cno=
'C1';

查询 SC _ LOG 日志表的内容如下。

SELECT　＊　FROM　SC _ LOG;

结果如下。

USERNAME	OPERTIME	ACTIONS
SCOTT	2018-04-07	(null)
SCOTT	2018-04-07	UPDATE

2. 行级触发器

创建 DML 触发器时，若带有 FOR EACH ROW 子句，则创建的触发器称为
行级触发器。行触发器是基于行级的，对于 DML 语句所影响的每一行数据，只

要符合触发条件，都会激活一次触发器，执行触发体中的语句。

行级触发器被触发时，触发器体内可以记录列数据的变化，即记录变化之前的旧值和变化之后的新值。新值用记录类型的变量：NEW 来存储，旧值用记录类型的变量：OLD 来存储。如表 4.5 所示。

表 4.5　　:OLD 和 :NEW 的有效性

引用名	INSERT	UPDATE	DELETE
:OLD	NULL	更新之前的旧值	删除之前的旧值
:NEW	插入之后的新值	更新之后的新值	NULL

【例 3】创建行级触发器 trg _ SC _ update，当对 SC 表中的成绩进行修改时，只能提高，不能降低。

```
CREATE  OR  REPLACE  TRIGGER  trg _ SC _ update
BEFORE  UPDATE  OF  Score
ON  SC
FOR  EACH  ROW
BEGIN
  IF  :NEW. Score<:OLD. Score  THEN
      dbms _ output. put _ line('成绩只能提高，不能降低！');
      RAISE _ APPLICATION _ ERROR(－20009，'成绩不能降低');
  END  IF;
END;
```

分别用以下两个 DML 语句进行测试。

①UPDATE SC SET Score＝60 WHERE Sno＝'S1' AND Cno＝'C1'；该语句触发了触发器，对 SC 表修改失败，结果如下。

```
UPDATE  SC  SET  Score=60  WHERE  Sno='S1'  AND  Cno='C1'
错误报告 －
SQL 错误: ORA-20009: 成绩不能降低
ORA-06512: 在 "SCOTT.TRG_SC_UPDATE", line 4
ORA-04088: 触发器 'SCOTT.TRG_SC_UPDATE' 执行过程中出错
```

②UPDATE SC SET Score＝100 WHERE Sno＝'S1' AND Cno＝'C1'；

该语句没有触发触发器，对 SC 表修改成功。

【例 4】创建行级触发器 trg _ Student _ insert，当往 Student 表中插入新学生时，将插入 D2 院系学生的出生日期设置为 NULL。

(1)方法一：不使用 WHEN 条件。

CREATE　OR　REPLACE　TRIGGER　trg _ Student _ insert

BEFORE　INSERT

ON　Student

FOR　EACH　ROW

BEGIN

　IF　:NEW. Dno＝'D2'　THEN

　　:NEW. Birth:＝NULL;

　END　IF;

END;

(2)方法二：使用 WHEN 条件。

CREATE　OR　REPLACE　TRIGGER　trg _ Student _ insert

BEFORE　INSERT

ON　Student

FOR　EACH　ROW

WHEN(:NEW. Dno＝'D2')

BEGIN

　　:NEW. Birth:＝NULL;

END;

分别用以下两个 DML 语句进行测试。

①INSERT　INTO　Student　VALUES('S7'，'张强'，'男'，

TO _ DATE('1995-03-02'，'YYYY-MM-DD')，'D2');

结果是插入成功。

查询 Student 表的内容如下。

SELECT　＊　FROM　Student;

结果是插入成功。

SNO	SNAME	SEX	BIRTH	DNO
S1	赵刚	男	1995-09-02	D1
S2	周丽	女	1996-01-06	D3
S3	李强	男	1996-05-02	D3
S4	刘珊	女	1997-08-08	D1
S5	齐超	男	1997-06-08	D2
S6	宋佳	女	1998-08-02	D4
S7	张强	男	(null)	D2

②INSERT　INTO　Student　VALUES('S8'，'刘强'，'男'，

TO _ DATE('1996-07-11'，'YYYY-MM-DD')，'D3');

结果是插入成功。

查询 Student 表的内容如下。

SELECT ＊ FROM Student；

结果如下。

SNO	SNAME	SEX	BIRTH	DNO
S1	赵刚	男	1995-09-02	D1
S2	周丽	女	1996-01-06	D3
S3	李强	男	1996-05-02	D3
S4	刘珊	女	1997-08-08	D1
S5	齐超	男	1997-06-08	D2
S6	宋佳	女	1998-08-02	D4
S7	张强	男	(null)	D2
S8	刘强	男	1996-07-11	D3

注意：在 WHEN 条件子句里书写记录型变量：NEW 或：OLD 时，前面没有冒号。

行级触发器的典型用途是实现级联删除，如例 5。

【例 5】创建行级触发器 trg _ student _ delete，当删除学生信息时，首先删除该学生的所有选修信息，然后再删除该学生信息。

```
CREATE OR REPLACE TRIGGER trg _ student _ delete
BEFORE DELETE ON Student
FOR EACH ROW
BEGIN
  DELETE FROM SC WHERE Sno＝:OLD. Sno；
END；
```

使用下面的 DML 语句进行测试，观察 Student 表和 SC 表中是否有相应记录删除。

DELETE FROM Student WHERE Sno＝'S1'；

结果是删除成功。

查询 Student 表的内容如下。

SELECT ＊ FROM Student；

结果如下。

SNO	SNAME	SEX	BIRTH	DNO
S2	周丽	女	1996-01-06	D3
S3	李强	男	1996-05-02	D3
S4	刘珊	女	1997-08-08	D1
S5	齐超	男	1997-06-08	D2
S6	宋佳	女	1998-08-02	D4
S7	张强	男	(null)	D2
S8	刘强	男	1996-07-11	D3

查询 SC 表的内容如下。

SELECT ＊ FROM SC；

结果如下。

SNO	CNO	SCORE
S2	C2	82
S3	C1	85
S4	C1	46
S5	C2	78
S3	C2	67
S6	C2	87
S5	C3	77
S6	C4	79
S4	C2	69

4.5.3　触发器的执行顺序

一个表上可能定义了多种类型的触发器，例如，有语句级的触发器和行级的触发器。同一个表上的多种类型的触发器激活遵循如下的执行顺序。

(1)执行 BEFORE 语句级触发器。

(2)执行 BEFORE 行级触发器。

(3)执行 DML 语句。

(4)执行 AFTER 行级触发器。

(5)执行 AFTER 语句级触发器。

对于同一个表上的多个相同类型的触发器，例如，一个表上有两个 BE-FORE 行级触发器，一般遵循"谁后编译谁先执行"的原则。

4.5.4　删除触发器

如果触发器不再使用，可以用 DROP　TRIGGER 语句将其删除，语法格式如下。

DROP　TRIGGER　触发器名；

【例 6】删除触发器 trg＿student＿delete。

DROP　TRIGGER　trg＿student＿delete；

4.6　小结

本章介绍了对 SQL 语言进行扩展后的 PL/SQL 语言，它可以编写程序实现对数据库的复杂操作。

PL/SQL 程序块的基本结构包括定义部分、执行部分和异常处理部分，可以使用 IF 和 CASE 语句进行分支选择，使用 LOOP、WHILE…LOOP 和 FOR…LOOP 进行循环操作；当 PL/SQL 运行出错时，用户可以使用预定义的异常和用户自定义异常的方法来处理发生的错误。

　　当 PL/SQL 程序取出的数据多于一行时，程序可以使用游标进行逐行处理。游标包括显示游标和隐式游标，显示游标的使用一般有定义、打开、提取、关闭等四个步骤，当执行 DML 操作时程序会自动创建隐式游标。

　　存储过程和函数是实现特定功能的、命名的 PL/SQL 块，一般会长期保存在数据库中，可以被程序多次反复调用。

　　触发器是一种特殊的命名的存储过程，它没有参数，也不能被显式调用，是由触发事件自动引发执行的。当有多个触发器时要注意它们的执行顺序。

习题

一、选择题

1. 下列关于 PL/SQL 的描述，不正确的是（　　）。

A. 在 PL/SQL 中，变量可以随时使用，随时声明

B. 每一个 PL/SQL 块都由 BEGIN 或 DECLARE 开始，以 END 结束

C. PL/SQL 块中的每一条语句都必须以分号结束

D. 在 PL/SQL 中只能用 SQL 的 DML 语句，不能用 DDL 语句

2. 关于变量（常量）的声明，错误的是（　　）。

A. v_count　NUMBER(6)

B. v_count　NUMBER(6):=0

C. NUMBER(6)　v_count

D. v_count　CONSTANT　NUMBER(6)　DEFAULT　10

3. 定义变量时，如果其数据类型与表的某个列的数据类型相同，可使用（　　）来定义。

A. RECORD　　　　　　　　　　B. %TYPE

C. %ROWTYPE　　　　　　　　D. %COLUMNTYPE

4. 在 PL/SQL 语句块中，不能包含下列哪些语句（　　）。

A. SELECT　　　　　　　　　　B. INSERT

C. COMMIT　　　　　　　　　　D. CREATE TABLE

5. 在 IF 语句中检查多个条件的关键字是（　　）。

A. ELSE IF　　　　　　　　　　B. ELSIF

C. ELSEIF　　　　　　　　　　D. ELSIFS

6. LOOP 循环的终止条件是（　　）。

A. 在 LOOP 语句中的条件为 FALSE 时停止

B. 这种循环限定的循环次数，它会自动终止循环

C. EXIT WHEN 语句中的条件为 TRUE

D. EXIT WHEN 语句中的条件为 FALSE

7. 如果 PL/SQL 块的可执行部分引发了一个错误，则（　　）。

A. 程序将转到 EXCEPTION 部分运行

B. 程序将终止运行

C. 程序仍然会正常运行

D. 以上都不对

8. 当执行 SELECT　INTO 语句没有返回行时，会触发（　　）异常。

A. TOO _ MANY _ ROWS　　　　　　　B. NO _ DATA _ FOUND

C. VALUE _ ERROR　　　　　　　　　 D. 不会触发异常

9. 返回游标中提取的数据行数的属性是（　　）。

A. ％FOUND　　　　　　　　　　　　 B. ％NOTFOUND

C. ％ISOPEN　　　　　　　　　　　　 D. ％ROWCOUNT

10. 在定义游标时使用 FOR　UPDATE 子句的作用是（　　）。

A. 执行游标

B. 执行 SQL 语句的 UPDATE 语句

C. 对要更新表的列进行加锁

D. 以上都不对

11. 对于游标 FOR 循环，下列描述不正确的是（　　）。

A. 游标 FOR 循环不需要定义游标

B. 游标 FOR 循环隐含使用 OPEN 打开记录集

C. 游标 FOR 循环隐含使用 FETCH 获取数据

D. 终止循环操作也就关闭了游标

12. 下列有关存储过程的特点，描述错误的是（　　）。

A. 存储过程不能将值传回调用的主程序

B. 存储过程是一个命名的模块

C. 编译的存储过程存放在数据库中

D. 一个存储过程可以调用另一个存储过程

13. 下列有关函数的描述，错误的是（　　）。

A. 在函数的头部必须描述返回值的类型

B. 在函数的执行部分必须要有 RETURN 语句

C. 函数必须要有参数

D. 函数至少要有一个返回值

14. 下列关于触发器的描述，不正确的是（　　）。

A. 触发器自动执行，不能被其他程序调用

B. 触发器可以传递参数

C. 语句级触发器对一条 DML 语句只触发一次

D. 行级触发器对一条 DML 语句中涉及的每一行都触发一次

15. 下列关于触发器的描述，不正确的是（　　）。

A. BEFORE 触发器是在执行触发事件之前触发的触发器

B. AFTER 触发器是在执行触发事件之后触发的触发器

C. FOR EACH ROW 选项说明触发器是行级触发器

D. 触发体内记录列数据的变化的伪记录可以在行级触发器中引用，也可以在语句级触发器中引用

二、简答题

1. 简述 PL/SQL 块的组成以及每部分的作用。

2. 简述显式游标的处理步骤。

3. 简述显式游标和隐式游标的区别。

4. 简述触发器的定义和分类。

5. 简述存储过程和函数的区别。

6. 简述触发器的执行顺序。

三、编程题

1. 根据给定的教师编号输出该教师的姓名、职称和所在院系，请分别用标量变量、%TYPE、%ROWTYPE 三种类型的变量编写程序。

2. 计算 1 到 100 之间的所有奇数和，请分别用三种循环方法编写程序。

3. 定义带参数的游标，将指定院系中所有讲师的姓名和聘任时间输出。

4. 定义游标，将在 2017-1 学期开设课程的课程号、任课教师编号和任课班级输出，请分别用不带参数的显式游标和游标 FOR 循环编写程序。

5. 定义隐式游标，将 D3 院系的教师信息删除。

6. 创建存储过程，根据给定的课程号，将所有选修该课程的成绩提高 10%，若没有该课程，则给出"没有该课程"的异常信息，然后写出调用该存储过程的代码。

7. 创建函数，返回指定教师的任课门数。

8. 创建行级触发器 trg _ teacher _ update，当更新 Teacher 表中的教师编号时，级联更新 TC 表中的相关教师编号，然后写出测试语句。

第五章 数据库的安全性

数据库作为信息管理系统、办公自动化和企业资源规划等各种业务系统的后台数据管理系统，存放着大量共享的数据。这些数据已成为企业和国家的无形资产，因此，我们必须要考虑整个数据库的安全保护问题。

数据库的安全性是指保护数据库，以防止不合法的使用造成数据泄露、更改或破坏。不合法的使用一般是指合法用户进行的非法操作以及非法用户进行的所有操作。数据库的安全性就是保证所有合法的用户进行合法的操作。

数据库是整个计算机系统的一部分，本章首先介绍整个计算机系统的安全性，然后再介绍数据库系统的安全性控制，最后介绍 Oracle 数据库系统的安全性管理。

5.1 计算机安全性概述

5.1.1 计算机系统的三类安全性问题

计算机系统的安全性是指为计算机系统建立和采取的各种安全保护措施，保护计算机系统中的硬件、软件及数据，防止其因偶然或恶意的操作而导致系统遭到破坏，数据遭到更改或泄露等。

计算机安全除了计算机系统本身的技术问题之外，还涉及诸如管理、安全和法律法规等问题。概括起来，计算机系统的安全性问题可分为三大类：技术安全类、管理安全类和政策法律类。

1. 技术安全

技术安全是指计算机系统中采用具有一定安全性的硬件、软件来实现对计算机系统及其存储数据的安全保护，当计算机系统受到无意或恶意的攻击时仍然能保证系统正常运行，保证系统内的数据不增加、不丢失、不泄露。

2. 管理安全

管理安全是指由于管理不善导致的计算机设备和数据介质的物理破坏、丢失等软硬件意外故障以及场地的意外事故等安全问题。

3. 政策法律安全

政策法律安全是指政府部门建立的有关计算机犯罪、数据安全保密的法律道德准则和政策、法规、法令。

5.1.2　安全标准简介

为了评估计算机以及信息安全技术方面的安全性，世界各国建立了一系列的安全标准，其中最重要的是 TCSEC/TDI 标准和 CC 标准。

1. TCSEC/TDI 标准

1985 年，美国国防部（DoD）正式颁布了《DoD 可信计算机系统评估准则》（简称"TCSEC"或"DoD85"，又称"橘皮书"）。1991 年，美国国家计算机安全中心（NCSC）颁布了《可信计算机系统评估准则关于可信数据库系统的解释》（简称"TDI"，又称"紫皮书"），将 TCSEC 标准扩展到数据库管理系统。二者合起来形成了最早的信息安全及数据库安全评估体系。

TCSEC/TDI 标准将系统安全分为四组七个等级，按照安全性从低到高依次是 D、C（C1，C2）、B（B1，B2，B3）、A（A1），如表 5.1 所示。

表 5.1　TCSEC/TDI 标准安全级别划分

安全级别	定义
D	最小保护
C1	自主安全保护
C2	受控的存取保护
B1	标记安全保护
B2	结构化保护
B3	安全域
A1	验证设计

（1）D 级，是最低安全级别。保留 D 级的目的是将一切不符合更高标准的系统，统归于 D 级。如 DOS 就是操作系统中安全标准为 D 级的典型例子。

（2）C1 级，只提供了非常初级的自主安全保护。能够实现对用户和数据的分离，进行自主存取控制（Discretionary Access Control，DAC），保护或限制用户权限的传播。

（3）C2 级，实际是安全产品的最低档次。提供受控的存取保护，即将 C1 级的 DAC 进一步细化，以个人身份注册负责，并实施审计和资源隔离。

（4）B1 级，标记安全保护。对系统的数据加以标记，并对标记的主体和客体实施强制存取控制（Mandatory Access Control，MAC）以及审计等安全机制。

（5）B2 级，结构化保护。建立形式化的安全策略模型并对系统内的所有主体和客体实施 DAC 和 MAC。

（6）B3 级，安全域。提供审计和系统恢复过程，而且必须指定安全管理员（通常是 DBA）。

（7）A1 级，验证设计。提供 B3 级保护的同时给出系统的形式化设计说明和验证以确保各级安全保护真正实现。

2. CC 标准

CC(Common Criteria)是将世界各国的 IT 安全标准统一起来的普通准则，CC V2.1 版本于 1999 年被 ISO 采用为国际标准，2001 年被我国采用为国家标准。目前，CC 已经基本取代了 TCSEC，成为评估信息产品安全性的主要标准。

CC 将系统安全分为 EAL1 至 EAL7 七个等级，其安全性依次升高，如表 5.2 所示。

表 5.2 CC 安全级别划分

CC 安全级别	定义	TCSEC/TDI 安全级别（近似相当）
EAL1	功能测试	
EAL2	结构测试	C1
EAL3	系统的测试和检查	C2
EAL4	系统的设计、测试和复查	B1
EAL5	半形式化的设计和测试	B2
EAL6	半形式化验证的设计和测试	B3
EAL7	形式化验证的设计和测试	A1

5.2 数据库安全性控制

数据库的安全性控制是指尽可能杜绝所有可能的数据库非法访问。因此，在一般的计算机系统中，安全措施是一级一级层层设置的，其安全模型如图 5.1 所示。

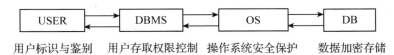

用户标识与鉴别　用户存取权限控制　操作系统安全保护　数据加密存储

图 5.1 计算机系统的安全模型

当用户进入计算机系统时，系统首先根据输入的用户标识进行身份识别，只有合法的用户才允许进入系统。

对已进入系统的用户，DBMS 还要进行存取控制，只允许用户在所授予的权限内进行合法的操作。

DBMS 是建立在操作系统之上的，操作系统应该能保证数据库中的数据必须由 DBMS 访问，而用户不能越过 DBMS，直接通过操作系统或其他方式访问。

数据最后通过加密的方式存储到数据库中，即便非法者得到了数据，也无法识别数据内容。

5.2.1　用户标识与鉴别

用户标识与鉴别是数据库系统的最外层安全保护措施。其方法是由系统提供一定的方式让用户标识自己的身份，每次用户要求进入系统时，由系统进行核对，通过鉴定后才提供系统使用权。

常用的用户标识与鉴别方法有以下几种。

1. 用户名和口令

系统内部记录着所有合法的用户名和口令，当用户输入正确的用户名和口令时，才能进入系统，否则不能进入系统。

2. 预先约定的计算过程或函数

用户名和口令识别比较简单，容易被窃取，可以用更复杂的方法来实现身份验证。例如，用户进入系统时，系统提供一个随机数，用户根据约定好的计算过程或函数进行计算，系统根据用户的计算结果正确与否进一步鉴定用户身份。约定的计算过程越复杂，系统越安全。

3. 磁卡或 IC 卡

将用户信息写入磁卡或 IC 卡中，进入系统时刷卡验证。但是这需要付出一定的经济代价，例如购买读卡器。

4. 声音、指纹和签名等

使用每个人所具有的特征(如声音、指纹和签名等)来识别用户是安全性比较高的识别方法。但同样也需要付出一定的经济代价，例如，购买识别的装置和算法，同时也要考虑到有一定的误判率。

5.2.2　存取控制

数据库的安全性措施中最重要的是 DBMS 的存取控制机制。存取控制主要是指允许合法的用户拥有对数据的操作权限，禁止不合法的用户接近数据。

1. 存取控制机制

DBMS 的存取控制机制由两部分组成：定义存取权限和检查存取权限。

(1)定义用户的存取权限，并将用户权限登记到数据字典中。

用户权限是指不同的用户对于不同的数据对象允许执行的操作权限。DBMS 提供适当的语言为用户定义权限，并存放在数据字典中，称为安全规则或授权规则。每个用户只能访问其有权存取的数据并执行有使用权限的操作。

用户权限由四个要素组成：权限授出用户（Grantor）、权限接受用户（Grantee）、数据对象（Object）、操作权限（Operate）。

①权限授出用户：一般是指数据对象的创建者或拥有者和超级用户 DBA，他们都拥有数据对象的所有操作权限。

②权限接受用户：系统中任何合法的用户。

③数据对象：基本表中的属性列、基本表、视图、索引、存储过程等。

④操作权限：SELECT、INSERT、DELETE、UPDATE、CREATE、ALTER、DROP 和 ALL　PRIVILEGES 等。

授权就是定义用户在什么对象上可进行哪些类型的操作。

假设 DBA 只为用户 USER1 授予了查询 Student 表的权限，则用户 USER1 只能查询 Student 表，其他的操作都是不允许的。

（2）合法权限检查。

当用户发出存取数据的操作请求后，DBMS 查找数据字典，根据安全规则进行合法权限检查。若用户的操作请求超出了定义的权限，系统将拒绝执行此操作。

例如，用户 USER1 向系统发出删除 Student 表的命令，DBMS 查找数据字典进行合法权限检查，发现用户 USER1 没有删除 Student 表的权限，则该命令被拒绝执行。

用户权限定义和合法权限检查策略一起组成了 DBMS 的安全子系统。

2. 存取控制策略

目前，大多数 DBMS 支持的存取控制策略主要有两种：自主存取控制和强制存取控制。

（1）自主存取控制。

自主存取控制方法的特点如下。

①同一用户对于不同的数据库对象有不同的存取权限。

②不同的用户对同一对象也有不同的权限。

③用户还可将其拥有的存取权限转授给其他用户。

由以上特点可以看出，自主存取控制能够通过授权机制有效地控制其他用户对敏感数据的存取。但是由于用户对数据的存取权限是"自主的"，因此，用户可以自由决定将数据的存取权限授予其他用户，这可能存在数据的"无意泄露"。原因是这种机制仅仅通过对数据的存取权限来进行安全控制，而没有对数据本身进行安全标识。要解决这一问题，可以使用强制存取控制。

自主存取控制非常灵活，属于 C1 安全级别。

（2）强制存取控制。

强制存取控制是指系统为保证更高程度的安全性，按照 TCSEC/TDI 标准中安全策略的要求所采取的强制存取检查手段，它不是用户能直接感知或进行控制的。

在 MAC 中，DBMS 管理的全部实体分为主体和客体两大类。主体是指系统中活动的实体，如用户、进程等；客体是指系统中的被动实体，如文件、基本表、视图等。对主体和客体的每一个实例（值）都指派一个敏感度标记（Label）。主体的敏感度标记称为"许可证级别（Clearance Level）"，客体的敏感度标记称为"密级（Classification Level）"。敏感度标记有若干级别，从高到低依次为绝密（Top Secret）、机密（Secret）、可信（Confidential）和公开（Public）等。

强制存取控制方法的特点如下。

①每一个数据对象被标以一定的密级。

②每一个用户也被授予某一个级别的许可证。

③通过对比主体和客体的级别，最终确定主体能否存取客体，只有具有合法许可证的用户才可以存取数据。

在 MAC 中，主体存取客体要遵循如下规则。

①仅当主体的许可证级别大于或等于客体的密级时，该主体才能存取相应的客体。

②仅当主体的许可证级别等于客体的密级时，该主体才能写相应的客体。

这两条规则均禁止了拥有高许可证级别的主体更新低密级的数据对象，从而防止了敏感数据的泄露。

强制存取控制是对数据本身进行标记，无论数据如何复制，标记与数据都是一个不可分的整体，只有符合密级标记要求的用户才可以操纵数据，从而提供了更高级别的安全性，属于 B1 安全级别，适用于那些对数据有严格而固定密级分类的部门，如军事部门或政府部门。

TCSEC 中建立的安全级别之间具有向下兼容的关系，即较高安全级别提供的安全保护要包含较低级别的所有保护。因此在实现 MAC 时首先要实现 DAC，DAC 与 MAC 共同构成 DBMS 的安全机制，如图 5.2 所示。

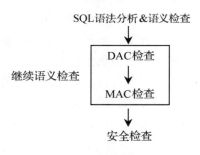

图 5.2　DAC＋MAC 安全检查示意图

5.2.3　视图机制

视图是从一个或多个基本表导出的虚拟表，在进行存取权限控制时，系统可以为不同的用户定义不同的视图，并把数据对象限制在一定的范围内。也就是说，通过视图机制把要保密的数据对无权存取的用户隐藏起来，从而自动地对数据提供一定程度的安全保护。

视图机制的安全保护功能太不精细，往往不能达到应用系统的要求，其主要功能在于提供了数据库的逻辑独立性。在实际应用中，通常将视图机制与授权机制结合起来使用，首先利用视图机制屏蔽一部分保密数据，然后在视图上再进一步定义存取权限，这就间接地实现了支持存取谓词的用户权限定义。例如，教师陈武只能对信工学院的学生信息进行操作，根据这个要求，可以先建立信工学院学生的视图，然后在该视图上进一步定义存取权限。

5.2.4　审计跟踪

任何系统的安全保护措施都不是绝对可靠的，蓄意盗窃、破坏数据的人总是想方设法打破这些控制。在安全性要求较高的系统中，必须以审计作为预防手段。审计功能是一种监视措施，它把用户对数据库的所有操作自动记录下来，存入审计日志（Audit Log）中。记录的内容一般包括操作类型（查询、插入、更新、删除），操作终端标识与操作者标识，操作日期和时间，操作所涉及的相关数据，数据的前象和后象等。DBA 可以利用审计跟踪的信息，重现导致数据库现有状况的一系列事件，找出非法存取数据的人，操作时间和内容等。

审计通常是很费时间和空间的，所以 DBMS 把它作为系统的可选特征，DBA 根据应用环境对安全性的要求，可以灵活地打开或关闭审计功能。

5.2.5　数据加密

对于高度敏感性数据，如财务数据、军事数据、国家机密等，除以上安全性措施外，还可以采用数据加密技术。

数据加密（Data Encryption）是防止数据库中数据在存储和传输中失密的有效手段。加密的基本思想是根据一定的算法将原始数据（术语为明文，Plain text）变化为不可直接识别的格式（术语为密文，Cipher text），数据以密文的形式存储和传输。

加密方法主要有两种，一种是替换方法，该方法使用密钥（Encryption Key）将明文中的每一个字符转换为密文中的一个字符；另一种是置换方法，该方法仅将明文的字符按不同的顺序重新排列。单独使用这两种方法的任意一种都是不够安全的，但是将这两种方法结合起来就能提供相当高的安全保障。例如，美国

1977 年制定的官方加密标准——数据加密标准（Data Encryption Standard, DES)就是使用这种结合算法的例子。关于加密的有关技术已超出本书范围，有专门课程讨论，本书不再详细介绍。

数据加密后，对于不知道解密算法的人，即使利用系统安全措施的漏洞非法访问到数据，也只能看到一些无法辨认的二进制代码。合法的用户检索数据时，首先提供密码钥匙，由系统进行解码后，才能得到可识别的数据。

目前，很多数据库产品都提供了数据加密程序，还有一些未提供加密程序的产品也提供了相应的接口，允许用户使用其他厂商的加密程序对数据进行加密。

由于数据加密与解密也是比较费时的操作，而且数据加密与解密程序会占用大量系统资源，因此数据加密功能通常也作为可选特征，允许用户自由选择。

5.2.6　统计数据库的安全性

有一类数据库被称为"统计数据库"，其特点是包含大量的记录，只允许用户查询聚集类型(如合计、平均值等)的信息，而不允许查询单个记录信息。例如，查询"程序员的平均工资"是合法的，但查询"程序员 B 的工资"就是不合法的。

在统计数据库中存在着特殊的安全性问题，即可能存在着隐蔽的信息通道，使得可以从合法的查询中推导出不合法的信息。

例如，有以下两个合法的查询。

(1)本公司共有多少名女高级程序员？

(2)本公司女高级程序员的工资总额是多少？

如果第一个查询的结果是"1"，那么第二个查询的结果显然就是这个女高级程序员的工资。这样，统计数据库的安全机制就失效了。为了解决这个问题，可以制定以下规则。

规则 1：任何查询至少要涉及 N(N 足够大)个以上的记录。

如果用户 A 想知道用户 B 的工资，用户 A 可以通过以下两个合法的查询获取。

(1)用户 A 和其他 N 个程序员的工资总额是多少？

(2)用户 B 和其他 N 个程序员的工资总额是多少？

若第一个查询的结果是 X，第二个查询的结果是 Y，由于用户 A 知道自己的工资是 Z，那么他可以计算出用户 B 的工资＝Y－(X－Z)。

出现上述问题的原因在于两个查询之间有很多重复的数据项(即其他 N 个程序员的工资)。为了解决这个问题，可以制定以下规则。

规则 2：任意两个查询的相交数据项不能超过 M 个。

可以证明，在上述两条规则的规定下，如果想获取 B 的工资，用户 A 至少要进行 $1+(N-2)/M$ 次查询。因此，可以再制定如下规则。

规则 3：任一用户的查询次数要小于 $1+(N-2)/M$。

但是，如果两个用户合作查询就可以使这一规则失效。

无论采用什么安全措施，都不能保证数据库的安全万无一失。因此，好的安全措施应该使得那些试图破坏安全的人所花费的代价远远超过他们所得到的利益，这也是整个数据库安全机制设计的目标。

5.3　Oracle 的安全机制

为了防止对数据库进行非法操作，Oracle 定义了一整套完整的安全机制，包括用户管理、权限管理和角色管理。

5.3.1　用户管理

Oracle 中的用户分为 DBA 和普通用户。DBA 是数据库管理员，拥有最高的权限，一般 SYS 和 SYSTEM 用户拥有 DBA 角色，他们及其他拥有 DBA 角色的用户可以创建、修改和删除普通用户。

1. 创建用户

为了防止不合法的用户操作数据库，DBA 可以创建一些合法的用户。使用 CREATE　USER 语句创建用户，其语法格式如下。

CREATE　USER　用户名　IDENTIFIED　BY　口令

[DEFAULT　TABLESPACE　表空间名]

[TEMPORARY　TABLESPACE　临时表空间名]

[QUOTA　n　K | M | UNLIMITED　ON　表空间名]

[PASSWORD　EXPIRE]

[ACCOUNT　LOCK | UNLOCK];

说明：

(1)IDENTIFIED　BY 短语为用户指定口令，每个用户必须要提供一个口令。

(2)DEFAULT　TABLESPACE 短语为用户指定默认表空间，如果不指定，默认为 SYSTEM 表空间。用户创建的所有数据库对象(基本表、视图等)均放在指定的表空间里。

(3)TEMPORARY　TABLESPACE 短语为用户指定临时表空间，用来存放该用户的数据库对象所产生的临时数据，一般指定 TEMP 表空间为临时表空间。

(4)QUOTA 短语为用户指定可以使用的表空间配额。n 为整数，K 表示 KB，M 表示 MB，UNLIMITED 表示无限制。若不指定配额，则为 0，表示用户在该空间没有任何存放其对象的空间，因此，该用户就不能创建任何数据库对象。

（5）PASSWORD　EXPIRE 短语将用户口令设成过期状态，强制用户在下次登录时必须先修改口令。

（6）ACCOUNT 短语设置用户的初始状态。LOCK 为锁定状态，用户无法进行任何操作，是默认的状态；UNLOCK 是解锁状态。

【例 1】在 SYSTEM 模式下，创建用户 usera，口令为 a123，默认表空间是 USERS，无限制的空间配额，临时表空间是 TEMP，其他选项采用默认值。

CREATE　USER　usera　IDENTIFIED　BY　a123

DEFAULT　TABLESPACE　USERS

TEMPORARY　TABLESPACE　TEMP

QUOTA　UNLIMITED　ON　USERS；

2. 修改用户

对已有的用户可以使用 ALTER　USER 命令修改它。一般由 DBA 或具有 ALTER　USER 系统权限的用户进行用户的修改。可以修改用户的口令、表空间、空间配额、是否锁定等。修改用户的语法格式如下。

ALTER　USER　用户名　IDENTIFIED　BY　口令

［DEFAULT　TABLESPACE　表空间名］

［TEMPORARY　TABLESPACE　临时表空间名］

［QUOTA　n　K | M | UNLIMITED　ON　表空间名］

［PASSWORD　EXPIRE］

［ACCOUNT　LOCK | UNLOCK ］；

修改用户与创建用户的语法格式相同，只是命令不同，各短语的说明同创建用户的各子句说明。

【例 2】在 SYSTEM 模式下，修改用户 usera，将其口令修改为 A123，且为解锁状态。

ALTER　USER　usera　IDENTIFIED　BY　A123　ACCOUNT　UN-LOCK；

注意：Oracle 的用户口令区分大小写，建议由大小写字母、数字混合组成，总长度大于或等于 8 个字符。

3. 删除用户

当一个用户不再使用时，可以将其删除。删除用户时，系统首先要删除该用户所有的模式对象，然后从数据字典中删除用户及其对应模式的定义。不能删除当前正在连接的数据库用户。如果要删除正在连接的用户，可先终止该用户的会话，然后再删除该用户。

一般由 DBA 或具有 DROP　USER 系统权限的用户进行用户的删除。使用

DROP　USER 命令删除用户，其语法格式如下。

　　DROP　USER　用户名　［CASCADE］；

　　说明：

　　(1)如果用户拥有数据库对象，那么必须在 DROP　USER 语句中使用 CASCADE 选项删除用户，Oracle 先删除用户的所有模式对象，然后再删除该用户。

　　(2)如果其他数据库对象(如存储过程等)引用了该用户的数据库对象，那么这些数据库对象将被标识为失效状态。

　　【例3】在 SYSTEM 模式下，删除用户 usera。

　　DROP　USER　usera；

　　注意：此时 USERA 用户没有任何数据库对象，因此在删除时不必带 CASCADE 选项。

　　4. 查看用户信息

　　建立用户时，Oracle 会将用户信息保存到数据字典中。用户可以查询数据字典中的视图了解用户的信息。具体视图信息如下。

　　(1)查询数据字典视图 DBA _ USERS，可以了解所有数据库用户的详细信息。

　　(2)查询数据字典视图 ALL _ USERS，可以了解所有数据库用户的名称、编号和创建日期。

　　(3)查询数据字典视图 USER _ USERS，可以了解当前用户的详细信息。

　　【例4】在 SYSTEM 模式下，查询用户 usera 的详细信息。

　　SELECT　*　FROM　DBA _ USERS；

　　【例5】在 SYSTEM 模式下，查询用户 usera 的简要信息。

　　SELECT　*　FROM　ALL _ USERS；

5.3.2　权限管理

　　Oracle 中的权限是预先定义好的执行某种 SQL 语句或访问其他用户的数据库对象的能力，通过为用户分配权限进行安全管理。

　　Oracle 中的权限分为系统权限和对象权限。

　　1. 系统权限

　　系统权限是指在系统级别上控制数据库的存取和使用的权限，例如，启动或停止数据库、修改数据库参数、连接数据库、创建或删除方案对象等。它是针对某一类方案对象或非方案对象的某种操作的全局性能力。常用的系统权限如表 5.3 所示。

表 5.3 常用的系统权限

系统权限	作用
CREATE SESSION	创建会话连接到数据库的权限
CREATE TABLE	创建表的权限
CREATE VIEW	创建视图的权限
CREATE USER	创建用户的权限
CREATE PROCEDURE	创建存储过程的权限
CREATE ROLE	创建角色的权限
CREATE TRIGGER	创建触发器的权限
UNLIMITED TABLESPACE	在表空间中创建对象而不受表空间限制的权限

(1)授予系统权限。

一般情况下，授予系统权限是由 DBA 完成的，或者是由具有 GRANT ANY PRIVILEGE 系统权限的其他用户完成的，或者用户在相应系统权限上具有 WITH ADMIN OPTION 选项。

使用 GRANT 语句授予系统权限，其语法格式如下。

GRANT 系统权限列表 | ALL PRIVILEGES
TO 用户名列表 | 角色名列表 | PUBLIC
[WITH ADMIN OPTION];

说明：

①如果指定多个系统权限，用逗号分隔。

②ALL PRIVILEGES 指所有的系统权限。

③如果有多个用户名或角色名，用逗号分隔。

④PUBLIC 是指数据库中的所有用户。

⑤WITH ADMIN OPTION 是指允许接受系统权限的用户或角色将该系统权限转授给其他用户或角色。

⑥系统权限 UNLIMITED TABLESPACE 不能被授予角色。

【例 6】在 SYSTEM 模式下，授予用户 usera 连接数据库的权限。

GRANT CREATE SESSION TO usera;

【例 7】在 SYSTEM 模式下，授予用户 usera 创建表的权限，并允许 usera 将该权限转授给其他用户。

GRANT CREATE TABLE TO usera WITH ADMIN OPTION;

(2)显示系统权限。

Oracle 将系统权限信息保存到数据字典中。用户可以查询数据字典中的视图了解系统权限的信息。具体视图信息如下。

①查询数据字典视图 SYSTEM_PRIVILEGE_MAP，可以了解所有系统权限的编号(PRIVILEGE)、名称(NAME)和优先级(PROPERTY)等信息。

②查询数据字典视图 DBA_SYS_PRIVS，可以了解所有用户或角色拥有的系统权限，包括权限的接受者(GRANTEE)，系统权限名称(PRIVILEGE)，是否可以转授给其他用户(ADMIN_OPTION)等信息。

③查询数据字典视图 USER_SYS_PRIVS，可以了解当前用户拥有的系统权限，包括当前用户名(USERNAME)，系统权限名称(PRIVILEGE)，是否可以转授给其他用户(ADMIN_OPTION)等信息。

【例8】在 SYSTEM 模式下，查询用户 usera 拥有的系统权限。

SELECT　*　FROM DBA_SYS_PRIVS WHERE　GRANTEE=
'USERA';

【例9】在 usera 模式下，查询自己拥有的系统权限。

SELECT * FROM　USER_SYS_PRIVS;

(3)回收系统权限。

权限的回收就是取消用户拥有的权限。使用 REVOKE 语句回收权限，语法格式如下。

REVOKE　系统权限列表 | ALL　PRIVILEGES
FROM　用户名列表 | 角色名列表 | PUBLIC;

【例10】在 SYSTEM 模式下，回收用户 usera 创建表的权限。

REVOKE　CREATE　TABLE　FROM　usera;

系统权限不能级联回收。当用户 A 将某系统权限授予用户 B，并且允许用户 B 将该权限转授给其他用户，假设用户 B 将该权限转授给了用户 C。那么用户 A 只能回收授予用户 B 的该系统权限，用户 B 转授给用户 C 的权限无法回收回来。请读者自行验证。

2. 对象权限

用户对创建在自己模式下的所有数据库对象拥有所有的操作权限，但是如果要对其他模式下的数据库对象进行操作，就要有相应的对象权限。对象权限是指访问其他模式对象(表、视图、过程、函数等)的权利，用于控制用户对其他模式对象的访问。常用的对象权限如表5.4所示。

表 5.4　常用的对象权限

对象权限	表	视图	序列	过程和函数	作用
SELECT	√	√	√		查询表、视图或序列的值
UPDATE	√	√			更新表或视图的内容
INSERT	√	√			向表或视图中插入记录

续表

对象权限	表	视图	序列	过程和函数	作用
DELETE	√	√			删除表或视图中的记录
ALTER	√		√		修改表或序列的定义
INDEX	√				在表上创建索引
REFERENCES	√				创建外码约束
EXECUTE				√	执行过程或函数

（1）授予对象权限。

使用 GRANT 语句向用户或角色授予对象权限，语法格式如下。

GRANT　对象权限列表 ｜ ALL ［PRIVILEGES］ ON　模式名．对象名
TO　用户名列表 ｜ 角色名列表 ｜ PUBLIC
［ WITH　GRANT　OPTION ］；

说明：

①如果指定多个对象权限，用逗号分隔。

②ALL 或 ALL　PRIVILEGES 是指所有的对象权限。

③如果有多个用户名或角色名，用逗号分隔。

④PUBLIC 是指数据库中的所有用户。

⑤WITH　GRANT　OPTION 是指允许接受对象权限的用户或角色将该对象权限转授给其他用户，但不能转授给其他角色。

【例 11】在 SYSTEM 模式下，授予用户 usera 查询 Student 表和更新 Dno 列的对象权限。

GRANT　SELECT，UPDATE（Dno）　ON　SCOTT．Student　TO
usera；

【例 12】在 SYSTEM 模式下，授予用户 usera 查询 SC 表的权限，并允许他将该对象权限转授给其他用户。

GRANT　SELECT　ON　SCOTT．SC　TO　usera　WITH　GRANT
OPTION；

【例 13】在 SYSTEM 模式下，创建用户 userb，口令为 B123，其他选项同 usera。然后授予其连接数据库的系统权限。最后，在 usera 模式下，将查询 SC 表的权限授予 userb。

第一步：在 SYSTEM 模式下，创建用户 userb。

CREATE　USER　userb　IDENTIFIED　BY　B123
DEFAULT　TABLESPACE　USERS
TEMPORARY　TABLESPACE　TEMP
QUOTA　UNLIMITED　ON　USERS；

第二步：在 SYSTEM 模式下，授予用户 userb 连接数据库的系统权限。

GRANT CREATE SESSION TO userb;

第三步：在 usera 模式下，将查询 SC 表的权限授予 userb。

GRANT SELECT ON SCOTT.SC TO userb;

（2）显示对象权限。

用户拥有的对象权限信息都保存在数据字典中，具体的视图信息如下。

①查询数据字典视图 DBA_TAB_PRIVS，可以了解所有用户或角色拥有的对象权限，包括权限的接受者、对象的属主（OWNER）、对象名（TABLE_NAME）、对象权限的授予者（GRANTOR）、对象权限名称（PRIVILEGE），是否可以转授给其他用户（GRANTABLE）和对象权限是否被授予了层次（HIERARCHY）等信息。

②查询数据字典视图 USER_TAB_PRIVS，可以了解当前用户拥有的对象权限，包括的属性信息同 DBA_TAB_PRIVS 视图。

【例 14】在 SYSTEM 模式下，查询用户 usera 拥有的对象权限。

SELECT * FROM DBA_TAB_PRIVS WHERE GRANTEE= 'USERA';

【例 15】在 usera 模式下，查询自己所拥有的对象权限。

SELECT * FROM USER_TAB_PRIVS;

（3）回收对象权限。

使用 REVOKE 语句回收对象权限，语法格式如下。

REVOKE 对象权限列表 | ALL ［PRIVILEGES］ ON 模式名.对象名
FROM 用户名列表 | 角色名列表 | PUBLIC
［CASCADE CONSTRAINTS］;

说明：对象权限的回收是级联的，带 CASCADE CONSTRAINTS 选项就表示级联回收权限。当用户 A 将某对象权限授予用户 B，并允许用户 B 将该权限转授给其他用户，例如，用户 B 将该权限转授给了用户 C，当用户 A 回收授予用户 B 的该对象权限时，如果带有 CASCADE CONSTRAINTS 选项，那么用户 B 转授给用户 C 的权限也会回收回来，这就是级联回收。详见例 17。

【例 16】在 SYSTEM 模式下，回收用户 usera 更新 Student 表中 Dno 列的对象权限。

REVOKE UPDATE(Dno) ON SCOTT.Student FROM usera;

【例 17】在 SYSTEM 模式下，级联回收用户 usera 查询 SC 表的权限。

第一步：在 SYSTEM 模式下，回收用户 usera 查询 SC 表的权限。

REVOKE SELECT ON SCOTT.SC FROM usera CASCADE CONSTRAINTS;

第二步：在 usera 模式下，检验其是否还拥有查询 SC 表的权限。

SELECT　*　FROM　SCOTT.SC；

结果是：ORA－00942：表或视图不存在。

第三步：在 userb 模式下，检验其是否还拥有查询 SC 表的权限。

SELECT　*　FROM　SCOTT.SC；

结果是：ORA－00942：表或视图不存在。

这说明 SYSTEM 不仅回收了 usera 查询 SC 表的对象权限，也级联回收了 userb 查询 SC 表的对象权限，实现了级联回收。

5.3.3　角色管理

Oracle 的权限类型多而复杂，如果 DBA 为每个用户授予和回收相应的系统权限和对象权限，工作量非常大，为了简化权限的管理，Oracle 提供了角色的概念。角色是被命名的一组与数据库操作相关的权限，即角色是权限的集合。当为用户授予角色时，相当于为用户授予了多种权限，这样就避免了向用户逐一授权，从而简化了用户权限的管理。

用户的角色分为系统预定义角色和用户自定义角色。系统预定义角色是系统自动创建的，可以直接授予相应的用户，常见的系统预定义角色如表 5.5 所示。

表 5.5　常见的系统预定义角色

角色名称	角色组成
CONNECT(授予最终用户的最基本的权限)	CREATE　SESSION：建立会话
	CREATE　TABLE：建立表
	CREATE　VIEW：建立视图
	CREATE　SYNONYM：建立同义词
	CREATE　SEQUENCE：建立序列
	CREATE　DATABASE　LINK：建立数据库链接
	CREATE　CLUSTER：建立聚簇
	ALTER　SESSION：修改会话参数
RESOURCE(授予开发人员的权限)	CREATE　TABLE：建立表
	CREATE　PROCEDURE：建立 PL/SQL 程序单元
	CREATE　SEQUENCE：建立序列
	CREATE　TRIGGER：建立触发器
	CREATE　TYPE：建立类型
	CREATE　CLUSTER：建立聚簇
	CREATE　INDEXTYPE：建立索引类型
	CREATE　OPERATOR：建立操作符

续表

角色名称	角色组成
DBA	包含大部分系统权限，主要用于数据库管理
SELECT _ CATALOG _ ROLE	表示查询数据字典的权限
EXECUTE _ CATALOG _ ROLE	表示从数据字典中执行部分过程和函数的权限
DELETE _ CATALOG _ ROLE	表示删除和重建数据字典的权限
EXP _ FULL _ DATABASE	用于执行数据库的导出操作权限
IMP _ FULL _ DATABASE	用于执行数据库的导入操作权限
RECOVERY _ CATALOG _ OWNER	为恢复目录所有者提供了系统权限

当预定义角色无法满足应用程序的权限定义需求时，用户可以自己定义角色，称为自定义角色。本节主要介绍用户自定义角色。

1. 创建角色

使用 CREATE　ROLE 语句可以创建一个新角色，执行该语句的用户必须具有 CREATE　ROLE 系统权限。创建角色的语法格式如下。

CREATE　ROLE　角色名

［NOT　IDENTIFIED | IDENTIFIED　BY　密码］；

说明：

（1）在一个数据库中，角色名必须唯一。角色名与用户名不同，角色不包含在任何模式中，所以建立角色的用户被删除时不影响该角色。

（2）NOT　IDENTIFIED 表示不启用角色认证方式。

（3）IDENTIFIED 表示启用角色认证方式，即在激活或修改角色时，需要提供口令信息，否则无法完成相应的功能。

【例 18】在 SYSTEM 模式下创建角色 Comrole。

CREATE　ROLE　Comrole；

刚创建的角色没有任何权限，这时的角色没有意义。因此，在创建角色后，通常会立即为它授予权限。

2. 为角色授权

使用 GRANT 语句为角色授权，可以将已有的系统权限和对象权限授予角色，也可以将其他角色所拥有的权限叠加在该角色里。

（1）为角色授予系统权限或其他已有角色的语法格式如下。

GRANT　系统权限列表 | 已有角色列表

TO　角色列表

［WITH　ADMIN　OPTION］；

说明：如果带有 WITH　ADMIN　OPTION 选项，那么被授予权限的角色可以授权、更改或删除这个角色，并且能向其他用户和角色授予这个角色。为了系统的安全，一般不带该选项。

【例 19】在 SYSTEM 模式下，为角色 Comrole 授予创建表的系统权限。

GRANT　CREATE　TABLE　TO　Comrole；

(2)为角色授予对象权限的语法格式如下。

GRANT　对象权限列表　ON　模式名．对象名

TO　角色列表

［WITH　GRANT　OPTION］；

【例 20】在 SYSTEM 模式下，为角色 Comrole 授予查询 Course 表的对象权限。

GRANT　SELECT　ON　SCOTT．Course　TO　Comrole；

3. 查看角色权限

创建的角色以及创建角色拥有的权限信息都保存在数据字典中，具体视图信息如下。

(1)查询数据字典视图 ROLE＿SYS＿PRIVS，可以了解所有角色拥有的系统权限，包括角色名称（ROLE），系统权限名称（PRIVILEGE），是否可以转授给其他用户（ADMIN＿OPTION）等信息。

(2)查询数据字典视图 ROLE＿TAB＿PRIVS，可以了解角色所拥有的对象权限，包括角色名称（ROLE）、对象的属主（OWNER）、对象名称（TABLE＿NAME）、列名（COLUMN＿NAME）、对象权限名称（PRIVILEGE），是否可以转授给其他用户（GRANTABLE）等信息。

【例 21】在 SYSTEM 模式下，查询角色 Comrole 所拥有的系统权限。

SELECT　＊　FROM　ROLE＿SYS＿PRIVS　WHERE　ROLE＝‘COMROLE’；

【例 22】在 SYSTEM 模式下，查询角色 Comrole 所拥有的对象权限。

SELECT　＊　FROM　ROLE＿TAB＿PRIVS　WHERE　ROLE＝‘COMROLE’；

4. 将角色授予用户或其他角色

当角色有了权限后，就可以将角色授予用户或其他角色了，语法格式如下。

GRANT　角色列表　TO　用户列表｜PUBLIC

［WITH　ADMIN　OPTION］；

【例 23】将角色 Comrole 授予用户 usera。

GRANT　Comrole　TO　usera；

5. 启用和禁用角色

一旦用户被授予某个角色，将拥有该角色包含的一切权限，但用户也不是任何时候都需要这个角色。出于安全考虑，用户可以有选择地启用或禁用角色。使

用 SET　ROLE 语句启用或禁用角色，语法格式如下。

　　SET　ROLE　角色名 1　[IDENTIFIED　BY　口令] [，角色名 2 [IDENTIFIED　BY　口令]] | ALL [EXCEPT　角色名列表] | NONE；

　　说明：

　　(1)IDENTIFIED　BY 为口令验证，如果创建角色时有口令验证，那么启用该角色时也需要口令验证；反之，如果创建角色时没有口令验证，那么启用该角色时也不需要口令验证。

　　(2)ALL 表示为用户启用所授予的所有角色。使用 ALL 有一个前提，即该用户的所有角色都不得设置口令。

　　(3)EXCEPT 表示除了指定的角色外，启用其他所有的角色。

　　(4)NONE 表示禁用用户的所有角色。

　　【例 24】启用用户 usera 上的 Comrole 角色，使用户 usera 拥有 Comrole 角色的所有权限。

　　SET　ROLE　Comrole；

　　在 usera 模式下可以使用如下命令语句进行检验。

　　CREATE　TABLE　test

　　(tid　NUMBER　PRIMARY　KEY,

　　tname　VARCHAR2(10))；

　　SELECT　*　FROM　SCOTT.Course；

　　结果均操作成功。

　　6. 回收角色权限

　　(1)回收授予角色的系统权限或其他已有角色的语法格式如下。

　　REVOKE　系统权限列表 | 已有角色列表

　　FROM　角色列表；

　　【例 25】在 SYSTEM 模式下，回收角色 Comrole 创建表的系统权限。

　　REVOKE　CREATE　TABLE　FROM　Comrole；

　　(2)回收角色的对象权限的语法格式如下。

　　REVOKE　对象权限列表　ON　模式名.对象名

　　FROM　角色列表；

　　【例 26】在 SYSTEM 模式下，回收角色 Comrole 查询 Course 表的对象权限。

　　REVOKE　SELECT　ON　SCOTT.Course　FROM　Comrole；

　　7. 撤消用户的角色

　　如果用户的某个角色不再需要，可以将其撤消。撤消角色的语法格式如下。

　　REVOKE　角色名　FROM　用户列表 | 角色列表 | PUBLIC；

　　【例 27】在 SYSTEM 模式下，撤消用户 usera 所拥有的 Comrole 角色。

REVOKE　Comrole　FROM　usera；

8. 删除角色

当一个角色不再需要时，可以将其删除。角色删除后，使用该角色的用户的权限也同时被回收。使用 DROP　ROLE 语句删除角色，其语法格式如下。

DROP　ROLE　角色名；

【例 28】删除 Comrole 角色。

DROP　ROLE　Comrole；

5.4　小结

本章首先介绍了整个计算机系统的安全性和 TCSEC/TDI、CC 两个标准，然后详细介绍了数据库的安全性。

数据库的安全性是指保护数据库，以防止不合法的使用所造成的数据泄露、更改或破坏。实现数据库安全的方法有很多，如用户标识和鉴定、用户存取权限控制、视图机制和审计跟踪等。

自主的存取控制可通过 GRANT 和 REVOKE 语句来实现。还有一类特殊的统计数据库有着特殊的安全问题。

安全总是相对的，我们能做的只能是让那些试图破坏安全的人所花费的代价远远超过他们所得到的利益。

习题

一、选择题

1. 下列安全标准被称为"紫皮书"的是（　　　）。

A. TCSEC/TDI　　　　　B. TCSEC　　　　　C. TDI　　　　　D. CC

2. 下列 TCSEC/TDI 标准安全等级中，安全性最高的是（　　　）。

A. D　　　　　　　　　B. B2　　　　　　　C. C2　　　　　　D. A1

3. 下列不属于实现数据库系统安全性的主要技术和方法的是（　　　）。

A. 出入机房登记和加锁　　　　　　　B. 存取控制技术

C. 视图技术　　　　　　　　　　　　D. 审计技术

4. 数据库的安全性防范对象主要是（　　　）。

A. 合法用户　　　　　　　　　　　　B. 不合语义的数据

C. 非法操作　　　　　　　　　　　　D. 不正确的数据

5. 以下不属于用户身份识别的方法是（　　　）。

A. 用户名和口令　　　B. 数据加密　　　C. 指纹识别　　　D. 声音识别

6. 在数据库系统中，定义用户可以对哪些数据对象进行何种操作被称为（　　　）。

A. 审计　　　　　　　　B. 授权　　　　　　C. 加密　　　　　D. 视图

7. 下列对数据库安全机制的描述，不正确的是（　　　）。

A. 对一条 SQL 语句的安全检查时，先进行 DAC 检查，再进行 MAC 检查

B. 审计和数据加密都是可选的功能

C. 通过视图机制对数据提供安全保护，是安全性很高的措施

D. 统计数据库常常有一些安全漏洞

8. 下列权限不是对象权限的是（　　　）。

A. CREATE TABLE　　　　　　　　　　B. UPDATE

C. SELECT　　　　　　　　　　　　　　D. DELETE

9. 实现授权的语句是（　　　）。

A. GRANT　　　　　　　　　　　　　　B. COMMIT

C. ROLLBACK　　　　　　　　　　　　D. REVOKE

10.（　　　）是一组与数据库操作相关的权限的集合。

A. DBA　　　　　　B. 审计　　　　　　C. 视图　　　　D. 角色

二、简答题

1. 简述实现数据库安全性控制的常用方法和技术。

2. 简述 DAC 和 MAC。

3. 简述 MAC 中主体存取客体要遵循的规则。

第六章　事务与并发控制

事务是数据库应用程序的基本逻辑单元。数据库是一个共享资源，允许多个用户并发操作，因此，同一时刻系统中并发运行的事务可达数百个。如果对并发操作不加以控制，就无法保证数据库中数据的正确性，从而破坏数据库的一致性，所以 DBMS 必须提供并发控制机制。

6.1　事务

事务是并发控制和恢复的基本单位。

6.1.1　事务的概念

事务(Transaction)是用户定义的一个数据库操作序列，这些操作要么全做，要么全不做，是一个不可分割的工作单位。

例如，从银行账户 A 中取出一万元，存入账户 B。定义一个转账事务，该事务包含如下的两个操作。

①A＝A－1。

②B＝B+1。

这两个操作要么全做，要么全不做。全做了，说明转账成功；全不做，说明没有转账。但不能只做了第一个操作 A＝A－1，没有做第二个操作 B＝B+1，否则，说明事务出现了故障，导致 A 账户里的一万元钱没有存入 B 账户里，且不知去向。

6.1.2　事务的划分

一个程序在后台运行时通常被分割成多个事务，即一个程序由多个事务组成。事务可以是一条 SQL 语句、一组 SQL 语句或整个程序。事务中的多条 SQL 语句被当作一个基本的工作单元来处理。

事务的划分有显式划分和隐式划分两种方式。

1. 显式划分事务

在 SQL 中，事务的显式划分通常以 BEGIN　　TRANSACTION 开始，以

COMMIT 或 ROLLBACK 结束，如下所示。

BEGIN　TRANSACTION　　　　BEGIN　TRANSACTION

　　SQL 语句 1　　　　　　　　　SQL 语句 1

　　SQL 语句 2　　　　　　　　　SQL 语句 2

　　……　　　　　　　　　　　　……

COMMIT　　　　　　　　　ROLLBACK

　　COMMIT 表示提交，即提交事务的所有操作，把对数据库的更新写回到磁盘上的物理数据库中，事务正常结束。

　　ROLLBACK 表示回滚，即在事务运行过程中发生了某种故障，事务不能继续执行，系统将事务中对数据库的所有已完成的操作全部撤销，回滚到事务开始时的状态。

　　2. 隐式划分事务

　　当用户没有显式地划分事务时，DBMS 按缺省规定自动将一个程序划分为若干个事务。

6.1.3　事务的 ACID 特性

　　事务具有四个特性：原子性(Atomicity)、一致性(Consistency)、隔离性(Isolation)和持续性(Durability)，这四个特性简称为 ACID 特性。

　　1. 原子性

　　事务是数据库的逻辑工作单位，是不可分割的工作单元。事务中包括的诸操作要么都做，要么都不做。

　　2. 一致性

　　事务执行的结果必须是使数据库从一个一致性状态变到另一个一致性状态。一致性状态是指数据库中只包含成功事务提交的结果；不一致状态是指数据库中包含失败事务提交的部分结果。

　　例如，前面提到的银行转账事务，若两个操作都做了，转账成功，则数据库处于一致状态；若只做了第一个操作，且 A＝A－1 的结果已提交到数据库中，此时，发生了故障，致使第二个操作没有做，少了一万元，这时数据库就处于不一致状态。可见一致性与原子性是密切相关的。

　　3. 隔离性

　　一个事务的执行不能被其他事务干扰，即一个事务内部的操作以及使用的数据对其他并发事务是隔离的，并发执行的各个事务之间不能互相干扰。

　　例如，下面的两个操作破坏了事务的隔离性。事务 T1 对数据 A 进行读写操作，事务 T1 中的 A 没有对事务 T2 隔离，事务 T2 也是对数据 A 进行读写操作，导致 T1 的修改结果被 T2 的修改结果覆盖了。

T1	T2
R(A)=16	
	R(A)=16
A=A-1	
W(A)=15	
	A=A-3
	W(A)=13

4. 持续性

持续性也称永久性(Permanence)，是指一个事务一旦提交，它对数据库中数据的改变就应该是永久性的，接下来的其他操作或故障不应该对其执行结果有任何影响。

6.1.4　Oracle 中事务的控制语句

Oracle 中一般不使用显式命令来开始一个事务，所有的事务都是隐式开始的，即在修改数据的第一条语句处隐式开始。但是当用户要终止一个事务处理时，必须显式使用 COMMIT 或 ROLLBACK 命令结束。

1. 提交事务

Oracle 中的事务正常结束后，使用 COMMIT 提交事务的所有操作，更新磁盘中的物理数据库。若一个会话中对数据的修改没有使用 COMMIT 提交，则其修改的结果仅存在于内存中，没有写入物理数据库，那么另一个会话就看不到数据的修改。只有 COMMIT 提交后，其他会话才能看到数据的修改，并在此基础上继续进行操作。

【例 1】在 SCOTT 模式下，将 Department 表中 D1 院系的办公地点修改为 B202；COMMIT 提交；在提交前后分别在 SYSTEM 模式下查询数据的修改情况。

第一步：在 SCOTT 模式下，将 Department 表中 D1 院系的办公地点修改为 B202，并查询修改结果。

UPDATE　Department　SET　Office='B202'　WHERE　Dno='D1'；
SELECT　*　FROM　Department；
结果如下。

	DNO	DNAME	OFFICE
1	D1	信工学院	B202
2	D2	地理学院	S201
3	D3	工学院	F301
4	D4	医学院	B206

查询结果是 D1 院系的办公地点已修改为 B202，但是没有 COMMIT 提交，

修改的结果在内存中。

第二步：提交前，在 SYSTEM 模式下查询修改结果。

SELECT ＊ FROM SCOTT.Department；

结果如下。

DNO	DNAME	OFFICE
1 D1	信工学院	C101
2 D2	地理学院	S201
3 D3	工学院	F301
4 D4	医学院	B206

在 SYSTEM 模式下，没有看到对数据的修改，D1 院系的办公地点还是 C101。

第三步：回到 SCOTT 模式下，COMMIT 提交对数据的修改。

UPDATE Department SET Office＝'B202' WHERE Dno＝'D1'；

SELECT ＊ FROM Department；

COMMIT；

提交后，数据的修改已写入物理数据库中。

第四步：提交后，在 SYSTEM 模式下再次查询修改结果。

SELECT ＊ FROM SCOTT.Department；

结果如下。

DNO	DNAME	OFFICE
1 D1	信工学院	B202
2 D2	地理学院	S201
3 D3	工学院	F301
4 D4	医学院	B206

提交后，在 SYSTEM 模式下才能看到对数据的修改。

2. 回滚事务

Oracle 中使用 ROLLBACK 回滚事务，撤销上次正常提交后的所有操作。

【例2】在 Department 表中插入一条记录，提交，修改这条记录，再删除这条记录，最后回滚事务，观察事务回退到哪里。

INSERT INTO Department VALUES('D5','文学院','D206')；--插入记录

SELECT ＊ FROM Department；--查询数据是否插入成功

COMMIT；--提交

UPDATE Department SET Office＝'E201' WHERE Dno＝'D5'；--修改记录

DELETE FROM Department WHERE Dno＝'D5'；--删除记录

ROLLBACK；--回滚

SELECT ＊ FROM Department；--观察回滚到 COMMIT 提交时

3. 建立保存点

在事务中建立一个或多个保存点，当回滚事务时，可以回滚到指定的保存点。建立保存点的语法格式如下。

SAVEPOINT 保存点名；

建立保存点可以将一个大的事务划分成多个小部分，这样既降低了编写事务的复杂度，又能防止因事务出错而进行大批量的回滚。

4. 回滚事务至保存点

回滚事务至保存点的语法格式如下。

ROLLBACK TO ［SAVEPOINT］ 保存点名；

将事务回滚到指定的保存点，同时，保存点之前的语句会得到确认。

【例 3】建立保存点，回滚到指定保存点。

UPDATE Department SET Office='E201' WHERE Dno='D5'；
SAVEPOINT S1；
UPDATE Department SET Office='E202' WHERE Dno='D5'；
SAVEPOINT S2；
UPDATE Department SET Office='E203' WHERE Dno='D5'；
UPDATE Department SET Office='E204' WHERE Dno='D5'；
ROLLBACK TO S2；
SELECT ＊ FROM Department；

6.1.5 事务的执行方式

在单处理机系统中，事务的执行有串行和交叉并发执行两种方式。

事务的串行就是按顺序依次执行，执行完一个事务后才能开始另一个事务，如图 6.1 所示。

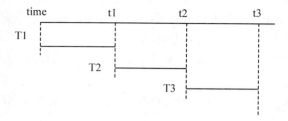

图 6.1 事务的串行

事务串行时，许多系统资源处于空闲状态，系统就不能充分利用系统资源，发挥数据库共享资源的特点。

事务的交叉并发执行是指多个事务轮流交叉执行，如图 6.2 所示。

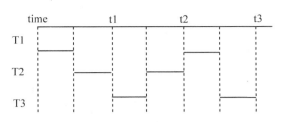

图 6.2　事务的交叉并发运行

事务的交叉并发执行虽然没有真正地并行执行，但是减少了处理机的空闲时间，提高了系统的效率。本章主要介绍单处理机系统下事务交叉并发执行所带来的并发控制问题。

6.2　并发控制

事务是并发控制的基本单位，保证事务的 ACID 特性是事务处理的重要任务。事务的 ACID 特性可能遭到破坏的原因之一就是多个事务对数据库的并发操作。因此，DBMS 必须对并发操作进行正确的调度，以保证事务的隔离性和一致性。如果 DBMS 对并发操作不加以控制，就可能会破坏数据的一致性，包括丢失修改（Lost Update）、读"脏"数据（Dirty Read）和不可重复读（Non-repeatable Read）。

下面以火车票售票系统为例，说明并发操作带来的数据不一致问题。

6.2.1　丢失修改

火车票售票系统操作序列 1。

①甲售票点运行事务 T1，读出车票余数 A 为 16 张。

②乙售票点运行事务 T2，读出车票余数 A 也为 16 张。

③甲售票点卖出一张车票，将 A 修改为 15，写回到数据库。

④乙售票点卖出三张车票，将 A 修改为 13，写回到数据库。

该操作序列如图 6.3(a)所示。在这个操作序列下，乙售票点的数据修改结果覆盖了甲售票点的修改结果，导致实际卖出 4 张票，系统中却显示只卖出了 3 张票。这就是并发操作带来的丢失修改问题。

丢失修改就是两个事务 T1 和 T2 读取同一数据并分别进行修改，T1 先提交了修改结果，T2 后提交的修改结果覆盖了 T1 提交的结果，导致 T1 的修改结果丢失。

6.2.2　读"脏"数据

火车票售票系统操作序列 2。

①甲售票点运行事务 T1，读出车票余数 A 为 16 张。

②甲售票点卖掉 6 张车票，将 A 修改为 10，并写入数据库。

③乙售票点运行事务 T2，读出车票余数 A 为 10 张。

④甲售票点撤销了之前的操作，车票余数 A 恢复到 16 张。

该操作序列如图 6.3(b)所示。在这个操作序列下，甲售票点实际上最终一张票也没有卖出去，系统中票的余数还是 16 张；而乙售票点读取了甲售票点的一个过渡性的无用的数据，系统显示票的余数是 10 张。这就是并发操作带来的读"脏"数据问题。

读"脏"数据就是事务 T1 修改某一数据，并将其写回磁盘。事务 T2 读取同一数据后，事务 T1 由于某种原因被撤销，这时事务 T1 修改过的数据恢复原值，而事务 T2 读取到的是一个过渡性的不再需要的"脏"数据，与数据库中的数据不同。

6.2.3　不可重复读

火车票售票系统操作序列 3。

①甲售票点运行事务 T1，读出车票余数 A 为 16 张。

②乙售票点运行事务 T2，读出车票余数 A 也为 16 张。

③乙售票点卖出 6 张车票，将 A 修改为 10，写回到数据库。

④甲售票点运行事务 T1，再次读取车票余数 A 为 10 张。

该操作序列如图 6.3(c)所示。在这个操作序列下，甲售票点两次读取数据的过程中，乙售票点修改了甲售票点要读取的数据，导致甲售票点两次读取的数据不一致。这就是并发操作带来的不可重复读问题。

不可重复读是指事务 T1 读取某一数据后，事务 T2 对其进行更改，当事务 T1 再次读该数据时，无法再现前一次读取的结果。读取的结果与上一次不同。

具体地说，不可重复读包括三种情况。

(1)事务 T1 读取某一数据后，事务 T2 对其做了修改，当事务 T1 再次读该数据时，读取的结果与上一次不同。

(2)事务 T1 按一定条件从数据库中读取了某些数据记录后，事务 T2 删除了其中的部分记录，当 T1 再次按相同条件读取数据时，发现某些记录神秘地消失了。

(3)事务 T1 按一定条件从数据库中读取了某些数据记录后，事务 T2 插入了一些记录，当 T1 再次按相同条件读取数据时，发现多了一些记录。

后两种不可重复读有时也称为幻影（Phantom　Row）现象。

T1	T2	T1	T2	T1	T2
R(A)=16		R(A)=16		R(A)=16	
	R(A)=16	A=A−6			R(A)=16
A=A−1		W(A)=10			A=A−6
W(A)=15			R(A)=10		W(A)=10
	A=A−3	ROLLBACK		R(A)=10	
	W(A)=13	A 恢复为 16			
(a)丢失修改		(b)读"脏"数据		(c)不可重复读	

图 6.3　并发操作中的三种数据不一致

产生上述三类数据不一致的主要原因是并发执行的事务破坏了事务的隔离性。并发控制就是系统要用正确的方式调度并发操作，使一个事务的执行不受其他事务的干扰，从而避免造成数据的不一致性。

并发控制的主要技术有封锁（Locking）、时间戳（Timestamp）和乐观控制等方法，商用的 DBMS 一般都采用封锁方法。

6.3　封锁

封锁是实现并发控制的一个非常重要的技术。封锁就是事务 T 在对某个数据对象（如表、记录等）操作之前，先向系统发出请求，对其加锁。加锁后事务 T 就对该数据对象有了一定的控制，在事务 T 释放它的锁之前，其他的事务不能更新此数据对象。具体的控制机制由锁的类型决定。

6.3.1　基本锁

锁有多种不同的类型，最基本的有两种：排它锁（Exclusive Locks，简称"X锁"）和共享锁（Share Locks，简称"S 锁"）。

1. 排它锁

排它锁又称为写锁。若事务 T 对数据对象 A 加 X 锁，则事务 T 既可以对 A 进行读操作，也可以进行写操作。其他任何事务都不能再对 A 加任何类型的锁，因而不能进行任何操作，直到事务 T 释放 A 上的 X 锁。因此，排它锁就是独占锁。

2. 共享锁

共享锁又称为读锁。若事务 T 对数据对象 A 加 S 锁，则事务 T 可以对 A 进行读操作，但不能写 A。其他事务只能对 A 再加 S 锁，而不能再加 X 锁，直到事务 T 释放 A 上的 S 锁。

　　3. 锁的相容矩阵

排它锁和共享锁的控制方式可以用图 6.4 的相容矩阵来表示。

相容性　　　请求锁　　持有锁	S	X	—
S	Y	N	Y
X	N	N	Y
—	Y	Y	Y

图 6.4　锁的相容矩阵

　　其中，第一列表示事务 T2 目前已获得的数据对象上的锁的类型，S 表示共享锁，X 表示排它锁，—表示没有锁。第一行表示事务 T1 对同一数据对象发出的封锁请求，矩阵中的 Y 表示事务 T1 的封锁要求与事务 T2 已有的锁相容，封锁请求可以满足；矩阵中的 N 表示事务 T1 的封锁要求与事务 T2 已有的锁冲突，封锁请求被拒绝。

　　4. 封锁的粒度

封锁对象的大小称为封锁粒度（Lock Granularity）。根据不同的数据处理要求，封锁的对象从小到大依次可以是属性值、属性值集合、元组、关系、整个数据库等逻辑单元；也可以是页（数据页或索引页）、块等物理单元。

　　封锁的粒度与系统的并发度和并发控制的开销密切相关。封锁粒度越小，系统中能够被封锁的对象就越多，并发度越高，系统开销就越大；反之，封锁粒度越大，系统中能够被封锁的对象就越少，并发度越低，系统开销就越小。

　　在实际开发中，选择封锁粒度应同时考虑封锁开销和并发度两个因素，对系统开销与并发度进行权衡，选择适当的封锁粒度以求得最优的效果。一般来说，需要处理大量元组的事务可以以关系为封锁粒度，需要处理多个关系的大量元组的事务可以以数据库为封锁粒度；而对于一个处理少量元组的用户事务，以元组为封锁粒度就比较合适了。

6.3.2　封锁协议

　　在使用封锁时，需要遵守一些规则，例如，何时开始封锁、锁定多长时间、何时释放锁等，这些规则称为封锁协议（Lock Protocol）。

　　前面提到的并发操作带来的丢失修改、读"脏"数据和不可重复读等数据不一致问题，可以通过三级封锁协议来解决。

1. 一级封锁协议

事务 T 在修改数据对象之前必须对其加 X 锁，直到事务结束才能释放 X 锁。若事务 T 仅仅是读取数据 A，则不需要加任何锁。

一级封锁协议可以防止丢失修改，并保证事务是可恢复的，如图 6.5(a) 所示。

事务 T1 对数据 A 既读又写，需要向系统申请对数据 A 加 X 锁，此时数据 A 没有加任何类型的锁，事务 T1 的加锁申请获得批准，对数据 A 加了 X 锁，然后对数据 A 进行读写操作。此时，事务 T2 因对数据 A 既读又写，也需要向系统申请对数据 A 加 X 锁，但数据 A 已被事务 T1 加上了 X 锁，因此事务 T2 的加锁申请被拒绝，只能等待，等到事务 T1 释放了数据 A 上的 X 锁，事务 T2 的加锁申请才获得了批准，然后才能对数据 A 进行读写操作。

但是一级封锁协议中对只读取数据的操作不加锁，因此，它不能防止读"脏"数据和不可重复读。

2. 二级封锁协议

二级封锁协议是在一级封锁协议的基础上，再加上进一步的规定：事务 T 在读取数据对象之前必须对其加 S 锁，读完后立即释放 S 锁。

二级封锁协议不但可以解决丢失修改问题，还可以防止读"脏"数据，如图 6.5(b)所示。

事务 T1 对数据 A 既读又写，需要向系统申请对数据 A 加 X 锁，此时数据 A 没有加任何类型的锁，事务 T1 的加锁申请获得批准，对数据 A 加了 X 锁，然后对数据 A 进行读写操作。此时，事务 T2 要对数据 A 进行读操作，需要向系统申请对数据 A 加 S 锁，但是数据 A 已经被事务 T1 加上了 X 锁，因此事务 T2 的加锁申请被拒绝，只能等待，等到事务 T1 释放了数据 A 上的 X 锁，事务 T2 的加锁申请才获得了批准，然后才能对数据 A 进行读操作。

但是二级封锁协议在读取数据之后，就立即释放了 S 锁，所以它不能解决不可重复读的问题。

3. 三级封锁协议

三级封锁协议是在一级封锁协议的基础上，再加上进一步的规定：事务 T 在读取数据对象之前必须对其加 S 锁，读完后并不立即释放 S 锁，直到事务 T 结束才释放，如图 6.5(c)所示。

事务 T1 对数据 A 进行读操作，需要向系统申请对数据 A 加 S 锁，此时数据 A 没有加任何类型的锁，事务 T1 的加锁申请获得批准，对数据 A 加了 S 锁，然后对数据 A 进行读操作。此时，事务 T2 要对数据 A 进行读写操作，需要向系统申请对数据 A 加 X 锁，但数据 A 已经被事务 T1 加上了 S 锁，因此事务 T2 的加锁申请被拒绝，只能等待，等到事务 T1 释放了数据 A 上的 S 锁，事务 T2 的加锁申请才获得了批准，然后才能对数据 A 进行读写操作。

　　三级封锁协议除了可以解决丢失修改和读"脏"数据的问题，还可以进一步防止不可重复读，彻底解决了并发操作带来的数据不一致的三种问题。

T1	T2	T1	T2	T1	T2
Xlock　A		Xlock　A		Slock　A	
R(A)＝16		R(A)＝16		R(A)＝16	
	Xlock　A	A＝A－6			Xlock　A
A＝A－1	等待	W(A)＝10			等待
W(A)＝15	等待		Slock　A	R(A)＝16	等待
Commit	等待	ROLLBACK	等待	Commit	等待
Unlock　A	等待	(A 恢复为 16)	等待	Unlock　A	等待
	Xlock　A	Unlock　A	等待		Xlock　A
	R(A)＝15		Slock　A		R(A)＝16
	A＝A－3		R(A)＝16		A＝A－6
	W(A)＝12		Commit		W(A)＝10
	Commit		Unlock　A		Commit
	Unlock　A				Unlock　A
(a)解决丢失修改		(b)解决读"脏"数据		(c)解决不可重复读	

图 6.5　使用封锁机制解决数据不一致的三种问题示例

6.3.3　活锁与死锁

　　封锁技术可以防止并发操作带来的数据不一致问题，但也可能会引起活锁、死锁等新的问题。

　　1. 活锁

　　活锁（Live Lock）是指系统中的某个事务永远处于等待状态，得不到封锁的机会。

　　在图 6.6 中，事务 T1 首先获得了对数据 A 加锁，事务 T2、T3 和 T4 也依次申请对数据 A 加锁，在事务 T1 释放锁之前，它们只能等待；当事务 T1 释放锁以后，事务 T3 获得了对数据 A 加锁，事务 T2 和事务 T4 还得等待；当事务 T3 释放锁后，事务 T4 获得了对数据 A 加锁，以此类推，事务 T2 可能永远处于等待状态，从而发生了活锁。

T1	T2	T3	T4
Lock　A	…	…	…
…	Lock　A	…	…
…	等待	Lock　A	…
…	等待	等待	Lock　A
Unlock　A	等待	等待	等待
…	等待	Lock　A	等待
…	等待	…	等待
…	等待	Unlock　A	等待
…	等待		Lock　A

图 6.6　活锁

解决活锁的简单方法是采用"先来先服务"策略，也就是简单的排队方式。当多个事务请求封锁同一数据对象时，系统按照请求封锁的先后次序对事务排队，依次获得加锁的批准。

如果事务有优先级，那么优先级低的事务即使排队也很难轮上封锁的机会。此时可以采用"升级"方法来解决，当一个事务等待时间超过规定时间（如 5 分钟）还轮不上封锁时，可以提高其优先级使其获得封锁。

2. 死锁

如果系统中有两个或两个以上的事务都处于等待状态，并且每个事务都在等待其中另一个事务解除封锁，它才能继续执行下去，但是哪个事务也不释放自己获得的锁，所以只好互相等待下去，结果造成任何一个事务都无法继续执行，这种现象称为"死锁"（Dead Lock）。

在图 6.7 中，事务 T1 获得了对数据 A 加锁，事务 T2 获得了对数据 B 加锁。然后事务 T1 又申请对数据 B 加锁，因为数据 B 已经被事务 T2 封锁，于是事务 T1 等待事务 T2 释放数据 B 上的锁。接着，事务 T2 又申请对数据 A 加锁，因为数据

T1	T2
Lock　A	…
…	Lock　B
	…
Lock　B	…
等待	
等待	Lock　A
等待	等待
等待	等待

图 6.7　死锁

A 已经被事务 T1 封锁，于是事务 T2 等待事务 T1 释放数据 A 上的锁。这样就出现了事务 T1 和事务 T2 互相等待的局面，两个事务永远都不能结束，形成死锁。

解决死锁问题有两类方法，一类是采取一定的措施预防死锁的发生；另一类是允许发生死锁，但是要采取一定的手段定期诊断系统中有无死锁，若有则解除之。

（1）死锁的预防。

死锁产生的原因是两个或多个事务都已经封锁了一些数据对象，然后又都请求对已经被其他事务封锁的数据对象加锁，从而出现死等待。预防死锁的发生就是要破坏产生死锁的条件，预防死锁通常有一次封锁法和顺序封锁法两种方法。

①一次封锁法。

一次封锁法要求每个事务必须一次将所有要使用的数据全部加锁，否则就不能继续执行。如图 6.7 中事务 T1 首先要将数据 A 和数据 B 全部加上锁，然后才能执行，而事务 T2 等待。事务 T1 执行完以后释放数据 A 和数据 B 上的锁，事务 T2 才能继续执行。这样就不会发生死锁。

一次封锁法虽然可以有效地防止死锁的发生，但是也存在一些问题。第一，一次将所有可能用到的数据加锁，扩大了封锁范围，从而降低了系统的并发度。第二，数据库中的数据是不断变化的，原来不要求封锁的数据，在执行过程中可能会变成封锁对象，所以很难事先精确地确定每个事务所要封锁的数据对象，为此只能扩大封锁范围，将事务在执行过程中可能要封锁的数据对象全部加锁，这就进一步降低了并发度。

②顺序封锁法。

顺序封锁法是预先对数据对象规定一个封锁顺序，所有事务都按照这个顺序实行封锁。

顺序封锁法也可以有效地防止死锁的发生，但是同样存在问题。第一，数据库系统中可封锁的数据对象极其多，并且随着数据的插入、删除等操作而不断地变化，要维护这样量大而多变的资源的封锁顺序非常困难，成本很高。第二，事务的封锁请求可以随着事务的执行而动态地决定，很难事先确定每一个事务要封锁哪些对象，因此，也就很难按规定的顺序去施加封锁。

预防死锁，代价很高，因此，DBMS 的并发控制子系统必须定期检测系统中是否存在死锁，一旦检测到死锁，就要设法解除它。

（2）死锁的诊断。

死锁的诊断有两种方法：超时法和事务等待图法。

①超时法。

如果一个事务的等待时间超过了规定的时限，就认为发生了死锁。超时法的优点是实现简单，但也有明显的缺点。一是有可能误判死锁，由于某种原因导致事务的执行时间超过了时限，系统会误认为发生了死锁。二是时限若设置得太长，死锁发生后不能及时被发现。

②事务等待图法。

事务等待图是一个有向图 G＝（T，U）。T 为结点的集合，每个结点表示正在运行的事务；U 为边的集合，每条边表示事务等待的情况。若事务 T1 等待事务 T2，则从事务 T1 到事务 T2 有一条有向边，如图 6.8 所示。

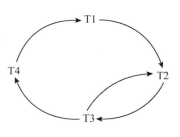

图 6.8　事务等待图

事务等待图动态地反映了所有事务的等待情况。并发控制子系统周期性地（如每隔数秒）检测事务等待图，如果发现图中存在回路，则表示系统中出现了死锁。

在图 6.8 中，事务 T1 等待事务 T2，事务 T2 等待事务 T3，事务 T3 等待事务 T4，事务 T4 又等待事务 T1，产生了死锁。同时，事务 T3 还等待事务 T2，在大回路中又有小的回路。

（3）死锁的解除。

解除死锁通常采用的方法是选择一个处理死锁代价最小的事务，将其撤销，释放该事务持有的所有锁，使其他事务得以继续运行下去。

6.4　并发调度的可串行性

DBMS 对并发事务的不同调度可能会产生不同的结果，那么什么样的调度是正确的呢？

如果一个事务运行过程中没有其他事务在同时运行，也就是说它没有受到其他事务的干扰，那么就可以认为该事务的运行结果是正常的或者预想的，即将所有事务串行起来的调度策略一定是正确的。多个事务以不同的顺序串行执行，可能会产生不同的结果，但由于不会将数据库置于不一致状态，因此可以认为都是正确的。

但是系统中多数事务都不是串行执行的，而是并发交叉执行的，这就要给出判断的准则，什么样的并发事务是正确的。

6.4.1　可串行化调度

多个事务的并发执行是正确的，当且仅当其结果与按某一次串行地执行它们时的结果相同，这种并行调度策略称为可串行化（Serializable）的调度。

可串行性(Serializability)是并行事务正确性的唯一准则，即一个给定的并发调度，当且仅当它是可串行化的才被认为是正确的调度。

【例1】现有两个事务 T1 和 T2，分别包含如下操作序列。

事务 T1：读数据 B；A＝B＋1；写回 A。

事务 T2：读数据 A；B＝A＋1；写回 B。

假设数据 A 和 B 的初值都是 2。

事务 T1 和 T2 的不同调度策略如图 6.9 所示。

T1	T2	T1	T2	T1	T2	T1	T2
Slock B			Slock A	Slock B		Slock B	
R(B)=2			R(A)=2	R(B)=2		R(B)=2	
Unlock B			Unlock A		Slock A	Unlock B	
Xlock A			Xlock B		R(A)=2	Xlock A	
A=B+1			B=A+1	Unlock B			Slock A
W(A)=3			W(B)=3		Unlock A	A=B+1	等待
Unlock A			Unlock B	Xlock A		W(A)=3	等待
Commit			Commit	A=B+1		Unlock A	等待
	Slock A	Slock B		W(A)=3		Commit	等待
	R(A)=3	R(B)=3			Xlock B		R(A)=3
	Unlock A	Unlock B			B=A+1		Unlock A
	Xlock B	Xlock A			W(B)=3		Xlock B
	B=A+1	A=B+1		Unlock A			B=A+1
	W(B)=4	W(A)=4		Commit			W(B)=4
	Unlock B	Unlock A			Unlock B		Unlock B
	Commit	Commit			Commit		Commit
(a)串行调度 T1T2		(b)串行调度 T2T1		(c)不可串行化的并发调度		(d)可串行化的并发调度	

图 6.9　【例1】中事务 T1 和 T2 的不同调度策略

各种调度的结果如下。

(a)串行调度 T1T2：A＝3，B＝4。

(b)串行调度 T2T1：A＝4，B＝3。

(c)并发调度：A＝3，B＝3。

(d)并发调度：A＝3，B＝4。

其中，(a)和(b)是串行调度，其结果一定是正确的；(c)的并发调度结果与(a)、(b)的串行结果都不相同，因此(c)是不可串行化的调度；(d)的并发调度结果与(a)的串行结果相同，因此(d)是可串行化的调度，是正确的调度。

6.4.2　冲突可串行化调度

1. 冲突的操作

在多个并发执行的事务中，各事务的操作序列在时间上交叉执行，不同事务在时间上相邻的两个操作在不影响最终结果的前提下是可以交换执行的，这两个操作是不冲突的操作；否则，是不可以交换执行的，这两个操作就是冲突的操作。

冲突的操作是指不同的事务对同一个数据的读写操作和写写操作。不同事务对同一数据的相邻操作类型如图 6.10 所示。

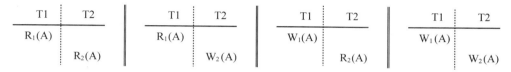

图 6.10　不同事务对同一数据的相邻操作类型

不冲突的操作是指不同的事务对同一个数据的读读操作和不同的事务对不同的数据的任何操作。不同事务对不同数据的相邻操作类型如图 6.11 所示。

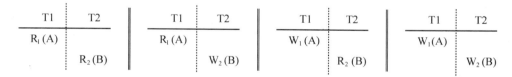

图 6.11　不同事务对不同数据的相邻操作类型

总结以上描述，对于时间上相邻的两个操作，能交换的是不冲突的操作，即：

①不同的事务对同一个数据的读读操作；

②不同的事务对不同的数据的任何操作。

不能交换的是冲突的操作，即：

①不同的事务对同一个数据的读写操作和写写操作；

②同一事务的两个操作。

2. 冲突可串行化的调度

一个调度 SC 在保证冲突操作的次序不变的情况下，通过交换两个事务不冲突操作的次序得到另一个调度 SC'，如果 SC' 是串行的，那么就称调度 SC 是冲突可串行化的调度。

如果一个调度是冲突可串行化的调度，那么它一定是可串行化的调度。可以用这种方法来判断一个调度是否是冲突可串行化的调度。

【例 2】现有调度 $SC = R_1(A)W_1(A)R_2(A)W_2(A)R_1(B)W_1(B)R_2(B)W_2(B)$，该调度是冲突可串行化的调度吗？为什么？

分析：在图 6.12 中，(a) 是 SC 调度序列的图形化表示，(a) 中的 $R_1(B)$ 和 $W_2(A)$ 两个操作是不同事务对不同数据的读写操作，不冲突，因此可以交换，交换后得到 (b) 中的操作序列；(b) 中的 $R_1(B)$ 和 $R_2(A)$ 两个操作是不同事务对不同数据的读读操作，不冲突，因此可以交换，交换后得到 (c) 中的操作序列；(c) 中的 $W_1(B)$ 和 $W_2(A)$ 两个操作是不同事务对不同数据的写写操作，不冲突，因此可以交换，交换后得到 (d) 中的操作序列；(d) 中的 $W_1(B)$ 和 $R_2(A)$ 两个操作是不同事务对不同数据的读写操作，不冲突，因此可以交换，交换后得到 (e) 中的操作序列；(e) 中的操作序列相当于串行调度 T1T2，因此该调度 SC 是冲突可串行化的调度。

T1	T2		T1	T2		T1	T2		T1	T2		T1	T2
$R_1(A)$			$R_1(A)$			$R_1(A)$			$R_1(A)$			$R_1(A)$	
$W_1(A)$			$W_1(A)$			$W_1(A)$			$W_1(A)$			$W_1(A)$	
	$R_2(A)$			$R_2(A)$		$R_1(B)$			$R_1(B)$			$R_1(B)$	
	$W_2(A)$		$R_1(B)$				$R_2(A)$			$R_2(A)$		$W_1(B)$	
$R_1(B)$				$W_2(A)$			$W_2(A)$		$W_1(B)$				$R_2(A)$
$W_1(B)$			$W_1(B)$			$W_1(B)$				$W_2(A)$			$W_2(A)$
	$R_2(B)$			$R_2(B)$			$R_2(B)$			$R_2(B)$			$R_2(B)$
	$W_2(B)$			$W_2(B)$			$W_2(B)$			$W_2(B)$			$W_2(B)$
(a)			(b)			(c)			(d)			(e)	

图 6.12　【例 2】中 SC 的调度序列

解答：

$SC = R_1(A)W_1(A)R_2(A)W_2(A)R_1(B)W_1(B)R_2(B)W_2(B)$

$<=> R_1(A)W_1(A)R_2(A)R_1(B)W_2(A)W_1(B)R_2(B)W_2(B)$

$<=> R_1(A)W_1(A)R_1(B)R_2(A)W_2(A)W_1(B)R_2(B)W_2(B)$

$<=> R_1(A)W_1(A)R_1(B)R_2(A)W_1(B)W_2(A)R_2(B)W_2(B)$

$<=> R_1(A)W_1(A)R_1(B)W_1(B)R_2(A)W_2(A)R_2(B)W_2(B)$

$<=> T1T2 = SC'$

调度 SC 通过多次交换不冲突的操作，得到一个串行调度序列 SC'，因此调度 SC 是冲突可串行化的调度。

应该指出，冲突可串行化调度是可串行化调度的充分条件，不是必要条件。前面提到，封锁可以解决并发控制带来的问题，那么如何封锁才能产生可串行化调度呢？下一节的两段锁协议就可以产生可串行化的调度。

6.5　两段锁协议

两段锁协议(Two-Phase Locking，2PL)能实现并发调度的可串行性，从而保证调度的正确性。

两段锁协议规定所有的事务在封锁时应遵守以下两条规则。

①在对任何数据进行读、写操作之前，事务首先要获得对该数据的封锁。

②在释放一个封锁之后，事务不再申请和获得任何其他封锁。

所谓两段锁的含义是事务分为两个阶段，第一阶段是获得封锁，也称为扩展阶段。在这个阶段，事务可以申请获得任何数据项上的任何类型的锁，但是不能释放任何锁。第二阶段是释放封锁，也称为收缩阶段。在这个阶段，事务可以释放任何数据项上的任何类型的锁，但是不能再申请任何锁。

例如，图 6.13 中，事务 T1 遵守两段锁协议，事务 T2 不遵守两段锁协议。

T1	T2
Slock　A	Slock　A
…	…
Slock　B	Unlock　A
…	…
Xlock　C	Slock　B
…	…
Unlock　B	Xlock　C
…	…
Unlock　A	Unlock　C
…	…
Unlock　C	Unlock　B
(a)遵守 2PL	(b)不遵守 2PL

图 6.13　两段锁协议示例

若并发事务都遵守两段锁协议，则对这些事务的所有并行调度策略都是可串行化的，如图 6.14(a)所示。但是，如果并发事务的一个调度是可串行化的，不一定所有事务都符合两段锁协议。即事务遵守两段锁协议是可串行化调度的充分条件，而不是必要条件。如图 6.14(b)所示是可串行化的调度，但事务 T1 和事务 T2 不遵守两段锁协议。

T1	T2	T1	T2
Slock B		Slock B	
R(B)＝2		R(B)＝2	
Xlock A		Unlock B	
	Slock A	Xlock A	
	等待		Slock A
A＝B+1	等待	A＝B+1	等待
W(A)＝3	等待	W(A)＝3	等待
Unlock B	等待	Unlock A	等待
Unlock A	等待	Commit	等待
Commit	等待		R(A)＝3
	Slock A		Unlock A
	R(A)＝3		Xlock B
	Xlock B		B＝A+1
	B＝A+1		W(B)＝4
	W(B)＝4		Unlock B
	Unlock B		Commit
	Unlock A		
	Commit		

(a)遵守 2PL，可串行化　　　　　　　(b)不遵守 2PL，可串行化

图 6.14　两段锁协议与可串行化

　　两段锁协议不要求事务必须一次将所有要使用的数据全部加锁，因此，遵守两段锁协议的事务也可能会发生死锁，如图 6.15 所示。

T1	T2
Slock B	
R(B)＝2	
	Slock A
	R(A)＝2
Xlock A	
等待	
等待	Xlock B
	等待

图 6.15　遵守两段锁协议的事务可能发生死锁

6.6　小结

　　本章介绍了在单处理机系统中多个事务交叉并发执行时的管理技术，以保证数据的一致性。事务是数据库的逻辑工作单元，是由若干操作组成的序列，这些操作要么全做，要么全不做。只要 DBMS 能保证系统中所有事务的原子性、一致性、隔离性和持续性，也就保证了数据库处于一致状态。

　　事务是并发控制的基本单位，多个事务的并发执行若不加以控制就可能会带来丢失修改、读"脏"数据和不可重复读等问题。解决这些问题的方法是对事务中的数据加读锁或写锁，并制定相关的锁协议。但是加锁的同时会带来死锁和活锁的问题，并发控制机制必须提供合适的解决方法。

　　并发控制机制判断事务操作是否正确的标准是可串行性，即事务并发操作的结果与某一次串行执行事务的结果相同。若事务中的封锁都遵守两段锁协议，就能保证是可串行化的调度，反之不成立。但是遵守两段锁协议的事务也可能会发生死锁。

习题

　　一、选择题

　　1. 事务的原子性是指（　　　）。

　　A. 事务中所包含的操作要么全做，要么全不做

　　B. 事务一旦提交，对数据库的改变是永久的

　　C. 一个事务内部的操作以及使用的数据对并发的其他事务是隔离的

　　D. 事务必须是使数据库从一个一致状态变到另一个一致状态

　　2. 一个事务执行过程中，其正在访问的数据被其他事务所修改，导致处理结果不正确，这是由于违背了事务的（　　　）。

　　A. 原子性　　　　　　B. 一致性　　　　　　C. 隔离性　　　　　　D. 持久性

　　3. 实现事务提交的语句是（　　　）。

　　A. COMMIT　　　　B. ROLLBACK　　　C. GRANT　　　　　D. REVOKE

　　4. 解决并发控制带来的数据不一致问题普遍采用的技术是（　　　）。

　　A. 存取控制　　　　　B. 封锁　　　　　　　C. 恢复　　　　　　　D. 协商

　　5. 在数据库的并发操作中，"脏"数据指的是（　　　）。

　　A. 未回退的数据　　　　　　　　　　B. 未提交的数据

　　C. 回退的数据　　　　　　　　　　　D. 未提交随后又被撤销的数据

　　6. 事务回滚语句 ROLLBACK 执行的结果是（　　　）。

　　A. 跳转到事务程序开始处继续执行

　　B. 撤销上次正常提交后的所有更新操作

C. 将事务中所有变量值恢复到事务开始时的初值

D. 跳转到事务程序结束处继续执行

7. T1 和 T2 两个事务的并发操作顺序如下，该操作序列属于（　　　）。

T1 读 A＝20

T2 读 A＝20

T1 中 A＝A－10

T1 写回 A＝10

T2 中 A＝A－5

T2 写回 A＝15

A. 不可重复读　　　B. 读"脏"数据　　　C. 丢失修改　　　D. 不存在问题

8. T1 和 T2 两个事务的并发操作顺序如下，该操作序列属于（　　　）。

T1 读 A＝20

T1 中 A＝A－10

T1 写回 A＝10

T2 读 A＝10

T1 中执行 ROLLBACK

恢复 A＝20

A. 不可重复读　　　B. 读"脏"数据　　　C. 丢失修改　　　D. 不存在问题

9. 若事务 T 对数据 R 加 X 锁，则 T 对 R（　　　）。

A. 既能读也能写　　　　　　　　　B. 不能读也不能写

C. 只能读不能写　　　　　　　　　D. 只能写不能读

10. 一级封锁协议可以解决并发操作带来的（　　　）不一致性的问题。

A. 数据丢失修改　　　　　　　　　B. 数据不可重复读

C. 读"脏"数据　　　　　　　　　　D. 数据重复修改

11. 下列能保证不产生死锁的是（　　　）。

A. 两段锁协议　　　　　　　　　　B. 一次封锁法

C. 二级封锁协议　　　　　　　　　D. 三级封锁协议

12. 在事务等待图中，若多个事务的等待关系形成一个循环，就出现了（　　　）。

A. 事务执行成功　　　　　　　　　B. 事务执行失败

C. 活锁　　　　　　　　　　　　　D. 死锁

13. 下列关于并发调度的描述，不正确的是（　　　）。

A. 多个事务以不同的顺序串行执行，虽然会产生不同的结果，但都可以认为是正确的

B. 多个事务并发交叉执行时，结果很难预料，因此都是错误的

C. 多个事务并发交叉执行时，只要其结果与某一次串行地执行它们时的结果相同，就可以认为是正确的

D. 可串行化的调度一定是正确的

14. 下列哪个操作是冲突的( )。

A. T1 读 A，T2 写 B   B. T1 写 A，T2 读 B

C. T1 读 A，T2 写 A   D. T1 读 A，T2 读 A

15. 在并发控制技术中，最常用的是封锁机制，基本的封锁类型有排它锁 X 和共享锁 S，下列关于两种锁的相容性描述不正确的是( )。

A. X/X：TRUE   B. S/S：TRUE

C. S/X：FALSE   D. X/S：FALSE

二、简答题

1. 简述事务的概念及特性。

2. 简述并发操作带来的数据不一致的三种情况以及解决方法。

3. 简述活锁和死锁的定义。

4. 简述死锁的诊断及解除方法。

5. 简述两段锁协议。

第七章　数据库恢复技术

　　尽管数据库系统采取了各种保护措施来防止数据库的安全性和完整性遭到破坏，以保证并发事务的正确执行，但是计算机系统的故障是难免的，如硬件的故障、软件的错误、操作员的失误以及恶意的破坏。这些故障轻则造成事务非正常中断，影响数据库中数据的正确性，重则破坏数据库，使数据库中的全部或部分数据丢失。

　　因此，DBMS 必须具有把数据库从错误状态恢复到某一已知的正确状态（亦称为一致状态或完整状态）的功能，这就是数据库的恢复。数据库系统所采用的恢复技术是否行之有效，不仅对系统的可靠程度起着决定性的作用，而且对系统的运行效率也有很大影响，是衡量系统性能优劣的重要指标。

7.1　故障的种类

　　数据库系统中常见的故障主要有三类：事务故障、系统故障和介质故障。

7.1.1　事务故障

　　事务故障就是某个事务在运行过程中由于种种原因未运行至正常终止点就夭折了。事务故障主要有预期的事务故障和非预期的事务故障两种。

　　1. 预期的事务故障

　　预期的事务故障是指在事务运行过程中可以预先估计到并能由程序进行处理的故障。例如，下面转账余额不足的例子。

```
BEGIN　TRANSACTION
    READ(A);
    A:=A-500;
    IF(A<0)　THEN
      {
          提示'金额不足，无法完成转账';
          ROLLBACK;
      }
```

```
ELSE
    {
    WRITE(A);
    READ(B);
    B:=B+500;
    WRITE(B);
    COMMIT;
    }
```

本例中，从账户 A 转账 500 元到账户 B，如果账户 A 的余额不足 500 元，那么转账无法完成，用 ROLLBACK 撤销之前的操作；如果账户 A 的余额大于或等于 500 元，那么转账成功。其中账户 A 的余额不足 500 元，导致无法转账的情况，程序是可以预期并进行处理的。但是还有很多其他错误是不可预期的。

2. 非预期的事务故障

非预期的事务故障是指在事务运行过程中没有预先估计到的错误，而且程序无法自行进行处理。如数据错误（将 3500 输入成 5300）、运算溢出、事务发生死锁而被选中撤销该事务等。一般来讲，事务故障主要是指这种非预期的故障。

事务故障一般不会影响到其他事务，也不会破坏整个数据库，是一种最轻也最常见的故障。

7.1.2　系统故障

系统故障又称软故障，是指造成系统停止运行、不得不重新启动的任何事件。如特定类型的硬件错误（如 CPU 故障）、操作系统故障、DBMS 代码错误、系统断电等。

系统故障会影响正在运行的所有事务，使之非正常终止，内存中数据库缓冲区的信息会全部丢失，但不会破坏数据库。

系统故障发生时，系统中所有事务的状态分为两种。

未完成的事务。发生系统故障时，一些尚未完成的事务被中断，其部分结果已写入物理数据库中，造成了数据库中数据的不一致。

已完成的事务。发生系统故障时，有些已经完成的事务对数据的更改部分或全部留在内存缓冲区中，还没来得及写入物理数据库中。系统故障使得内存缓冲区中的数据全部丢失，这也会造成数据库中数据的不一致。

7.1.3　介质故障

介质故障又称硬故障，是指外存储器故障，导致外存中的数据部分或全部丢失。引起介质故障的原因有磁盘损坏、磁头碰撞或瞬时强磁场干扰等。

　　介质故障将破坏部分或整个数据库，并影响正在存取这部分数据的所有事务。

　　介质故障比前两类故障发生的可能性小得多，一旦发生，其破坏性也最大。

7.1.4　计算机病毒

　　计算机病毒是一种人为的故障或破坏，是恶作剧者研制的一种计算机程序，破坏计算机的软硬件系统。计算机病毒一般可以繁殖和传播，并对计算机系统包括数据库造成不同程度的危害。

　　总结各类故障对数据库的影响有两种可能性：一是数据库本身被破坏；二是数据库没有被破坏，但数据可能不正确，这是由于事务的运行被非正常终止造成的。

7.2　恢复的实现技术

　　数据库恢复的基本原理是基于冗余数据。冗余数据是指在一个数据集合中重复的数据。数据库中任何一部分被破坏的或者不正确的数据都可以利用存储在系统其他地方的冗余数据来重建。

　　数据库的恢复机制涉及两个关键问题，一是如何建立冗余数据，二是如何利用这些冗余数据实施数据库恢复。

　　建立冗余数据最常用的技术是数据转储（Backup）和登记日志文件（Logging）。

7.2.1　数据转储

　　数据转储是指 DBA 定期地将整个数据复制到磁带或另一个磁盘上保存起来的过程，这些备用的数据文本称为后备副本或后援副本。

　　1. 转储的分类

　　根据转储期间是否允许事务运行将转储分为静态转储和动态转储。

　　静态转储是指在系统中无运行事务时进行转储。静态转储期间不允许有任何数据存取活动，因此必须在当前所有事务结束之后才能开始进行数据转储，新的事务必须要等到转储结束之后才能开始，即静态转储开始时数据库处于一致状态。静态转储期间数据库处于停止服务状态。

　　静态转储实现简单，而且转储结束后得到的一定是一个数据一致性的副本。但是由于转储期间不允许有事务运行，系统暂时处于停止服务状态，占用了系统时间，降低了数据库的可用性。

　　动态转储是指转储期间允许对数据库进行存取和修改，即转储和用户事务可以并发执行。动态转储不用等待正在运行的用户事务结束，也不会影响新事务的运行，但是不能保证副本中的数据正确有效。例如，在转储期间某个时刻 T_a，系统把数据 A ＝ 100 转储到磁带上了，而下一时刻 T_b，某一事务将 A 修改为 200，当转储结束后，后备副本上的 A 已是过时的数据了。

　　根据每次转储的数据量的不同，将转储分为海量转储和增量转储。海量转储是指转储整个数据库中的全部数据。增量转储是指只转储上次转储后更新过的数据。

　　海量转储和增量转储都可以在静态和动态下进行，因此，数据转储最终的分类如表 7.1 所示。

表 7.1　数据转储的分类

转储方式	转储状态	
	动态转储	静态转储
海量转储	动态海量转储	静态海量转储
增量转储	动态增量转储	静态增量转储

2. 转储的策略

　　DBA 应定期进行数据转储，制作后备副本。但转储又是十分耗费时间和资源的，不能频繁进行。因此，应该根据数据库使用情况确定适当的转储周期和转储方法。例如，对于银行或者购票系统的数据库，一般是 24 小时服务，数据库不能停止运行，可以每隔一小时进行动态增量转储。对于不常使用的数据库可以每月进行一次静态海量转储。

7.2.2　登记日志文件

1. 日志文件

　　日志文件(Log)是用来记录事务对数据库的更新操作的文件。日志文件主要有两种格式：以记录为单位的日志文件和以数据块为单位的日志文件。

　　(1)以记录为单位的日志文件。

　　以记录为单位的日志文件的主要内容如下。

　　①各个事务的开始标记(BEGIN TRANSACTION)。

　　②各个事务的结束标记(COMMIT 或 ROLLBACK)。

　　③各个事务的所有更新操作。

　　以上每项均作为日志文件中的一个日志记录(Log record)。

　　每个日志记录的主要内容如下。

　　①事务标识(标明是哪个事务)。

　　②操作类型(插入、删除或修改)。

　　③操作对象(记录 ID 等内部标识)。

④更新前数据的旧值(对插入操作而言,此项为空值)。

⑤更新后数据的新值(对删除操作而言,此项为空值)。

(2)以数据块为单位的日志文件。

以数据块为单位的日志文件主要内容如下。

①事务标识(标明是哪个事务)。

②更新前的数据块。

③更新后的数据块。

由于其将更新前的整个数据块和更新后的整个数据块都放入日志文件中,因此操作类型和操作对象等信息就不必放入日志记录中。

2.登记日志文件

为保证数据库是可恢复的,登记日志文件时必须遵循两条原则。

(1)登记的次序严格按照并行事务执行的时间次序。

(2)必须先写日志文件,后写数据库。

写日志文件和写数据库是两个不同的操作。写数据库是把对数据的修改写到数据库中,写日志文件是把修改这个数据的日志记录写到日志文件中。在这两个操作之间可能发生故障,即这两个写操作只完成了一个。如果先写了数据库修改,而在日志文件中没有登记下这个修改,那么以后就无法恢复这个修改了。如果先写日志文件,但是没有修改数据库,按照日志文件恢复时只不过是多执行一次不必要的撤销操作,并不会影响数据库的正确性。所以为了安全,一定要先写日志文件,即首先把日志记录写到日志文件中,然后写数据库的修改。这就是"先写日志文件"的原则。

7.3　恢复策略

数据库系统运行时,发生的故障类型不同,其恢复策略也不完全相同。

7.3.1　事务故障的恢复

事务故障是指事务在运行至正常终止点前被终止,这时恢复子系统可以利用日志文件撤消(UNDO)该事务对数据库的修改。事务故障的恢复由系统自动完成,不需要用户干预,因此对用户是透明的。事务故障恢复的具体步骤如下。

步骤1:反向扫描日志文件(即从最后向前扫描日志文件),查找该事务的更新操作。

步骤2:对该事务的更新操作执行逆操作,即将日志记录中"更新前的值"写入数据库。

①若是插入操作,"更新前的值"为空,则相当于做删除操作。

②若是删除操作，"更新后的值"为空，则相当于做插入操作。

③若是修改操作，则用更新前的值代替更新后的值。

步骤 3：继续反向扫描日志文件，查找该事务的其他更新操作，并做同样处理。

步骤 4：如此处理下去，直至读到此事务的开始标记，事务故障恢复就完成了。

7.3.2　系统故障的恢复

前面提到，系统故障发生时，系统中所有事务的状态分为两种：未完成的事务对数据的部分更新结果已经写入数据库中；已完成的事务对数据的部分或全部更新还没来得及写入数据库中。

恢复时要对这两种状态的事务分别进行处理。

系统故障的恢复是由系统在重新启动时自动完成的，不需要用户干预。

系统故障恢复的具体步骤如下。

步骤 1：正向扫描日志文件(即从头扫描日志文件)，找出故障发生前已经提交的事务(这些事务既有 BEGIN TRANSACTION 记录，也有 COMMIT 记录)，将其事务标识记入重做(REDO)队列。同时找出故障发生时尚未完成的事务(这些事务只有 BEGIN　TRANSACTION 记录)，将其事务标识记入撤销(UNDO)队列。

步骤 2：对撤销队列中的各个事务进行撤销处理。

UNDO 处理的方法是反向扫描日志文件，对每个 UNDO 事务的更新操作执行逆操作，即将日志记录中"更新前的值"写入数据库中。

步骤 3：对重做队列中的各个事务进行重做处理。

REDO 处理的方法是正向扫描日志文件，对每个 REDO 事务重新执行日志文件登记的操作，即将日志记录中"更新后的值"写入数据库中。

7.3.3　介质故障的恢复

发生介质故障时，磁盘上的物理数据和日志文件已经损坏，是最严重的故障，恢复的方法是利用转储的副本重装数据库，然后再用日志文件将其恢复到故障前某一时刻的一致状态。

介质故障的恢复需要 DBA 介入。但是 DBA 只需重装最近转储的数据库副本和有关的日志文件，然后执行系统提供的恢复命令即可，具体的恢复操作仍由DBMS 完成。

介质故障恢复的具体步骤如下。

步骤 1：修复或更换磁盘系统，并重新启动系统。

　　步骤 2：装入最新的数据库后备副本（离故障发生时刻最近的转储副本），使数据库恢复到最近一次转储时的一致状态。

　　若装入的是最新的静态副本，由于静态副本一定是数据一致性的副本，因此，数据库会恢复到该静态副本转储完成时的正确状态，此时不需要日志文件辅助恢复。例如，在图 7.1 中，装完静态副本就能将数据库恢复到 T_b 时刻的一致状态。

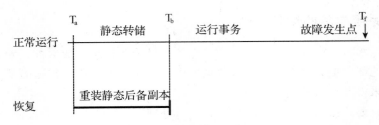

图 7.1　利用静态副本恢复数据库

　　若装入的是最新动态副本，由于动态副本不一定是数据一致性的副本，因此，数据库要想恢复到该动态副本转储完成时的正确状态，还需要同时装入转储开始时刻的日志文件副本，利用恢复系统故障的方法（即 REDO＋UNDO），才能将数据库恢复到转储结束时的一致状态。例如，在图 7.2 中，装完动态副本后，数据库在 T_b 时刻还不能达到一致状态，必须再利用转储期间的日志文件，才能将数据库恢复到 T_b 时刻的一致状态。

图 7.2　利用动态副本恢复数据库

　　步骤 3：装入转储结束时刻开始的系统正常运行时的日志文件副本，重做已完成的事务，使系统恢复到离故障点比较近的一致状态。

　　例如，在图 7.1 和图 7.2 中，当在第二步都达到 T_b 时刻的一致状态后，均可利用转储完成时开始的日志文件将系统恢复到离故障点 T_f 时刻比较近的 T_c 时刻的一致状态，如图 7.3 所示。

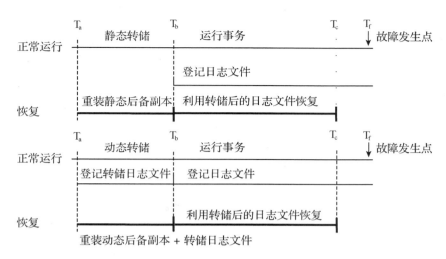

图 7.3　利用转储后的日志文件恢复数据库到离故障点较近的时刻

7.4　具有检查点的恢复技术

利用日志技术进行数据库恢复时，恢复子系统必须搜索整个日志文件，来确定哪些事务需要 REDO，哪些事务需要 UNDO。搜索整个日志文件需要耗费大量的时间，再者，很多需要 REDO 的事务实际上已经将它们的更新操作写入到数据库中了，然后恢复子系统又重新执行了这些操作，浪费了大量时间。为了解决这些问题，出现了具有检查点的恢复技术。

7.4.1　检查点记录

为了在数据库恢复时，减少搜索日志文件的时间，可以在日志文件中增加一类新的记录——检查点(Checkpoint)记录，内容如下。

①建立检查点时刻所有正在执行的事务清单。

②这些事务最近一个日志记录的地址。

同时还要增加一个重新开始文件，记录各个检查点记录在日志文件中的地址，如图 7.4 所示。

带检查点的日志文件需要动态维护，方法是周期性地执行如下操作：建立检查点，保存数据库状态。具体步骤如下。

第一步，将当前日志缓冲区中的所有日志记录写入磁盘的日志文件上。

第二步，在日志文件中写入一个检查点记录。

第三步，将当前数据缓冲区的所有数据记录写入磁盘的数据库中。

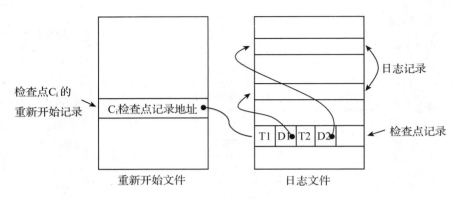

图 7.4 具有检查点的日志文件和重新开始文件

第四步，把检查点记录在日志文件中的地址写入重新开始文件中。

恢复子系统可以定期或不定期地建立检查点保存数据库状态，例如，可以每隔一小时建立一个检查点，或者当日志文件已经写满一半时建立一个检查点。

7.4.2 利用检查点的恢复策略

系统出现故障时，先从重新开始文件中找到最后一个检查点记录在日志文件中的地址，再由该地址在日志文件中找到最后一个检查点记录，然后把事务分成五类分别进行处理，如图 7.5 所示。

事务 T1：检查点之前就已经提交。这类事务对数据的更新已经写入数据库中，因此不需要重做。

事务 T2：检查点之前开始，故障点之前完成。这类事务对数据库的修改仍留在缓冲区，还没有写入物理数据库中，因此需要重做。

事务 T3：检查点之前开始，故障点时还没有完成。这类事务还没有做完，必须要对其执行撤销操作。

事务 T4：检查点之后开始，故障点之前完成。这类事务对数据库的修改仍然留在缓冲区，还没有写入物理数据库中，因此需要重做。

事务 T5：检查点之后开始，故障点时还没有完成。这类事务还没有做完，必须要对其执行撤销操作。

总的来说，所有在检查点前完成的事务都不需要进行任何处理，这节省了大量搜索日志文件的时间；在最后一个检查点和故障点之间已完成的事务，要重做；在故障点发生时还没有完成的事务，要撤销。

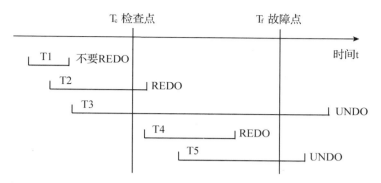

图 7.5　带检查点的日志文件中事务的分类

7.5　数据库镜像

介质故障是系统中最为严重的一种故障，使用备份的副本进行恢复时，需要较多的时间，这期间数据库系统是无法使用的。为了提高数据库系统的可用性，许多数据库管理系统提供了数据库镜像（Mirror）功能。

数据库镜像功能就是在系统正常运行期间，自动把整个数据库（或主数据库）或其中的关键数据复制到另一个磁盘上（镜像数据库）。每当主数据库更新时，DBMS 会自动把更新后的数据复制到镜像数据库中，使镜像数据库始终与主数据库保持一致，如图 7.6(a)所示。

当发生介质故障时，主数据库暂时不能使用，可以使用镜像数据库以保证系统不中断，同时 DBMS 还会利用镜像数据库进行数据库的恢复，不需要关闭和重装数据库副本，如图 7.6(b)所示。当没有故障发生时，镜像数据库还可以用于并发操作，即当一个用户对数据加排它锁修改数据时，其他用户可以读镜像数据库上的数据，而不必等待该用户释放锁。

镜像数据库是由主数据库复制数据而实现的，势必会占用系统时间，耗费系统资源，降低系统运行效率，因此，在实际应用中用户往往选择对关键数据和日志文件镜像，而不是对整个数据库镜像。

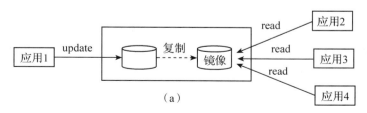

（a）

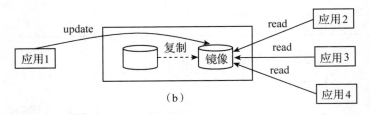

（b）

图 7.6　数据库镜像

7.6　小结

　　本章介绍了数据库故障的种类及其恢复的方法。数据库的恢复是指系统发生故障后，把数据库从错误状态恢复到某一正确状态的功能。登记日志文件和建立后备副本是数据库恢复中常用的技术。

　　数据库在使用过程中可能出现的故障有三类：事务故障、系统故障和介质故障。对事务故障的恢复只需使用日志文件，对日志文件进行一次反向扫描即可解决问题。系统故障的恢复也只需使用日志文件，对日志文件进行正向、反向、正向三次扫描，区别 REDO 和 UNDO 事务并分别进行处理。介质故障的恢复主要使用后备副本，必要时可配合日志文件使用。

习题

一、选择题

1. 关于事务的故障与恢复，下列描述正确的是（　　）。

A. 事务日志用来记录事务执行的频度

B. 采用动态增量的副本恢复数据库时，可以不使用日志文件

C. 采用静态增量的副本恢复数据库时，必须使用日志文件

D. 具有检查点的日志文件可以提高故障恢复的效率

2. 由于输入数据违反完整性约束而导致的故障属于（　　）。

A. 事务故障　　　　B. 系统故障　　　　C. 介质故障　　　　D. 计算机病毒

3. 在事务运行时转储全部数据的转储方式称为（　　）。

A. 静态海量转储　　　　　　　　　B. 静态海量转储

C. 动态海量转储　　　　　　　　　D. 动态增量转储

4. 几乎所有的故障恢复都要用到的重要文件是（　　）。

A. 索引文件　　　　B. 日志文件　　　　C. 数据库文件　　　　D. 备注文件

5. 后备副本的主要用途是（　　）。

A. 安全性控制　　　　B. 数据存储　　　　C. 数据转储　　　　D. 故障恢复

6. 日志文件的内容主要是用于保存(　　　)。

A. 对数据库的更新操作　　　　　　　B. 对数据库的读操作

C. 程序运行的最终结果　　　　　　　D. 程序运行的中间结果

7. 在数据库恢复中，对已经提交但更新还没来得及写入磁盘的事务执行(　　　)。

A. UNDO 处理　　　　　　　　　　　B. REDO 处理

C. ABORT 处理　　　　　　　　　　　D. ROLLBACK 处理

8. 在数据库恢复中，对尚未提交的事务执行(　　　)。

A. UNDO 处理　　　　　　　　　　　B. REDO 处理

C. ABORT 处理　　　　　　　　　　　D. ROLLBACK 处理

9. 为保证数据库是可恢复的、登记日志文件时必须遵循两条原则：登记的次序严格按照并发事务执行的时间次序；(　　　)。

A. 必须先写日志文件，后写数据库

B. 必须先写数据库，后写日志文件

C. 必须保证数据库和日志文件同步操作

D. 日志文件视情况选择性登记

10. 下列关于数据库镜像的描述，不正确的是(　　　)。

A. 在系统正常运行期间，数据库镜像会自动与主数据库保持一致

B. 当发生介质故障时，数据库镜像会及时接替主数据库

C. 数据库镜像只有在主数据库发生故障时才起作用

D. 使用数据库镜像会降低系统运行效率

二、简答题

1. 简述事务故障及其恢复步骤。

2. 简述系统故障及其恢复步骤。

3. 简述介质故障及其恢复步骤。

4. 简述系统故障发生时，系统中的所有事务的两种状态及其解决方法。

第八章 关系规范化理论

一个关系数据库模式由若干个关系模式组成，每个关系模式由若干属性组成。给定一个具体的应用环境，应该如何构造一个适合于它的数据库模式，即应该构造几个关系模式，每个关系模式由哪些属性组成等，这些是数据库设计的最基本的问题。关系规范化理论是指导数据库设计的重要理论依据。

8.1 关系规范化的作用

为了设计一个合理、可靠、简单、正确的关系数据库，形成了关系规范化理论。它是根据现实世界存在的数据依赖进行关系模式的规范化处理，从而得到一个合理的数据库设计模式。规范化理论主要包括两方面内容：一是数据依赖，是核心，主要研究属性之间的依赖关系；二是范式，是关系模式符合某种级别的标准。

8.1.1 问题的提出

什么样的关系模式是一个"好"的关系模式？"不好"的关系模式有哪些问题？下面通过实例来分析。

假设要建立一个学校教务管理数据库，涉及的对象包括学生的学号（Sno）、学生姓名（Sname）、学生所在院系（Sdept）、系主任名（Mname）、课程号（Cno）、课程名称（Cname）和成绩（Score）。如果用一个单一的关系模式 SCD 表示，则该关系模式如下。

SCD（Sno，Sname，Sdept，Mname，Cno，Cname，Score）

根据应用环境的实际情况，有如下的语义规定。

（1）一个系有多名学生，一名学生只能属于一个系。

（2）一个系只有一名系主任，一名系主任只能在一个系任职。

（3）一名学生可以选修多门课程，一门课程可以被多名学生选修。

（4）每个学生选修的每门课程都有一个成绩。

在 SCD 关系模式中填入部分数据，可得到该关系模式的具体的实例，如表8.1所示。

表 8.1　SCD 关系

Sno	Sname	Sdept	Mname	Cno	Cname	Score
S1	赵刚	信工学院	张军	C1	数据库	90
S1	赵刚	信工学院	张军	C2	计算机基础	98
S1	赵刚	信工学院	张军	C3	C_Design	98
S1	赵刚	信工学院	张军	C4	网络数据库	52
S3	李强	工学院	王莉	C1	数据库	85
S3	李强	工学院	王莉	C2	计算机基础	67
S5	齐超	地理学院	刘伟	C2	计算机基础	78
S5	齐超	地理学院	刘伟	C3	C_Design	77

根据语义以及表中的数据，可知 SCD 关系的码是（Sno，Cno）。

SCD 关系存在如下异常。

（1）数据冗余。

数据冗余就是某种信息在关系中重复存储多次。

在 SCD 关系中，学生的学号（Sno）和姓名（Sname）重复存储，其重复的次数等于该生选修的课程门数；课程号（Cno）和课程名称（Cname）重复存储，其重复的次数等于选修该门课程的学生的人数；院系名（Sdept）和系主任（Mname）也重复存储，其重复的次数等于其所有的学生数乘各自选修的课程门数的累积和。

（2）插入异常。

插入异常一般是指该插入的元组插入不进去。

在 SCD 关系中，如果某个学生没有选修课程，那么该学生的信息就插入不进去。因为 Sno 和 Cno 是主属性，主属性不能为空，所以只有学号没有课程号的信息插入不进去。同理，如果某门课程没有被学生选修，该课程信息也插入不进去。如果有新成立的院系，但是该院系没有学生，或是有学生但学生都没有选课，那么该院系的信息也都插入不进去。

（3）删除异常。

删除异常是指不该删除的信息被删除了。

在 SCD 关系中，如果某个学生只选修了一门课程，由于某种原因，该生连这一门课程也不选修了，那么当删除该生的选修记录时，就把该生的信息也删除了。同理，如果某门课程只被一个学生选修，由于某种原因，该生不再选修这门课程了，那么在删除该选修记录的同时把这门课的课程信息也删除了。如果某个院系的学生全部毕业了，当删除该院系的所有学生记录时，把该院系的信息也删除了。

（4）更新异常。

更新异常是指由于更新不完全，导致数据不一致。

在 SCD 关系中，如果更换某院系的系主任，那么该院有多少学生，每个学生选修多少门课程，其累积和数目的记录都要修改，如果漏掉了其中的一条记录，就会出现该院系有两位系主任的情况，和语义不相符，导致数据不一致。

综上所述，SCD 关系不是一个"好"的关系模式。一个"好"的关系模式应当不会发生插入异常、删除异常和更新异常，数据冗余应尽可能少。

8.1.2　问题的原因

关系产生异常是因为它"包罗万象"，包含了大量的属性，导致数据冗余。例如，在 SCD 关系中，院系名称重复存储多少次，系主任名就重复存储多少次。同时，根据应用环境的语义，属性和属性间存在着相互依赖的关系。大量的属性导致关系中存在着错综复杂的数据依赖，其中有一些不好的数据依赖会使关系变得异常。

8.1.3　问题的解决

将一个"不好"的关系模式变成一个"好"的关系模式的方法是利用关系规范化理论，对关系模式进行分解，使每一个关系模式表达的概念单一，属性间的数据依赖关系单纯化，从而消除这些异常。例如，SCD 关系模式可以分解为四种关系模式：Dept（Sdept，Mname）；Student（Sno，Sname，Sdept）；Course（Cno，Cname）；SC（Sno，Cno，Score）。

各关系模式的实例如表 8.2 至表 8.5 所示。

表 8.2　Dept 关系

Sdept	Mname
信工学院	张军
工学院	王莉
地理学院	刘伟

表 8.3　Student 关系

Sno	Sname	Sdept
S1	赵刚	信工学院
S3	李强	工学院
S5	齐超	地理学院

表 8.4　Course 关系

Cno	Cname
C1	数据库
C2	计算机基础
C3	C _ Design
C4	网络数据库

表 8.5　SC 关系

Sno	Cno	Score
S1	C1	90
S1	C2	98
S1	C3	98
S1	C4	52
S3	C1	85
S3	C2	67
S5	C2	78
S5	C3	77

这四个关系都不会发生插入异常、删除异常和更新异常，数据冗余也得到了控制，都是"好"的关系。

8.2　函数依赖

数据依赖是同一关系中属性间的相互依赖和相互制约，是语义的体现。例如，在 SCD 关系中，由"一个系只有一名系主任，一名系主任只在一个系任职"这个语义可知，系主任和系之间是一对一的数据依赖关系，通过系名就可以唯一确定系主任是谁。若知道系主任名字，也就能唯一确定他是哪个系的系主任了。

数据依赖有很多种，主要包括函数依赖（Functional Dependency，FD）、多值依赖（Multivalued Dependency，MVD）和连接依赖（Join Dependency，JD）。其中，函数依赖是最重要的数据依赖，是规范化的基础。

8.2.1　函数依赖的定义

定义 8.1　设 R(U) 是属性集 U 上的关系模式。X，Y 是 U 的子集。若对于 R(U) 的任意一个可能的关系 r，对于 X 的每一个具体的值，Y 都有唯一的值与之对应，则称 X 函数确定 Y 或 Y 函数依赖于 X，记作 X→Y。

X 称为函数依赖的决定因素，Y 称为依赖因素。

例如，在关系模式 SCD 中，对于每个学号 Sno 的值，都有唯一的姓名 Sname 与之相对应，即当知道某个学生的学号，就一定能唯一确定该生的姓名。因此，称 Sno 函数确定 Sname，或者称 Sname 函数依赖 Sno，记作 Sno→Sname。其中 Sno 是决定因素，Sname 是依赖因素。

下面介绍一些术语和记号。

(1)当 Y 不函数依赖于 X 时，记作 X ↛ Y。例如，在关系模式 SCD 中，如果学生姓名允许重名，那么当知道某个学生的姓名时，不一定能唯一确定该生的学号。因此称 Sname 不能函数确定 Sno，记作 Sname ↛ Sno。

(2)当 X→Y，且 Y→X 时，称 X 与 Y 是相互函数确定，或者称 X 与 Y 是等价的，记作 X↔Y。例如，在关系模式 SCD 中，Sdept→Mname，同时，Mname→Sdept，因此 Sdept 和 Mname 是等价的，记作 Sdept↔Mname。

8.2.2　有关函数依赖的几点说明

(1)函数依赖是语义范畴的概念，只能根据数据的语义来确定函数依赖是否成立。

例如，在 SCD 关系中，函数依赖 Sname→Sno 是否成立，与学生姓名是否允许重名有关。若不允许重名，则该函数依赖成立；若允许重名，则该函数依赖不成立。

（2）函数依赖关系的存在与时间无关。

函数依赖是关系中所有的元组都要满足的约束条件，而不是只有某个或某些元组满足就行。另外，关系中元组的增加、删除或者更新后都不能破坏这种函数依赖关系。

（3）函数依赖与属性之间的联系类型有关。

设 U 是关系模式 R 的所有属性的集合，X、Y 是 U 的子集，它们存在如下关联。

①若 X 和 Y 之间是 1∶1 的联系，则存在函数依赖 X→Y、Y→X，即 X↔Y。
②若 X 和 Y 之间是 1∶n 的联系，则存在函数依赖 Y→X。
③若 X 和 Y 之间是 $m∶n$ 的联系，则 X 和 Y 之间不存在任何函数依赖关系。

例如，在 SCD 关系中，Sdept 和 Mname 之间是 1∶1 的联系，则有 Sdept→Mname、Mname→Sdept，即 Sdept↔Mname；Sdept 与 Sno 之间是 1∶n 的联系，则有 Sno→Sdept；Sno 和 Cno 之间是 $m∶n$ 联系，则 Sno 和 Cno 之间不存在函数依赖关系。

8.2.3　函数依赖的分类

（1）非平凡的函数依赖。

当 X→Y，但 Y⊈X 时，称 X→Y 是非平凡的函数依赖。

例如，在关系模式 SCD 中，Sno→Sname 和（Sno，Cno）→Score 等都是非平凡的函数依赖。

（2）平凡的函数依赖。

当 X→Y，但 Y⊆X 时，称 X→Y 是平凡的函数依赖。

例如，在关系模式 SCD 中，（Sno，Cno）→Sno 就是平凡的函数依赖。

对于任意的关系模式，平凡的函数依赖是必然成立的，它不反映新的语义。在以后的使用过程中，若不特别声明，函数依赖都是指非平凡的函数依赖。

（3）完全函数依赖。

如果 X→Y，并且对于 X 的任何一个真子集 X′，都有 X′↛Y，那么称 Y 完全函数依赖于 X，记作 $X \xrightarrow{F} Y$。

例如，在 SCD 中，（Sno，Cno）的真子集有 Sno 和 Cno，并且 Sno ↛ Score，Cno ↛ Score，那么 Score 对（Sno，Cno）就是完全的函数依赖，记作（Sno，Cno）$\xrightarrow{F}$ Score。

（4）部分函数依赖。

如果 X→Y，并且存在 X 的一个真子集 X′，使得 X′→Y 成立，则称 Y 部分函数依赖于 X，记作 $X \xrightarrow{P} Y$。

例如，在 SCD 中，(Sno，Cno)的真子集有 Sno 和 Cno，并且 Sno→Sname，那么 Sname 对(Sno，Cno)就是部分的函数依赖，记作(Sno，Cno)$\xrightarrow{P}$Sname。

(5)传递函数依赖。

假设 X、Y 和 Z 是三个不同的属性集，如果 X→Y，Y⊈X 且 Y ↛ X，Y→Z，那么称 Z 传递函数依赖于 X，记作 X$\xrightarrow{T}$Z。

例如，在 SCD 中，Sno→Sdept，Sdept→Mname，则 Mname 传递函数依赖于 Sno，记作 Sno$\xrightarrow{T}$Mname。

8.2.4 函数依赖的推理规则

1974 年，阿姆斯特朗(W. W. Armstrong)提出了一套推理规则，可以由已有的函数依赖推导出新的函数依赖。

1. Armstrong 公理系统。

设 X、Y 和 Z 是 R(U)上的属性集，Armstrong 公理系统有三条基本公理。

(1)A1(自反性)：如果 Y⊆X⊆U，那么 X→Y。

(2)A2(增广性)：如果 X→Y 且 Z⊆U，那么 XZ→YZ。

(3)A3(传递性)：如果 X→Y 且 Y→Z，那么 X→Z。

2. Armstrong 公理系统的推论。

(1)B1(合并性)：如果 X→Y 且 X→Z，那么 X→YZ。

(2)B2(分解性)：如果 X→YZ，那么 X→Y 且 X→Z。

(3)B3(结合性)：如果 X→Y 且 W→Z，那么 XW→YZ。

(4)B4(伪传递性)：如果 X→Y 且 WY→Z，那么 XW→Z。

8.3 候选码和最小(或极小)函数依赖集

8.3.1 候选码

在第三章中已经给出了候选码的定义，现在用函数依赖的概念来定义候选码。

定义 8.2 设 K 是 R(U)中的属性或属性的组合，若 K$\xrightarrow{F}$U，则 K 为 R 的候选码。

例如，在 SCD 分解的各个关系(如表 8.2 至表 8.5 所示)中，Sdept$\xrightarrow{F}$(Sdept，Mname)，Mname$\xrightarrow{F}$(Sdept，Mname)，因此，Sdept 和 Mname 都是关系 Dept 的候选码；Sno$\xrightarrow{F}$(Sno，Sname，Sdept)，因此，Sno 是关系

Student 的候选码；Cno $\xrightarrow{F}$ （Cno，Cname），因此，Cno 是关系 Course 的候选码；（Sno，Cno）$\xrightarrow{F}$ Score，因此，（Sno，Cno）是关系 SC 的候选码。

如果 U 部分依赖于 K，即 K $\xrightarrow{P}$ U，则称 K 为超码（SurpKey）。

8.3.2　极小（或最小）函数依赖集

一个关系模式的所有函数依赖的集合称为该关系模式的函数依赖集，用 F 表示。若函数依赖集中的一个函数依赖可以由该集合中的其他函数依赖推导出来，则称该函数依赖在其函数依赖集中是冗余的。数据库的实现是基于无冗余的函数依赖集的，即极小（或最小）函数依赖集，用 F_{min} 表示。

定义 8.3　如果函数依赖集 F 满足下列条件，那么称 F 是一个极小（或最小）函数依赖集。

（1）F 中每个函数依赖的右边仅有一个属性。

（2）F 中不存在这样的函数依赖 X→Y，使得 F 与 F－{X→Y}等价。

（3）F 中不存在这样的函数依赖 X→Y，X 有真子集 X′，使得 F－{X→Y}∪{X′→Y}与 F 等价。

极小（或最小）函数依赖集的算法实现过程如下。

（1）对于 F 中每个函数依赖 X→Y，若 Y＝Y_1，Y_2，…，Y_n，则通过 B2 分解性规则，用 X→Y_i（i＝1，2，…，n）取代 X→Y。

（2）从 F 中删除传递依赖的结果，保留传递依赖的过程。

（3）从 F 中删除部分依赖。

【例 1】设 F 是关系模式 R（A，B，C）的函数依赖集，且 F＝{A→BC，B→C，A→B，AB→C}，求 R 的极小函数依赖集和候选码。

解答：

1. 求极小函数依赖集

（1）将 F 中每个函数依赖写成右边是单属性形式，得：

F＝{A→B，A→C，B→C，A→B，AB→C}，

删除一个多余的 A→B，得：

F＝{A→B，A→C，B→C，AB→C}。

（2）从 F 中删除传递依赖的结果。

因为 F 中有 A→B 和 B→C，所以 A→C 是传递依赖的结果，是冗余的，删去，得：

F＝{A→B，B→C，AB→C}。

（3）从 F 中删除部分依赖。

因为 F 中有 B→C，所以 AB→C 是部分依赖，是冗余的，删去，得：

F＝{A→B，B→C}。

至此，F 中已没有冗余的函数依赖，因此极小函数依赖集 F_{min}＝{A→B，B→C}。

2. 求候选码

在极小函数依赖集 F_{min} 中，由 A→B 和 B→C 可以推导出 A→C，因此 A→BC，且这是一个完全的函数依赖，即 A $\xrightarrow{F}$ BC，因此 A 是 R 的候选码。

【例2】关系模式 R(A，B，C，D，E)的函数依赖集 F＝{B→A，D→A，A→E，AC→B}，求 R 的候选码。

解答：

由 D→A 可得 CD→AC； ①

由①和 AC→B 可得 CD→B； ②

由 B→A 和 A→E 可得 B→E； ③

由②③可得 CD→E； ④

由①②④可得 CD $\xrightarrow{F}$ ABCDE，因此 CD 是 R 的候选码。

应当指出，F 的极小函数依赖集 F_{min} 是不唯一的，它与各个函数依赖的处置顺序有关。

【例3】关系模式 R(A，B，C)的函数依赖集 F＝{A→B，B→A，B→C，A→C，C→A}，求 R 的极小函数依赖集。

解法一：

由 A→B 和 B→C 可知 A→C 是冗余的，删去，得：

$$F＝\{A→B，B→A，B→C，C→A\}。$$

由 B→C 和 C→A 可知 B→A 是冗余的，删去，得：

$$F＝\{A→B，B→C，C→A\}。$$

至此，F 中已没有冗余的函数依赖，因此极小函数依赖集 F_{min1}＝{A→B，B→C，C→A}。

解法二：

由 B→A 和 A→C 可知 B→C 是冗余的，删去，得：

$$F＝\{A→B，B→A，A→C，C→A\}。$$

至此，F 中已没有冗余的函数依赖，因此极小函数依赖集 F_{min2}＝{A→B，B→A，A→C，C→A}。

8.4 关系的规范化

8.4.1 范式及规范化

关系数据库中的关系要满足一定的要求，才能称得上是"好"的关系，这个要求的标准就是范式，将"不好"的关系转换为"好"的关系的过程称为关系的规范化。

1. 范式

范式(Normal Form，NF)是符合某一种级别的关系模式的集合，是衡量关系模式规范化程度的标准。满足最低级别要求的是第一范式(简写为 1NF)。在 1NF 中满足进一步要求的为第二范式(简写为 2NF)，其余的以此类推。

范式有六个标准，从低到高依次为 1NF、2NF、3NF、BCNF、4NF 和 5NF。其中 1NF、2NF 和 3NF 是由科德(E. F. Codd)于 1971 年—1972 年提出的概念。1974 年，科德和博伊斯(Boyce)又共同提出了 BCNF 的概念。1976 年，费金(Fagin)提出了 4NF，后来又有人提出了 5NF。

通常把一个关系模式 R 符合第 n 范式的标准要求记为 R∈nNF。各范式之间的关系如下。

5NF⊂4NF⊂BCNF⊂3NF⊂2NF⊂1NF，如图 8.1 所示。

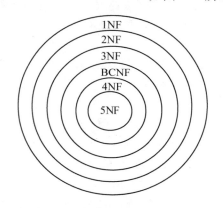

图 8.1　各范式之间的关系图

2. 规范化

一个关系模式符合的范式级别越低，就越容易出现异常现象。因此，需要将有异常且符合低级别范式的关系模式通过模式分解的方法转换为若干个符合高一级别范式的关系模式的集合，以消除异常，这个过程称为关系模式的规范化(Normalization)。

关系规范化的基本思想是逐步消除数据依赖中不合适的部分，使各个关系达到某种程度的"分离"，即"一事一地"的模式设计原则。让一个关系只描述一个概念、一个实体或者实体间的一种联系。若多于一个概念就把它"分离"出去。因此，所谓规范化实质上是概念的单一化。

8.4.2　第一范式

定义 8.4　如果关系模式 R 中的每个属性值都是不可分的原子值，那么称 R 属于第一范式，记作 R∈1NF。

第一范式是关系模式所应满足的最低条件，一般来讲，每一个关系模式都必须满足第一范式。但是关系模式如果仅仅满足第一范式是不够的，仍可能会出现数据冗余、插入异常、删除异常和更新异常等问题。

【例 1】分析关系模式 SCD（Sno，Sname，Sdept，Mname，Cno，Cname，Score）。

解答：

SCD 中每个属性都是不可再分的单属性，根据 1NF 的定义可知，SCD∈1NF。

SCD 的码是（Sno，Cno），函数依赖有 Sno→Sname，Sno→Sdept，Sdept→Mname，Mname→Sdept，Cno→Cname，（Sno，Cno）→Score，（Sno，Cno）$\xrightarrow{P}$ Sname，（Sno，Cno）$\xrightarrow{P}$ Sdept，（Sno，Cno）$\xrightarrow{P}$ Cname。

函数依赖图如图 8.2 所示。

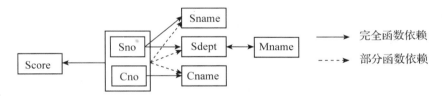

图 8.2　SCD 关系模式的函数依赖图

SCD 中，存在完全函数依赖，也存在传递函数依赖和部分函数依赖，其中有不合适的函数依赖存在，才导致 SCD 关系有数据冗余、插入异常、删除异常和更新异常等问题（详见 8.1.1 中的描述），因此要对其进行模式分解，消除异常，使它符合更高级别范式的要求。

8.4.3　第二范式

定义 8.5　如果关系模式 R∈1NF，且每个非主属性都完全函数依赖于 R 的任一候选码，那么 R∈2NF。

由定义可知，2NF 的实质是不存在非主属性对码的部分依赖，因此 1NF 向 2NF 的转换就是消除 1NF 中所有的非主属性对码的部分依赖。

下面介绍有关 2NF 的两个推论。

2NF 的推论 1：若 R∈1NF，且 R 的码是单属性，则 R∈2NF。

证明：若 R 的码 K 是单属性，则 K 没有真子集，其他的属性对 K 都是完全函数依赖，不可能存在部分依赖，因此，R∈2NF。

2NF 的推论 2：若 R 是二目关系，则 R∈2NF。

证明：假设 R(A，B)是二目关系，R 的码有四种情况。

①若 A 是码，则 R 的码是单属性，根据推论 1，R∈2NF。

②若 B 是码，则 R 的码是单属性，根据推论 1，R∈2NF。

③若 A 和 B 都是码，则 R 的所有码都是单属性，根据推论 1，R∈2NF。

④若(A，B)是码，则 R 中没有非主属性，也就没有非主属性对码的部分依赖，因此 R∈2NF。

【例 2】将满足 1NF 的关系模式 SCD(Sno，Sname，Sdept，Mname，Cno，Cname，Score)分解为 2NF。

解答：

SCD 中的非主属性有 Score、Sname、Sdept、Mname 和 Cname。由图 8.2 所示的函数依赖图可以看出，只有非主属性 Score 是完全依赖于码(Sno，Cno)的，其他的非属性都是部分依赖于码的，因此 SCD∉2NF。

在函数依赖图中断开所有非主属性对码的部分依赖，如图 8.3 所示，可将 SCD 为解为三个关系模式：SC(Sno，Cno，Score)；Student(Sno，Sname，Sdept，Mname)；Course(Cno，Cname)。

注意分解时，分开的两部分要有相同的属性，以确保以后能进行连接操作。

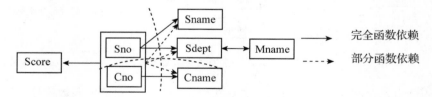

图 8.3　SCD 关系模式的函数依赖分解图

SC 的函数依赖图如图 8.4(a)所示，其码是(Sno，Cno)，只有一个非主属性 Score，而且(Sno，Cno)$\xrightarrow{F}$Score，因此 SC∈2NF。

Student 的函数依赖图如图 8.4(b)所示，其码是 Sno，非主属性有 Sname、Sdept 和 Mname，而且 Sno$\xrightarrow{F}$Sname、Sno$\xrightarrow{F}$Sdept、Sno$\xrightarrow{F}$Mname，因此 Student∈2NF。

Course 的函数依赖图如图 8.4(c)所示，其码是 Cno，只有一个非主属性 Cname，而且 Cno$\xrightarrow{F}$Cname，因此 Course∈2NF。

综上可知，将 SCD 关系模式分解成了三个属于 2NF 的关系模式 Student、SC 和 Course，SCD 关系模式中的异常得到了部分解决。

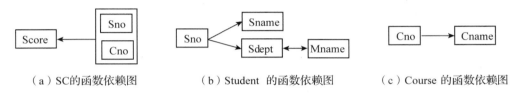

（a）SC的函数依赖图　　　　（b）Student 的函数依赖图　　　　（c）Course 的函数依赖图

图 8.4　各关系模式的函数依赖图

1. 数据冗余减少了。学号 Sno 和姓名 Sname 在 Student 中不再重复存储，课程号 Cno 和课程名称 Cname 在 Coruse 中也不再重复存储。

2. 插入异常得到了部分解决。若新来的学生没有选课，可将该学生的信息插入到 Student 中；若开设的某门课程没有人选，也可以先将课程信息插入到 Course 中。

3. 删除异常得到了部分解决。若要删除仅选修一门课程的某学生的选课信息，在 SC 中删除即可，学生信息还留在 Student 中；当删除仅有一位学生选修某门课程的选课信息时，在 SC 中删除即可，课程信息还留在 Course 中。

4. 更新异常得到了部分解决。若更换某院系的系主任，则该院有多少学生，更换多少次即可，更新次数减少了。

但是关系模式 SCD 还存在以下异常。

数据冗余。院系名 Sdept 和系主任 Mname 在 Student 中仍然重复存储，其重复的次数等于该院系学生总人数。

插入异常。新成立的院系如果没有学生，那么该院系的信息仍然无法插入。

删除异常。如果某个院系的学生全部毕业了，当删除该院系的所有学生记录时，该院系的信息仍然会被删除。

更新异常。当更换某院系的系主任时，如果漏掉了其中的一条记录，就会出现该院系有两位系主任的情况，和语义不相符，导致数据不一致。

因此，还需要对 SCD 关系模式进一步分解，消除异常，使之符合更高一级别的范式要求。

8.4.4　第三范式

定义 8.6　如果关系模式 R∈2NF，且每个非主属性都不传递依赖于 R 的任一候选码，那么 R∈3NF。

由定义可知，若 R∈3NF，则 R∈2NF，同时 R∈1NF。即若 R∈3NF，则每个非主属性既不部分依赖于码，也不传递依赖于码。但是当 R∈2NF 时，R 不一定属于 3NF。

3NF 的推论：若 R 是二目关系，则 R∈3NF。

证明：假设 R(A，B)是二目关系，R 中只有两个属性，无法形成任何形式的传递依赖，因此 R∈3NF。

【例 3】将例 2 中的关系模式 SCD 进一步分解为 3NF。

解答：

在例 2 中，SCD 被分解成了三个属于 2NF 的关系 SC、Student 和 Course，其中，

SC 只有一个非主属性 Score，而且 Score 是完全直接函数依赖于码（Sno，Cno）的，不是传递依赖，因此 SC∈3NF。

Course 只有一个非主属性 Cname，而且 Cname 是完全直接函数依赖于码 Cno 的，不是传递依赖，因此 Course∈3NF。

Student 的非主属性有 Sname、Sdept 和 Mname，由 Sno→Sdept 和 Sdept→Mname 可推导出 Sno $\xrightarrow{T}$ Mname，即存在非主属性 Mname 对码 Sno 的传递依赖，因此 Student∉3NF，只需要对 Student 进行分解，使之达到 3NF 即可。

在 Student 的函数依赖图中断开所有非主属性对码的传递依赖，如图 8.5 所示，可将 Student 分解为两个关系模式：Student（Sno，Sname，Sdept）；Dept（Sdept，Mname）。

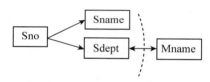

图 8.5　Student 关系模式的函数依赖分解图

分解后的 Student 关系的码是 Sno，其函数依赖图如图 8.6（a）所示，只有两个非主属性 Sname 和 Sdept，而且对码都是直接函数依赖而不是传递依赖，因此 Student∈3NF。

Dept 关系的码是 Sdept 和 Mname，其函数依赖图如图 8.6（b）所示，没有非主属性，也就不存在非主属性对码的传递依赖，因此 Dept∈3NF。

（a）Student 的函数依赖图　　（b）Dept 的函数依赖图

图 8.6　各关系模式的函数依赖图

至此，将 SCD 分解成了四个符合 3NF 的关系模式，分别如下。

SC（Sno，Cno，Score）。

Course（Cno，Cname）。

Student(Sno，Sname，Sdept)。

Dept(Sdept，Mname)。

此时，SCD 中存在的异常全部消除了，例如，

①不必要的数据冗余全部消除了。院系名 Sdept 和系主任 Mname 在 Dept 中不再重复。

②插入异常消除了。新成立的院系如果没有学生，那么该院系的信息插入到 Dept 中即可。

③删除异常消除了。如果某个院系的学生全部毕业了，只在 Student 中删除该院系的所有学生记录，该院系的信息依然保留在 Dept 中。

④更新异常消除了。当更换某院系的系主任时，只在 Dept 中更新其中的一条记录即可，不会导致数据不一致。

SCD 规范到了 3NF 后，已经实现了彻底分离，达到了"一事一地"的概念单一化原则要求。一般的数据库设计达到 3NF 就可以了，但是这个结论只适用于仅有一个候选码的关系，而有多个候选码的 3NF 关系仍可能产生异常，需要进一步分解，消除异常，使之符合更高一级别的范式要求。

8.4.5　Boycc-Codd 范式(BCNF)

定义 8.7　如果关系模式 R∈1NF，且对于 R 中的每个函数依赖 X→Y，X 必为候选码，那么 R∈BCNF。

由 BCNF 的定义可知，每个 BCNF 的关系模式都具有如下三个性质。

①所有非主属性都完全函数依赖于每个候选码。

②所有主属性都完全函数依赖于每个不包含它的候选码。

③没有任何属性完全函数依赖于非码的任何一组属性。

当 R∈BCNF 时，已经不存在任何属性(主属性或非主属性)对码的部分函数依赖和传递依赖，所以 R∈3NF。但是若 R∈3NF，则 R 未必属于 BCNF。

BCNF 的推论 1：若 R 是二目关系，则 R∈BCNF。

证明：假设 R(A，B)是二目关系，R 的码有四种情况。

①若 A 是码，则 R 的码是单属性，只存在一个直接的完全函数依赖 A→B，且 A 是码，因此 R∈BCNF。

②若 B 是码，则 R 的码是单属性，只存在一个直接的完全函数依赖 B→A，且 B 是码，因此 R∈BCNF。

③若 A 和 B 都是码，则存在两个直接的完全函数依赖 A→B 和 B→A，且 A 和 B 都是码，因此 R∈BCNF。

④若(A，B)是码，则 R 中没有任何的函数依赖，因此 R∈BCNF。

BCNF 的推论 2：若 R 的码是全码，则 R∈BCNF。

证明：若 R 的码是全码，则 R 中没有任何的函数依赖，因此 R∈BCNF。

注意：R 的码是全码能推导出 R 的属性全都是主属性，但 R 的属性全都是主属性不一定能推导出 R 的码是全码。

【例 4】考查符合 BCNF 的关系模式 SJP。

在 SJP(S，J，P)中，S 表示学生的学号，J 表示课程的课程号，P 表示某个学生在某门课程中的名次。如果有如下的语义规定。

(1)每个学生选修每门课程的成绩只有一个名次。

(2)每门课程中每一个名次只有一个学生(即没有并列名次)。

由该语义可得如下的函数依赖。

(S，J)→P；(J，P)→S。

关系 SJP 的码是(S，J)和(J，P)，在这些函数依赖中，决定因素都是码，因此 SPJ∈BCNF。

【例 5】考查符合 3NF 但不符合 BCNF 的关系模式 STJ。

在 STJ(S，T，J)中，S 表示学生的学号，T 表示教师的教师号，J 表示课程的课程号。如果有如下的语义规定。

(1)每位教师只讲授一门课程，每门课程由若干教师讲授。

(2)每个学生选定一门课程，就对应一个固定的教师。

(3)每个学生选定某一位教师，就选定了该教师的课程。

由该语义可得如下的函数依赖。

T→J；(S，J)→T；(S，T)→J。

STJ 的函数依赖图如图 8.7 所示。

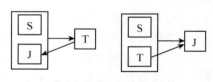

STJ 的候选码是(S，J)和(S，T)，STJ 中的所有属性都是主属性，不会存在非主属性对码的传递依赖，因此 STJ∈3NF。但是在 STJ 的函数依赖中，有一个函数依赖 T→J 的决定因素 T 不是码，因此 STJ∉BCNF。STJ 关系存在如下异常。

图 8.7　STJ 关系模式的函数依赖图

(1)数据冗余。一位教师只讲授一门课，如果某一教师信息重复存储 n 次，那么该教师所讲授的课程信息也重复存储 n 次。

(2)插入异常。学生没有选课或教师开课没人选，都不能插入相应的记录。

(3)删除异常。选修某门课的学生全毕业了，删除学生信息的同时，连教师开这门课的信息也删除了。

(4)更新异常。教师开课名称修改后，所有选修该课的学生信息都要进行相应的修改。如果漏掉了其中的一条记录，就会出现该教师讲授两门课的情况，和语义不相符，导致数据不一致。

STJ 出现异常的原因是存在一个主属性 J 依赖于非码的一个主属性 T，在 STJ 的函数依赖图中断开这个函数依赖，如图 8.8 所示，将 STJ 分解为两个关系模式：ST(S，T)；TJ(T，J)。

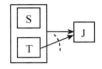

图 8.8　STJ 关系模式的函数依赖分解图

ST 关系的码是全码，其函数依赖图如图 8.9(a)所示，没有任何函数依赖，因此，ST∈BCNF。

TJ 关系的码是 T，其函数依赖图如图 8.9(b)所示，只有一个函数依赖 T→J 且决定因素 T 是码，因此 TJ∈BCNF。

（a）ST 的函数依赖图　　　　　（b）TJ 的函数依赖图

图 8.9　各关系模式的函数依赖图

此时，STJ 中存在的异常全部消除，例如，

(1)数据冗余消除了。在 TJ 中，教师号 T 是码，不重复，因此该教师所讲授的课程 J 也不重复了。

(2)插入异常消除了。学生没选课时，可以将学生及学生跟随的教师信息插入到 ST 中；教师开课没人选时，可以将教师开课的信息插入 TJ 中。

(3)删除异常消除了。选修某门课的学生全毕业了，删除学生信息只在 ST 中删除即可，该教师开这门课的信息仍然在 TJ 中。

(4)更新异常消除了。修改教师开课名称时，只在 TJ 中修改一条记录即可。

一个模式中的所有关系模式如果都属于 BCNF，那么在函数依赖范畴内，它已实现了彻底的分离，消除了各种异常。

在函数依赖范畴内，判断一个关系模式 R 属于第几范式的步骤如下。

(1)先确定关系 R 的所有候选码。

(2)写出 R 的极小函数依赖集。

(3)根据各范式的判断准则来判断 R 属于第几范式。

【例 6】综合练习，判断给出的关系模式属于第几范式。

设有关系模式 R(职工编号，日期，日营业额，部门名，部门经理)，该模式统计商店里每个职工的日营业额，以及职工所在的部门和部门经理信息。

如果规定：每个职工每天只有一个营业额；每个职工只在一个部门工作；每个部门只有一个经理。

试回答下列问题。

(1)写出模式 R 的码和基本函数依赖。

(2)R 是 2NF 吗？若不是，将 R 分解成 2NF 模式集。

(3)将上一问中的 2NF 分解成 3NF 模式集。

解答：

(1)R 的码是(职工编号，日期)。

R 的极小函数依赖集是{(职工编号，日期)→日营业额，职工编号→部门名，部门名→部门经理}。

(2)R 中存在这样一个函数依赖。

职工编号→部门名，那么非主属性"部门名"对码(职工编号，日期)就是部分依赖，即，

(职工编号，日期)$\xrightarrow{P}$部门名，因此 R$\notin$2NF。

可将 R 分解成下面的两个关系模式：R1(职工编号，日期，日营业额)；R2(职工编号，部门名，部门经理)。

R1 的码是(职工编号，日期)，只有一个非主属性"日营业额"完全依赖于码，因此 R1$\in$2NF。

R2 的码是"职工编号"，是单属性，根据 2NF 的推论 1 可知 R2$\in$2NF。

(3)R1 中，唯一的一个非主属性"日营业额"直接依赖于码，因此 R1$\in$3NF。

在 R2 中，存在这样两个函数依赖：职工编号→部门名和部门名→部门经理，即存在非主属性"部门经理"对码的传递依赖，因此 R2$\notin$3NF。

可将 R2 分解成下面的两个关系模式：R21(职工编号，部门名)；R22(部门名，部门经理)。

R21 和 R22 都是二目关系，因此都是 3NF 模式。

至此，R 被分解为一个 3NF 模式集{R1，R21，R22}。

8.5 多值依赖与 4NF

函数依赖表示的是属性间的一对一的联系问题。一个关系模式在函数依赖范畴内，达到 BCNF 就相当完美了，但如果属于 BCNF 的关系模式还有异常，那么就要在多值依赖范畴内讨论属性间的一对多联系，即多值依赖问题，并对其进行规范化至 4NF。

8.5.1 多值依赖

【例 1】考查关系模式 Teach(C，T，B)。

在关系模式 Teach(C，T，B)中，C 表示课程名，T 表示任课教师名，B 表示参考书名。有如下的语义规定。

(1)每门课程由多位教师讲授，他们使用相同的一套参考书。

(2)每位教师可以讲授多门课程，每种参考书可供多门课程使用。

其中课程 C 与教师 T、参考书 B 之间都是 1：n 联系，并且这两个联系是独立的，如表 8.6 所示，用非规范化的关系表示这种联系。

表 8.6　非规范化的 Teach 关系

课程名 C	教师名 T	参考书 B
物理	李勇 王军	普通物理学 光学原理 物理习题集
数学	李勇 张平	数学分析 微分方程 高等代数
计算数学	张平 周峰	数学分析 … …
…	…	…

规范化的 Teach 关系模式的部分数据如表 8.7 所示。

表 8.7　规范化的 Teach 关系

课程名 C	教师名 T	参考书 B
物理	李勇	普通物理学
物理	李勇	光学原理
物理	李勇	物理习题集
物理	王军	普通物理学
物理	王军	光学原理
物理	王军	物理习题集
数学	李勇	数学分析
数学	李勇	微分方程
数学	李勇	高等代数
数学	张平	数学分析
数学	张平	微分方程
数学	张平	高等代数
…	…	…

Teach 关系的码是全码，根据 BCNF 的推论，Teach∈BCNF，已达到函数依赖范畴内的最高范式要求，但 Teach 关系还存在以下异常。

（1）数据冗余。课程信息、教师信息和参考书信息都被重复存储多次，尤其是课程信息和教师信息。

（2）插入操作复杂。当某一门课程增加一名任课教师时，该课程有多少本参考书，就必须插入多少个元组。

例如，为物理课增加一名教师"刘关"，需要插入三个元组。

（物理，刘关，普通物理学）。

（物理，刘关，光学原理）。

（物理，刘关，物理习题集）。

（3）删除操作复杂。某一门课程要去掉一本参考书，该课程有多少名教师讲授，就必须删除多少个元组。

例如，为物理课程删除一本参考书"光学原理"，则需要删除三个元组。

（物理，李勇，光学原理）。

（物理，王军，光学原理）。

（物理，刘关，光学原理）。

（4）修改操作复杂。某一门课程要修改一本参考书，该课程有多少名教师讲授，就必须修改多少个元组。

Teach 关系存在异常的原因是课程 C 与教师 T、参考书 B 之间存在着独立的一对多联系，即教师 T、参考书 B 之间彼此独立，没有关系，它们都取决于课程 C，这是多值依赖存在的表现。

定义 8.8　设 R(U) 是属性集 U 上的一个关系模式。X、Y 和 Z 是 U 的子集，并且 Z＝U－X－Y。关系模式 R(U) 中多值依赖 X→→Y 成立，当且仅当对 R(U) 的任一关系 r，给定一对 (X, Z) 值，有一组 Y 值与之相对应，这组值仅仅决定于 X 的值而与 Z 的值无关。

在例 1 的 Teach 关系中，存在着两个多值依赖。

｛C→→T，C→→B ｝。

对于 C→→T，给定一对 (C, B) 的值，有一组 T 的值与之相对应，这组值决定于 C 的值而与 B 的值无关。例如，一对（物理，普通物理学）值，对应一组（李勇，王军）值，这组值仅决定于课程名"物理"，只要课程名是"物理"，讲授这门课的教师就一定是"李勇"和"王军"，与使用什么参考书无关，因为每位讲授"物理"课的教师都要使用这一套的三本参考书。同理，一对（物理，光学原理）值和一对（物理，物理习题集）值都对应这组（李勇，王军）值。但如果将课程名由"物理"换成"数学"，给定一对（数学，数学分析）值，对应的一组值就换成了（李勇，张平），而不再是（李勇，王军）。同理，一对（数学，微分方程）值和一对（数学，高等代数）值都对应这组（李勇，张平）值。

请自行给出 C→→B 的含义。

如果 X→→Y，且 Z＝U－X－Y＝∅，则称 X→→Y 为平凡的多值依赖；若 Z≠∅，则称 X→→Y 为非平凡的多值依赖。例如，Teach 关系中的两个多值依赖都是非平凡的多值依赖。

多值依赖具有以下性质。

（1）对称性。若 X→→Y 成立，则 X→→Z 也成立，其中 Z＝U－X－Y。

多值依赖的对称性可以由完全二分图直观地表示出来，如图 8.10 所示。

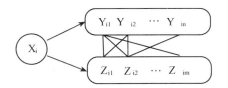

图 8.10　多值依赖的完全二分图

例如，Teach 关系中的多值依赖二分图如图 8.11 所示。

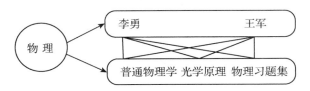

图 8.11　Teach 关系的多值依赖的完全二分图

（2）传递性。若 X→→Y，Y→→Z，则 X→→Z－Y。

（3）合并性。若 X→→Y，X→→Z，则 X→→YZ。

（4）分解性。若 X→→Y，X→→Z，则 X→→Y$\bigcap$Z，X→→Y－Z，X→→Z－Y。

多值依赖与函数依赖的区别有两点。

（1）函数依赖 X→Y 成立，表示一个 X 值对应唯一的一个 Y 值，这只与 X 和 Y 两个属性有关，与其他属性无关。

而多值依赖 X→→Y 成立，表示一个 X 值对应多个 Y 值，这不仅与 X 和 Y 两个属性有关，还与其他属性 Z 有关。

（2）函数依赖 X→Y 的有效性仅决定于 X 和 Y 两个属性的值，和范围无关，即在任何属性集 W(XY⊆W⊆U)上都成立。

而多值依赖 X→→Y 在 U 上成立，则在 W(XY⊆W⊆U)上一定成立；在 W(W⊂U)上成立，在 U 上不一定成立。

8.5.2　第四范式

定义 8.9　关系模式 R∈1NF，若 R 的每个多值依赖 X→→Y 都是平凡的多值依赖，则称关系模式 R∈4NF。

由第四范式的定义可知，在符合 4NF 的关系模式中，可以有函数依赖，也可以有平凡的多值依赖，但就是不可以有非平凡的多值依赖。因此，从 BCNF 向 4NF 转换时消除的就是非平凡的多值依赖。

【例 2】将关系模式 Teach(C，T，B)规范化到 4NF。

解答：

关系模式 Teach(C，T，B)中存在两个非平凡的多值依赖。

{C→→T，C→→B}。

根据 4NF 的定义，消除这两个非平凡的多值依赖，将 Teach 分解为如下两个 4NF 关系模式：CT(C，T)；CB(C，B)。

CT 和 CB 是二目关系，在 CT 中依然存在多值依赖 C→→T，但这是平凡的多值依赖；在 CB 中也存在多值依赖 C→→B，但这也是平凡的多值依赖。因此 CT∈4NF，CB∈4NF。

4NF 推论：若 R 是二目关系，则 R∈4NF。

函数依赖和多值依赖是两种最重要的数据依赖。若只考虑函数依赖，则属于 BCNF 的关系模式规范化程度已经是最高的了。若考虑多值依赖，则属于 4NF 的关系模式规范化程度是最高的。除了函数依赖和多值依赖外，还有一种连接依赖，它是在关系的连接运算时反映出来的一种数据依赖。存在连接依赖的关系模式仍可能会有数据冗余、插入异常、删除异常和更新异常等问题。如果消除了属于 4NF 的关系模式中存在的连接依赖，就可以使关系模式进一步达到 5NF。这里不再讨论连接依赖和 5NF，有兴趣的读者可以参考相关资料。

8.6 规范化小结

在关系数据库中，对关系的基本要求是满足第一范式。但是，规范化程度较低的关系模式往往存在数据冗余、插入异常、删除异常和更新异常等问题，为了解决这些问题，就需要对其进行规范化，使之达到更高级别的范式要求。

规范化的目的就是使关系模式结构合理，消除各种异常。

规范化的基本思想就是逐步消除数据依赖中不合适的部分，使模式中的各关系模式达到某种程度的"分离"，即"一事一地"的模式设计原则。让一个关系描述一个概念、一个实体或者实体间的一种联系，若多于一个概念就把它"分离"出去。因此，所谓规范化实质上是概念的单一化。

关系模式规范化过程如图 8.12 所示。

需要强调的是，并不是规范化程度越高的关系模式就越好。规范化只是理论上改善关系模式的方法，但在实际数据库设计的过程中，必须对现实世界的实际情况和用户的应用需求做进一步分析，确定一个合适的、能反映现实世界的模式，也就是说上面的规范化过程可以在任何一步终止。

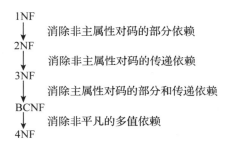

图 8.12 关系模式规范化过程

8.7 小结

本章介绍了设计"好"的数据库所需要的理论指导，即关系的规范化。一个"不好"的关系可能会包含数据冗余、插入异常、删除异常和更新异常等问题，产生问题的根本原因是关系的属性间有"不好"的依赖关系存在。为了去掉属性间的这些"不好"的依赖关系，必须对关系模式进行分解。

判断一个关系"好"与"不好"的准则称为范式，范式一共有六种，分别是1NF、2NF、3NF、BCNF、4NF 和 5NF，它们对关系的要求依次升高。1NF、2NF、3NF、BCNF 是函数依赖范畴内的范式，4NF 是多值依赖范畴内的范式，5NF 是连接依赖范畴内的范式，本书未给出 5NF 和连接依赖的内容，感兴趣的读者请查阅其他资料。对于一般的应用而言，当所有关系模式达到 3NF 或 BC-NF 就可以满足用户的要求。

为了使一个规范式程度较低的关系模式达到较高的标准，必须对其进行模式分解，将其规范化为满足高一个级别范式的关系模式，但是分解后数据库中关系数量增多，会增加连接操作的概率，降低系统效率。因此，关系的规范化程度不是越高越好，只要满足用户的需求即可。

习题

一、选择题

1. 如何构造出一个合适的数据逻辑结构是（   ）主要解决的问题。

A. 关系系统查询优化　　　　　　B. 数据字典

C. 关系数据库规范化理论　　　　D. 关系数据库查询

2. 关系规范化中的删除操作异常是指（   ）。

A. 不该删除的数据被删除　　　　B. 不该插入的数据被插入

C. 应该删除的数据未被删除　　　D. 应该插入的数据未被插入

3. 关系规范化中的插入操作异常是指（　　）。

A. 不该删除的数据被删除　　　　　B. 不该插入的数据被插入

C. 应该删除的数据未被删除　　　　D. 应该插入的数据未被插入

4. 设计性能较优的关系模式称为规范化，规范化主要的理论依据是（　　）。

A. 关系规范化理论　　　　　　　　B. 关系运算理论

C. 关系代数理论　　　　　　　　　D. 数理逻辑

5. 关系 R 中，若每个数据项都是不可再分的，则 R 至少属于（　　）。

A. 1NF　　　　　B. 2NF　　　　　C. 3NF　　　　　D. BCNF

6. 在关系数据库中，任何二元关系模式的最高范式必定是（　　）。

A. 1NF　　　　　B. 2NF　　　　　C. 3NF　　　　　D. BCNF

7. 对于规范化的关系模式 R，将 1NF 经过（　　）转变为 2NF，将 2NF 经过（　　）转变为 3NF。

A. 消除主属性对码的部分依赖　　　B. 消除非主属性对码的部分依赖

C. 消除主属性对码的传递依赖　　　D. 消除非主属性对码的传递依赖

8. 若 A→B，则属性 A 和属性 B 的联系是（　　）。

A. $1:n$　　　　B. $n:1$　　　　C. $m:n$　　　　D. 以上都不是

9. 下面关于函数依赖的描述中，不正确的是（　　）。

A. 若 X→Y，X→Z，则 X→YZ

B. 若 XY→Z，则 X→Z，Y→Z

C. 若 X→Y，Y→Z，则 X→Z

D. 若 X→Y，$Y'{\subset}Y$，则 X→Y'

10. 已知关系模式 R（A，B，C，D，E）及其上的函数依赖集 F＝{A→D，B→C，E→A}，则 R 的候选码是（　　）。

A. AB　　　　　B. BE　　　　　C. CD　　　　　D. DE

11. 设关系模式 R（A，B，C，D），函数依赖集 F＝{AB→C，D→B}，则 R 的候选码是（　　）。

A. AB　　　　　B. BC　　　　　C. CD　　　　　D. AD

12. 关系模式 R（A，B，C，D）及其上的函数依赖集 F＝{A→B，A→C，A→D，BC→A}，则关系模式 R 码是(1)（　　），R 最高属于(2)（　　）范式。

(1) A. A 和 AB　　B. A 和 BC　　C. B 和 CD　　D. B 和 AD

(2) A. 1NF　　　　B. 2NF　　　　C. 3NF　　　　D. BCNF

13. 设有关系模式 R（A，B，C）及其上的函数依赖集 F＝{A→B，B→C}，则关系模式 R 的规范化程度最高达到（　　）。

A. 1NF　　　　　B. 2NF　　　　　C. 3NF　　　　　D. BCNF

14. 设有关系模式 R（A，B，C，D）及其上的函数依赖集 F＝{AB→C，

C→D}，则关系模式 R 的规范化程度最高达到（　　　）。

    A. 1NF   B. 2NF   C. 3NF   D. BCNF

15. 设有关系模式 R(A，B，C，D)及其上的函数依赖集 F＝{A→CD，C→B}，则关系模式 R 的规范化程度最高达到（　　　）。

    A. 1NF   B. 2NF   C. 3NF   D. BCNF

16. 设有关系模式 R(A，B，C)及其上的函数依赖集 F＝{B→A，AC→B,}，则关系模式 R 的规范化程度最高达到（　　　）。

    A. 1NF   B. 2NF   C. 3NF   D. BCNF

17. 设有关系模式 R(A，B，C，D)及其上的函数依赖集 F＝{B→C，C→D，D→A}，则关系模式 R 的规范化程度最高达到（　　　）。

    A. 1NF   B. 2NF   C. 3NF   D. BCNF

18. 关系模式 R(A，B，C)及其上的函数依赖集 F＝{AC→B，AB→C，B→C }，则关系模式 R 的规范化程度最高达到（　　　）。

    A. 1NF   B. 2NF   C. 3NF   D. BCNF

19. 已知关系模式 R(A，B，C，D，E)及其上的函数依赖集 F＝{A→C，BC→D，CD→A，AB→E }。

(1)下列属性组中的哪个(些)是关系 R 的候选码？（　　　）

    A. BC   B. AB 和 BC   C. AB、AD、CD D. AD 和 BD

(2)关系模式 R 的规范化程度最高达到（　　　）。

    A. 1NF   B. 2NF   C. 3NF   D. BCNF

20. 设 U 是所有属性的集合，X、Y、Z 都是 U 的子集，且 Z＝U－X－Y。下面关于多值依赖的描述中，不正确的是（　　　）。

    A. 若 X→→Y，则 X→→Z

    B. 若 X→Y，则 X→→Y

    C. 若 X→→Y，且 Y′⊂Y，则 X→→Y′

    D. 若 Z＝∅，则 X→→Y

二、简答题

1. 下列说法正确码？为什么？

(1)任何一个二目关系都是属于 3NF 的。

(2)任何一个二目关系都是属于 BCNF 的。

(3)任何一个二目关系都是属于 4NF 的。

(4)当且仅当函数依赖 A→B 在 R 上成立，关系 R(A，B，C)等于其投影 R1(A，B)和 R2(A，C)的连接。

(5)若 A→B，且 B→C，则 A→C 成立。

(6)若 A→B，且 A→C，则 A→BC 成立。

(7)若 B→A，且 C→A，则 BC→A 成立。

(8)若 BC→A，则 B→A，且 C→A 成立。

2. 设有关系模式 R(A，B，C，D)及其上的函数依赖集 F＝{AB→CD，A→D}。

(1)求 R 的码。

(2)求 R 的极小函数依赖集 F_{min}。

(3)R 是 2NF 吗？如果不是，请说明理由，并将其分解成 2NF 模式集。

3. 设有关系模式 R(A，B，C)及其上的函数依赖集 F＝{C→B，B→A}。

(1)求 R 的码。

(2)R 是 3NF 吗？如果不是，请说明理由，并将其分解成 3NF 模式集。

4. 设有关系模式 R(A，B，C，D，E，F)及其上的函数依赖集 F＝{B→F，E→A，EB→D，A→C}。

(1)求 R 的码。

(2)R 最高属于第几范式？为什么？

(3)如果 R 不是 3NF，将其分解成 3NF 模式集。

5. 设有关系 R 和函数依赖 F：R(A，B，C，D，E)，F ＝ {ABC→DE，BC→D，D→E }。

试求下列问题。

(1)关系 R 的候选码是什么？R 属于第几范式？并说明理由。

(2)如果关系 R 不属于 BCNF，将其逐步分解为 BCNF。

要求：写出达到每一级范式的分解过程，并指明消除什么类型的函数依赖。

6. 设有关系 R(A，B，C，D)和函数依赖 F＝{B→D，AB→C}。

试求下列问题。

(1)关系 R 属于第几范式？

(2)如果关系 R 不属于 BCNF，将其逐步分解为 BCNF。

要求：写出达到每一级范式的分解过程，并指明消除什么类型的函数依赖。

7. 设有关系模式 R(A，B，C，D)，其上的函数依赖 F 如下。

F＝{A→C，C→A，B→AC，D→AC，BD→A}

(1)求 R 的候选码。

(2)求 F 的极小函数依赖集。

8. 设有关系 R 和函数依赖 F：R(A，B，C，D，E)，F ＝ {A→BC，CD→E，B→D，E→A }。

试求 R 的所有候选码。

9. 设有关系 R 和函数依赖 F：R(A，B，C，D，E)，F ＝ {AB→C，B→D，D→E }。

试求下列问题。

(1)关系 R 的候选码是什么?

(2)分析 R 属于第几范式?

(3)若 R 不属于 3NF,将其分解为 3NF。

10. 设有送货关系 R,内容如表 8.8 所示。

表 8.8　送货关系

订单号	客户名	送货地址
2008001	李林	山东日照
2008002	赵芬	江西南昌
2008003	李林	山东日照
2008004	崔晓	河北邯郸
2008005	赵芬	江西南昌

试回答下列问题。

(1)送货关系 R 的候选码是什么?

(2)送货关系 R 属于第几范式?

(3)送货关系 R 是否存在异常? 这些异常在什么情况下发生?

(4)将送货关系 R 分解为高一级范式,说明分解后的关系是如何解决分解前可能存在的异常问题的。

11. 设有关系 R,内容如表 8.9 所示。

表 8.9　关系 R

Sno (学号)	Cno (课程号)	Cname (课程名)	Teacher (教师)	Office (教师办公室)	Grade (成绩)
S1	C1	OS	张刚	B201	70
S2	C2	DB	赵阳	F303	87
S3	C1	OS	张刚	B201	86
S3	C3	AL	李杰	E105	77
S5	C4	CL	赵阳	F303	98

语义如下:一名学生可以选修多门课程,一门课程可以被多名学生选修;一门课只有一位任课教师,一位教师可以讲授多门课;一位教师只在一个办公室办公,一个办公室里有多位教师。课程名允许重名。

试回答下列问题。

(1)关系模式 R 的码是什么?

(2)写出关系模式 R 的极小函数依赖集。

(3)判断 R 最高达到第几范式?

(4)关系 R 是否存在插入、删除异常？若存在，在什么情况下发生？发生的原因是什么？

(5)将 R 转化为 3NF。

12. 现有如下关系模式：借阅(图书编号，书名，作者名，出版社，读者编号，读者姓名，借阅日期，归还日期)，基本函数依赖集 F＝{图书编号→(书名，作者名，出版社)，读者编号→读者姓名，(图书编号，读者编号，借阅日期)→归还日期}。

(1)写出该关系模式的码。

(2)该关系模式满足第几范式？并说明理由。

(3)若该关系模式不是 3NF，将其转化为 3NF。

第九章　数据库设计

目前，数据库已广泛地应用于各种信息系统中，如 MIS（信息管理系统）、DDS（决策支持系统）、OA（办公自动化系统）等，已成为现代信息系统的基础和核心。从小型的单项事务处理系统到大型复杂的信息系统都使用先进的数据库技术来保持系统数据的整体性、完整性和共享性。

数据库设计是数据库应用系统设计与开发的关键性工作。

9.1　数据库设计概述

数据库的设计有广义的设计和狭义的设计两种方式。

广义的数据库设计是指建立后台数据库及其前台应用系统，包括合适的计算机平台和数据库管理系统、设计数据库以及开发数据库应用系统等。这种数据库设计实际上是整个应用系统的设计，就是软件的开发，应当按照软件工程的原理和方法进行，属于软件工程的范畴。广义的数据库设计有两个成果：一是数据库，二是以数据库为基础的应用系统。

狭义的数据库设计是指设计数据库本身，设计数据库的各级模式并建立数据库，这是数据库应用系统设计的一部分。狭义数据库设计的成果主要是数据库，不包括应用系统。本书主要介绍狭义的数据库设计。

9.1.1　数据库设计的定义

数据库设计是指对于一个给定的应用环境，构造最优的数据库逻辑模式和物理结构，并据此建立数据库及其应用系统，使之能够有效地存储和管理数据，满足各种用户的应用需求，包括信息管理要求和数据操作要求。

信息管理要求是指在数据库中应该存储和管理哪些数据对象；数据操作要求是指对数据对象需要进行哪些操作，如查询、插入、修改和删除等操作。

数据库设计的目标是为用户和各种应用系统提供一个信息基础设施和高效率的运行环境，包括数据库数据的存取效率、数据库存储空间的利用率和数据库系统运行管理的效率。

数据库的设计是一项庞大的、涉及多学科的综合性技术工程，整个设计过程包括系统设计、实施、运行和维护。数据库设计的开发周期长、耗资多、风险大。对于从事数据库设计的专业人员来讲，应该具备多方面的知识和技术，主要有以下几个方面。

①计算机学科的基础知识和程序设计的方法、技巧。

②数据库的基础知识和数据库设计技术。

③软件工程的原理和方法。

④相关应用领域的知识。

对于同一个应用环境，不同的设计人员设计的数据库不完全相同，只要这个数据库结构合理、数据一致、易维护，而且能满足用户的所有需求，就是一个好的数据库。

9.1.2　数据库设计的特点

数据库设计是指数据库应用系统从设计、实施到运行与维护的全过程。数据库设计和一般的软件系统的设计、开发和运行与维护有许多相同之处，更有其自身的一些特点。

1. 三分技术，七分管理，十二分基础数据

数据库的设计需要好的技术，更需要好的管理。这里的管理不仅仅包括数据库设计作为一个大型的工程项目本身的项目管理，也包括企业应用部门的业务管理。企业的业务管理是否合理、流畅，对数据库结构的设计有直接的影响。

十二分基础数据强调数据的收集、整理、组织和不断更新是数据库设计的重要环节，基础数据的收集、入库是数据库建立初期工作量最大、最烦琐、最细致的工作。

2. 数据库的结构(数据)设计和行为(处理)设计相结合

数据库的结构设计是指根据指定的应用环境，进行数据库的模式或子模式的设计。它包括数据库的概念设计、逻辑设计和物理设计。数据库模式是各应用程序共享的结构，是静态的、稳定的，一旦形成不容易改变，因此结构设计又称为静态模型设计。

数据库的行为设计是指确定数据库用户的行为和动作，即用户对数据库的操作，这些要通过应用程序来实现，所以数据库的行为设计就是应用程序的设计。用户的行为总是使数据库的内容发生变化，是动态的，因此行为设计又称为动态模型设计。

早期的数据库系统开发过程中，常常把数据库结构设计和应用程序设计分离开来，现在要把二者的密切结合作为数据库设计的重要特点。

3. 数据库的设计应与具体应用环境相关联

数据库的设计应置身于实际的应用环境中，这样才能更好地满足用户的信息

需求和处理需求，脱离实际的应用环境，空谈数据库设计，无法判定设计的好坏。

9.1.3　数据库设计的方法

数据库设计的方法可分为三类：直观设计法、规范化设计法和计算机辅助设计法。

1. 直观设计法

直观设计法也称为手工试凑法，是早期在软件工程出现之前，数据库设计主要采用的手工与经验相结合的方法。这种方法依赖于设计者的经验和技巧，缺乏科学理论和工程原则的支持，设计的质量很难保证。常常是数据库运行一段时间后，又发现各种问题，然后再重新进行修改，增加了系统维护的代价。

2. 规范化设计法

为了改进手工试凑法，1978 年 10 月，来自 30 多个国家的数据库专家在美国新奥尔良（New Orleans)市专门讨论了数据库设计问题，他们运用软件工程的思想和方法，提出了数据库设计的准则和规范，形成了一些规范化的设计方法。

（1）新奥尔良方法。

新奥尔良方法是目前公认的比较完整和权威的一种规范化设计方法。该方法将数据库设计分为需求分析、概念结构设计、逻辑结构设计和物理结构设计四个阶段。

（2）基于 E-R 模型的数据库设计方法。

基于 E-R 模型的数据库设计方法由 P. P. S. Chen 于 1976 年提出的数据库设计方法，其基本思想是在需求分析的基础上，用 E-R 图构造一个反映现实世界实体之间联系的概念模型，然后再将此概念模型转换成基于某一特定 DBMS 的逻辑模型。

（3）基于 3NF 的数据库设计方法。

基于 3NF 的数据库设计方法是由 S · Atre 提出的结构化设计方法，用关系规范化理论为指导来设计数据库的逻辑模型，其基本思想是在需求分析的基础上确定数据库模式中全部的属性与属性之间的依赖关系，将它们组织在一个单一的关系模式中，然后再分析模式中不符合 3NF 的约束条件，将其投影分解，规范成若干个 3NF 关系模式的集合。

规范化设计法从本质上说仍然是手工设计法，其基本思想是过程迭代和逐步求精。

3. 计算机辅助设计法

计算机辅助设计法是指在数据库设计的某些过程中模拟某一规范化设计的方法，并以人的知识或经验为主导，通过人机交互方式实现设计中的某些部分。目

前许多计算机辅助软件工程(Computer Aided Software Engineering，CASE)工具
可以自动或辅助设计人员完成数据库设计过程中的很多任务，例如，Sybase 公
司的 PowerDesigner 和 Oracle 公司的 Design2000 等数据库设计工具软件，已经
普遍地应用于大型数据库设计。

9.1.4　数据库设计的步骤

　　按照规范化的设计方法，将数据库设计分为六个阶段：需求分析阶段、概念
结构设计阶段、逻辑结构设计阶段、物理结构设计阶段、数据库实施阶段、数据
库运行与维护阶段，如图 9.1 所示。

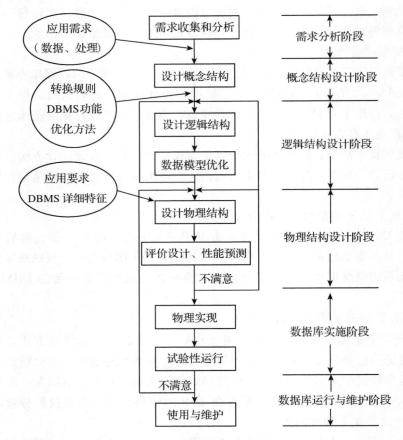

图 9.1　数据库设计的步骤

1. 需求分析阶段

　　需求分析阶段的主要任务是准确了解与分析用户的需求(包括数据内容和处
理要求)，并加以规格化和分析。需求分析是整个数据库设计过程的基础，是最

复杂、最困难、最耗时的一步，但也是最重要的一步。作为"地基"的需求分析做的是否充分与准确，决定了在其上构建数据库大厦的速度与质量。需求分析做的不好，会导致整个数据库设计返工重做。

2. 概念结构设计阶段

概念结构设计是整个数据库设计的关键，这一阶段的主要任务是对用户的需求进行综合、归纳与抽象，形成一个独立于具体 DBMS 的概念模型，如 E-R 模型。概念模型是对现实世界的可视化描述，属于信息世界。

3. 逻辑结构设计阶段

逻辑结构设计阶段的主要任务是将概念结构设计阶段得到的概念模型转换为某个 DBMS 支持的数据模型，如转换为关系模型，并对其进行优化。

4. 物理结构设计阶段

物理结构设计阶段的主要任务是为逻辑数据模型选取一个最适合应用环境的物理结构，包括存储结构和存取方法。显然，数据库的物理设计完全依赖于给定的硬件环境和数据库产品。

5. 数据库实施阶段

在数据库实施阶段，设计人员运用 DBMS 提供的数据库语言（如 SQL）及其宿主语言，根据逻辑设计和物理设计的结果建立数据库，编制与调试应用程序，组织数据入库，并进行试运行。

6. 数据库运行与维护阶段

数据库试运行结果符合设计目标后，数据库就可以真正投入运行了。但是由于应用环境不断变化，数据库运行过程中物理存储也会不断变化，因此在数据库系统运行过程中，必须不断地对其进行评价、调整与修改，这些维护工作是一个长期的任务，也是设计工作的继续和提高。

数据库设计的基本思想是过程迭代和逐步求精，因此，设计一个完善的数据库应用系统不可能一蹴而就，它往往是上述六个阶段的不断反复。

9.2　需求分析

需求分析简单地说就是分析用户的需求。需求分析是数据库设计的起点，也是后续步骤的基础。只有准确地获取用户的需求，才能设计出好的数据库，如果在数据库设计之初的需求分析阶段就出现了错误，那么后续所有设计阶段的结果都是错误的，导致整个设计反复返工，付出很大的代价。因此必须高度重视系统的需求分析。

9.2.1　需求分析的任务

需求分析的任务是对现实世界要处理的对象（组织、部门、企业等）进行详细调查，充分了解原系统（手工系统或计算机系统）工作概况，明确用户的各种需求，然后在此基础上确定新系统的功能。

调查的重点是"数据"和"处理"，通过调查收集与分析，获得用户对数据库的要求。

1. 用户的需求

(1)信息需求。

信息需求是最基本的需求，是指用户需要从数据库中获得信息的内容与性质。由信息需求可以导出数据要求，即在数据库中需要存储哪些数据。

(2)处理需求。

处理需求是指用户为了得到需求的信息而完成的处理功能以及处理要求，如处理的响应时间和处理方式（联机还是批处理）等。

(3)安全性与完整性需求。

在定义信息需求和处理需求的同时，必须确定相应的安全性和完整性约束。

调查的难点是确定用户的最终需求，这是因为一方面用户缺少计算机知识，开始时无法确定计算机究竟能为自己做什么，不能做什么，因此往往不能准确地表达自己的需求，所提出的需求也不断变化。另一方面，设计人员缺少用户的专业知识，不容易理解用户的真正需求，甚至误解用户的需求。因此，设计人员必须不断深入地与用户交流，才能逐步确定用户的实际需求。

2. 调查用户需求的步骤与方法

首先调查清楚用户的实际需求，与用户达成共识，然后分析与表达这些需求。调查用户需求的具体步骤如下。

(1)调查组织机构情况，包括该组织的部门组成情况，各部门的职责和任务等。

(2)调查各部门的业务活动情况。了解各部门输入和使用什么数据，如何加工处理这些数据，输出什么信息，输出到什么部门，输出结果的格式是什么，这是调查的重点。

(3)明确新系统的需求。在熟悉了业务活动的基础上，协助用户明确对新系统的各种需求，包括信息需求，处理需求，安全性与完整性需求，这是调查的又一个重点。

(4)确定新系统的边界。对调查的结果进行初步分析，确定哪些功能由计算机完成，或将来准备让计算机完成，哪些功能由人工完成。由计算机完成的功能就是新系统应该实现的功能。

在调查过程中，可以根据不同的问题和条件，使用不同的调查方法。常见的调查方法如下。

(1)跟班作业。亲身参与到各部门的业务工作中，了解业务活动的情况。这种方法能比较准确地了解用户的业务活动，缺点是比较费时。

（2）开调查会。与用户中有丰富业务经验的人进行座谈，一般要求调查人员具有较好的业务背景，例如，原来设计过类似的系统，被调查人员有比较丰富的实际经验，双方能就具体问题有针对性地交流和讨论。

（3）问卷调查。将设计好的调查问卷发放给用户，供用户填写，调查问卷的设计要合理，调查问卷的发放要进行登记，并规定交卷的时间。调查问卷的填写要有样板，以防用户填写的内容过于简单，将相关数据的表格附在调查问卷中。

（4）访谈询问。针对调查问卷或者调查会的具体情况，仍有不清楚的地方，可以访问有经验的业务人员，询问其对业务的理解和处理方法。

（5）审阅原系统。大多数数据库项目都不是从头开始建立的，通常会有一个不满足现在要求的旧系统，通过对旧系统的研究，可以发现一些可能会被忽略的细微问题，因此，考察旧系统对新系统的设计有很大好处。

做需求调查时，主要的目的是全面、准确地收集用户的需求。但无论使用何种调查方法，都必须要有用户的积极参与和配合。

9.2.2 需求分析的方法

通过用户调查，收集用户需求后，就要对用户需求进行分析，并表达用户的需求。可以采用自顶向下或自底向上的方法来表达用户的需求，如图 9.2 所示。

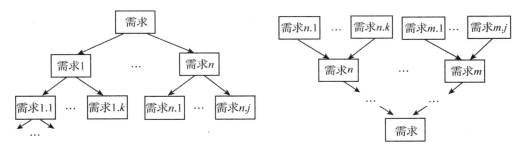

（a）自顶向下的需求分析　　　　　　　　（b）自底向上的需求分析

图 9.2　需求分析的方法

在众多的分析方法中，结构化分析（Structured Analysis，SA）方法是一种简单实用的方法，它从最上层的组织机构入手，采用自顶向下、逐层分解的方法分析系统，用数据流图（Data Flow Diagram，DFD）分析用户的需求，用数据字典对数据流图进行补充和说明。

1. 数据流图

数据流图是描绘系统的逻辑模型，它采用自顶向下分层的形式反映系统的结构，只描述数据在系统中流动和处理的情况，没有控制流。在数据流图中有四种基本元素：数据源点或终点(外部实体)、数据流、数据处理和数据存储，表示符号如表 9.1 所示。

表 9.1　数据流图的符号表示

概念	符号	含义	示例
数据源点或终点(外部实体)	▭	数据源点或终点用矩形表示，描述数据的来源或去处，通常是系统之外的人或组织，不受系统控制	教务员
数据流	→	数据流用箭头表示，箭头方向表示数据的流向，可以在箭头上标注数据流的名称，一般为名词或名词短语 数据流是指流动或传递中的数据，可以是一个数据项，也可以是一组数据项，还可以表示数据文件的存储操作	成绩审核信息
数据处理	⬭	数据处理用椭圆表示，描述对数据的一个加工处理过程，它把流入的数据转换为流出的数据流，椭圆内注名带编号的处理名称，一般为动名词	6成绩管理
数据存储	▭	数据存储为一个或多个转换提供数据源或数据存储服务的缓冲区、文件或数据库，其中要注明带编号的数据存储名称	F6 成绩信息

数据流图表达了数据和处理的关系，其基本结构如图 9.3 所示。

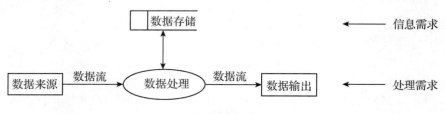

图 9.3　数据流图的基本结构

完整的数据流图示例请参考图 9.5 至图 9.13。

当系统比较复杂，一张数据流图难以描述和理解时，可以采用分层的数据流图来描述系统的结构，逐步细化，如图 9.4 所示。

在分层的数据流图中，最上层称为顶层或第 0 层，主要是从整体上描述系统的数据流，反映系统中数据的整体流向。顶层数据流图只有一张，用于确定系统边界，即表明应用的范围以及周围环境的数据交换关系。图 9.5 为教务管理系统的顶层数据流图。

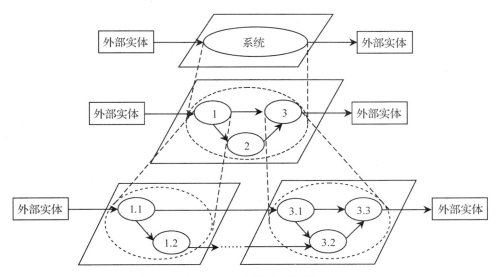

图 9.4 分层的数据流图

将顶层数据流图按当前系统的功能分解为若干子系统，组成第 1 层的数据流图，如图 9.6 是按教务系统功能分解顶层数据流图后得到的第 1 层数据流图。

从第 1 层往下的各层数据流图称为功能级数据流图，是在对系统功能不断细化的迭代分析与设计中完成的。分解上层数据流图中的处理功能时，一般是沿着输入数据流的方向，凡是数据流的组成或值发生变化的地方就设置一个处理，这样一直进行到输出数据流。若该处理内部还有数据流，则对此处理在下层数据流图中继续分解，直到每个处理足够简单，不能再分为止。图 9.7 至图 9.13 为细化后的各层数据流图。

在分层的数据流图中，上层图称为父图，下层图称为子图。子图中处理功能的编号由父图中的编号和子数据处理的编号组成。例如，处理 1 可分解为子处理 1.1、1.2 等，而子处理 1.1 又可以继续分解为子子处理 1.1.1、1.1.2 等。

在画分层的数据流图时，必须保持父图与子图的平衡，即父图中某加工的输入输出数据流必须与它的子图的输入输出数据流在数量和名字上相同。

【例1】经过对某高校教务管理系统的调查分析，得出用户的需求大致如下。

(1)教务员可以在系统中对学生信息、教师信息和课程信息等基本信息进行查询与更新，可以安排教师任课，对学生的选课进行审核，对学生的成绩进行管理。

(2)教师在系统中可以查询自己的任课信息，并在学期末将学生成绩录入到系统中。

(3)学生在系统中可以查询自己的选课信息，并在学期末可以查询自己的成绩。

根据以上信息，画出该教务管理系统的数据流图。

解答：

（1）由用户需求的大致描述，可以得到顶层数据流图如图 9.5 所示。

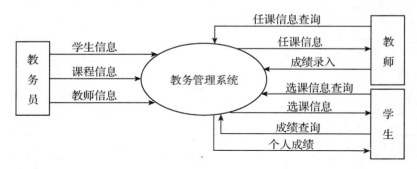

图 9.5　教务管理系统的顶层（0 层）数据流图

（2）整个系统处理功能分解为学籍管理、教师管理、任课管理、课程管理、选课管理和成绩管理，因此，将顶层数据流图进行分解，得到第 1 层数据流图，如图 9.6 所示。

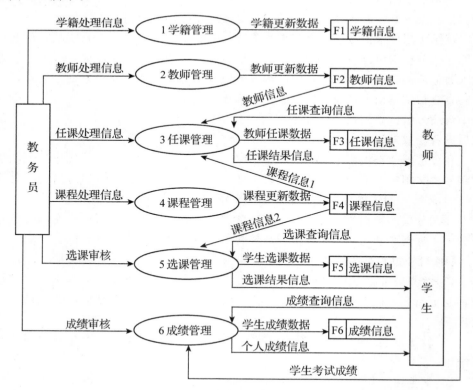

图 9.6　教务管理系统的第 1 层数据流图

(3)学生的学籍信息由教务员录入与维护，学生本人及其他人不能查询和更改学生的学籍信息，因此学籍管理处理功能可以细化成如图 9.7 所示的第 2 层数据流图。

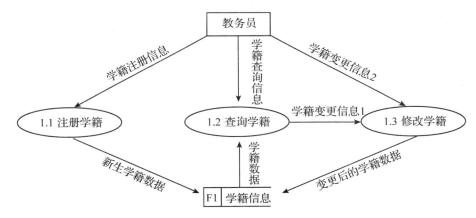

图 9.7 教务管理系统的第 2 层数据流图——1 学籍管理的细化数据流图

(4)教师信息的查询与维护由教务员完成，教师本人及其他人不能查询和更改教师的信息，因此教师管理功能可以细化成如图 9.8 所示的第 2 层数据流图。

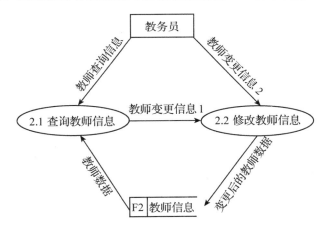

图 9.8 教务管理系统的第 2 层数据流图——2 教师管理的细化数据流图

(5)教师任课的信息由教务员统一安排，教师本人只能查看自己的任课信息，不能修改自己的任课信息，因此任课管理功能可以细化成如图 9.9 所示的第 2 层数据流图。

(6)课程信息的查询与维护由教务员完成，教师、学生及其他人都不能查询和更改课程信息，因此课程管理功能可以细化成如图 9.10 所示的第 2 层数据流图。

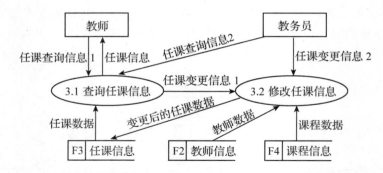

图 9.9 教务管理系统的第 2 层数据流图——3 任课管理的细化数据流图

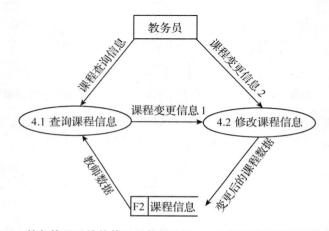

图 9.10 教务管理系统的第 2 层数据流图——4 课程管理的细化数据流图

(7)学生在系统中可以查看所有开设的课程，并根据专业选择适合自己的课程；教务员可以查询所有学生的选课信息，审核并最终确认学生的选课结果。因此选课管理功能可以细化成如图 9.11 所示的第 2 层数据流图。

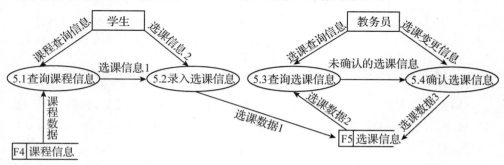

图 9.11 教务管理系统的第 2 层数据流图——5 选课管理的细化数据流图

(8)学期末时，教师将自己所教授学生的成绩录入系统中，以方便学生查询自己的成绩；教务员最终确认学生的成绩并存档，因此成绩管理功能可以细化成如图 9.12 所示的第 2 层数据流图。

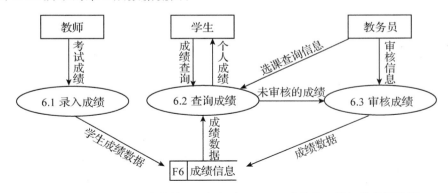

图 9.12　教务管理系统的第 2 层数据流图——6 成绩管理的细化数据流图

（9）在第 2 层的"3.2 修改任课信息"处理过程中，当教师信息发生改变，需要改变该教师的任课信息时，首先要查阅教师信息中是否存在修改信息后的这位教师，如果存在则允许修改，否则不能修改；同理，当课程信息发生改变，需要改变任课信息时，还要查阅课程信息中是否存在修改信息后的这门课程，如果存在则允许修改，否则不能修改。因此"3.2 修改任课信息"处理过程可细化成如图9.13 所示的第 3 层数据流图。

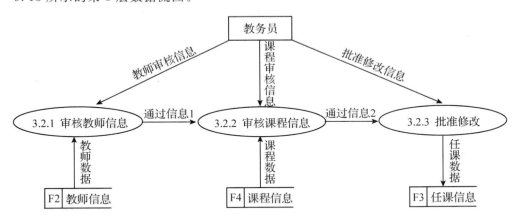

图 9.13　教务管理系统的第 3 层数据流图——3.2 修改任课信息的细化数据流图

2. 数据字典

数据流图表达了数据与处理的关系，但没有描述数据流的内容。数据字典则是系统中各类数据描述的集合，是进行详细的数据收集和数据分析后所获得的主要成果。事实上，数据流图必须与数据字典配套使用。没有数据字典，数据流图不精确；没有数据流图，数据字典不知用于何处。

　　数据字典通常包括数据项、数据结构、数据流、数据存储和处理过程五个部分。其中数据项是数据的最小组成单位，若干个数据项可以组成一个数据结构，数据字典通过对数据项和数据结构的定义来描述数据流、数据存储的逻辑内容。

　　下面以图9.7中的"1 学籍管理"的细化数据流图为例，说明数据字典各组成部分的应用。

　　(1)数据项。

　　数据项是不可再分的数据单位。对数据项的描述通常包括以下内容。

　　数据项描述＝{数据项名，数据项含义说明，别名，数据类型，长度，取值范围，取值含义，与其他数据项的逻辑关系，数据项之间的联系}。

　　其中，"取值范围""与其他数据项的逻辑关系"(例如，该数据项等于另几个数据项的和，该数据项的值等于另一个数据项的值等)定义了数据的完整性约束条件。数据项之间的联系，可以用关系规范化理论为指导，用数据依赖的概念分析和表示。

　　【例2】学生的学籍信息中包含学号、姓名、性别、出生日期和所在院系等数据项，请分别写出各数据项在数据字典中的描述。

　　解答：

　　学籍信息中的各数据项在数据字典中的描述如表9.2所示。

表 9.2　学籍信息中的各数据项在数据字典中的描述

数据项名	数据项含义说明	别名	数据类型	长度	取值范围	取值含义	与其他数据项的逻辑关系	数据项之间的联系
学号	唯一标识每一名学生	学生编号	字符型	10	0000000000～9999999999	前四位表示学生入学年份，中间三位表示院系编号	主码	学号能函数确定其他各数据项
姓名	允许重名	学生姓名	字符型	10	2～5个汉字	前半部分为姓氏，后半部分为名字	无	学号→姓名
性别	男生或女生	学生性别	字符型	2	{"男"，"女"}	表示两种性别的区分	无	学号→性别
出生日期	阳历生日	学生生日	日期型	默认	0000年00月00日—9999年12月31日	前四位为年份，中间两位为月份，后面两位为出生日	无	学号→出生日期
所在院系	学生所在院系编号	院系编号	字符型	3	{"D1"，"D2"，"D3"，"D4"}	D表示院系，编号为建立院系的时间顺序	外码 同院系编号	学号→所在院系

（2）数据结构。

数据结构反映了数据之间的组合关系。一个数据结构可以由若干个数据项组成，也可以由若干个数据结构组成，或者由若干个数据项和数据结构混合组成。对数据结构的描述通常包括以下内容。

数据结构描述＝｛数据结构名，含义说明，组成：｛数据项或数据结构｝｝

【例3】学生的学籍信息中包含学号、姓名、性别、出生日期和所在院系等数据项，请写出该数据结构在数据字典中的描述。

解答：

数据结构学籍信息在数据字典中的描述如表9.3所示。

表9.3　数据结构学籍信息在数据字典中的描述

数据结构名	含义说明	组成
学籍信息	是学籍管理子系统的主体数据结构，定义了一个学生的有关信息	学号，姓名，性别，出生日期，所在院系

（3）数据流。

数据流是数据结构在系统内传输的路径。对数据流的描述通常包括以下内容。

数据流描述＝｛数据流名，说明，数据流来源，数据流去向，

组成：｛数据结构｝，平均流量，高峰期流量｝

其中，"数据流来源"是说明该数据流来自哪个过程；"数据流去向"是说明该数据流将到哪个过程去；"平均流量"是指在单位时间（每天、每周、每月等）里的传输次数；"高峰期流量"是指在高峰时期的数据流量。

【例4】请写出图9.7中的1学籍管理的细化数据流图中所有数据流在数据字典中的描述。

解答：

图9.7中的1学籍管理的细化数据流图中所有数据流在数据字典中的描述如表9.4所示。

表9.4　1学籍管理的细化数据流图中所有数据流在数据字典中的描述

数据流名	数据流来源	数据流去向	组成	平均流量	高峰期量	说明
学籍注册信息	教务员	处理"1.1注册学籍"	学号，姓名，性别，出生日期，所在院系	1000次/年	300次/天	学生的基本信息
新生学籍数据	处理"1.1注册学籍"	存储"F1学籍信息"	学号，姓名，性别，出生日期，所在院系	1000次/年	300次/天	新生的基本信息

续表

数据流名	数据流来源	数据流去向	组成	平均流量	高峰期量	说明
学籍查询信息	教务员	处理"1.2 查询学籍"	学号，姓名	10 次/天	200 次/天	按学号或姓名查找学生信息
学籍数据	存储"F1 学籍信息"	处理"1.2 查询学籍"	学号，姓名，性别，出生日期，所在院系	10 次/天	200 次/天	返回包含所有项的查询结果
学籍变更信息 1	处理"1.2 查询学籍"	处理"1.3 修改学籍"	学号，姓名，性别，出生日期，所在院系	20 次/年	80 次/年	按学号修改或删除学生信息
学籍变更信息 2	教务员	处理"1.3 修改学籍"	学号，姓名，性别，出生日期，所在院系	5 次/年	20 次/年	不查询，直接修改或删除学生信息
变更后的学籍数据	处理"1.3 修改学籍"	存储"F1 学籍信息"	学号，姓名，性别，出生日期，所在院系	30 次/年	90 次/年	存储更新后的学籍信息

（4）数据存储。

数据存储是数据结构停留或保存的地方，也是数据流的来源和去向之一。它可以是手工文档，也可以是计算机文档。对数据存储的描述通常包括以下内容。

数据存储描述＝{数据存储名，说明，编号，输入的数据流，输出的数据流，组成：{数据结构}，数据量，存取频度，存取方式}

其中，"输入的数据流"要指出其数据来源；"输出的数据流"要指出其数据去向；"存取频度"指每小时或每天或每周存取几次等信息，每次存取多少数据等信息；"存取方式"包括是批处理还是联机处理，是检索还是更新，是顺序检索还是随机检索等。

【例 5】请写出图 9.7 中的"1 学籍管理"的细化数据流图中数据存储"F1 学籍信息"在数据字典中的描述。

解答：

图 9.7 中的数据存储 F1 学籍信息在数据字典中的描述如表 9.5 所示。

表 9.5　数据存储 F1 学籍信息在数据字典中的描述

数据存储名	编号	输入的数据流	输出的数据流	组成	数据量	存取频度	存取方式	说明
学籍信息	F1	新生学籍数据，变更后的学籍数据	学籍数据	学号，姓名，性别，出生日期，所在院系	2000 个记录	300 次/年	随机存取	学生的基本信息

（5）处理过程。

处理过程的具体处理逻辑一般用判定表或判定树来描述。数据字典中只需要描述处理过程的说明性信息，通常包括以下内容。

处理过程描述＝{处理过程名，说明，输入：{数据流}，输出：{数据流}，

处理：{简要说明}}

其中，"简要说明"主要说明该处理过程的功能以及处理要求，功能是指该处理过程用来做什么（而不是怎么做），处理要求包括处理频度要求和响应时间要求等，如单位时间里处理多少事务、多少数据量。这些处理要求是后面物理设计的输入以及性能评价的标准。

【例 6】请写出图 9.7 中的 1 学籍管理的细化数据流图中所有处理过程在数据字典中的描述。

解答：

图 9.7 中的学籍管理的细化数据流图中所有处理过程在数据字典中的描述如表 9.6 所示。

表 9.6　1 学籍管理的细化数据流图中所有处理过程在数据字典中的描述

处理过程名	说明	输入（数据流）	输出（数据流）	处理功能的简要说明
注册学籍	按要求输入学生的基本信息	学籍注册信息	新生学籍数据	每年秋季入学时，将所有入新生的基本信息记录在册
查询学籍	按要求在系统中查询学生的基本信息	学籍查询信息、学籍数据	学籍变更信息1	可以按学号或姓名来查询学生的基本信息
修改学籍	按要求修改学生的基本信息	学籍变更信息1、学籍变更信息2	变更后的学籍数据	按学号修改学生信息，或者将指定学号的学生信息删除

请自行给出教学管理系统中其他数据流图中的各元素在数据字典中的描述。

综上可知，数据字典是关于数据库中数据的描述，即元数据，而不是数据本身。数据字典是在需求分析阶段建立，在数据库设计过程中不断修改、充实和完善的。

9.2.3　需求分析的结果

需求分析的主要成果是软件需求规格说明书（Software Requirement Specification，SRS）。软件需求规格说明书为用户、分析人员、设计人员以及测试人员之间相互理解和交流提供了方便，是系统设计、测试和验收的主要依据；同时软件需求规格说明书也起着控制系统演化过程的作用，追加需求应结合软件需求规

格说明书一起考虑。

　　软件需求规格说明具有正确性、无歧义性、完整性、一致性、可理解性、可修改性、可追踪性和可注释性等特点。软件需求规格说明书需要得到用户的验证和确认，一旦确认，软件需求规格说明书就成了开发合同，也成了系统验收的主要依据。

　　软件需求规格说明书的基本格式可参考图 9.14。

```
            软件需求规格说明书
   1   引言
       1.1   编写目的
       1.2   适用范围
       1.3   参考资料
       1.4   术语和缩略语
   2   系统概述
       2.1   产品背景
       2.2   产品描述
       2.3   产品功能
       2.4   运行环境
       2.5   假设与依赖
   3   系统功能性需求
       3.1   系统功能描述
       3.2   系统数据流图
       3.3   系统数据字典
   4   系统非功能性需求
       4.1   性能需求
       4.2   安全性需求
       4.3   可用性需求
       4.4   其他需求
   5   外部接口需求
       5.1   用户接口
       5.1   硬件接口
       5.3   软件接口
       5.4   通信接口
```

图 9.14　软件需求规格说明书的基本格式

9.3　概念结构设计

在需求分析阶段得到的用户需求是现实世界应用环境的具体要求，为了更好、更准确地将这些具体要求在机器世界的数据库中实现，应首先将这些需求抽象为信息世界的概念模型作为过渡。

9.3.1　概念结构设计概述

概念结构设计就是将需求分析得到的用户需求抽象为信息结构，即概念模型形成的过程，是整个数据库设计的关键。概念模型是现实世界到机器世界的中间层，它是按用户的观点建立的模型，独立于机器。

概念模型的主要特点如下。

(1)语义表达能力丰富。概念模型能表达用户的各种需求，能真实、充分地反映现实世界，包括事物和事物之间的联系，能满足用户对数据的处理要求，是对现实世界的一个真实模型。

(2)易于交流和理解。概念模型是设计人员和用户之间的交流语言，因此概念模型要表达自然、直观和容易理解，以便和不熟悉计算机的用户交换意见，用户的积极参与是保证数据库设计成功的关键。

(3)易于修改和扩充。概念模型要能灵活地加以改变，以反映用户需求和现实环境的变化。

(4)易于向各种数据模型转换。概念模型独立于特定的 DBMS，因此更加稳定，能方便地向关系模型等各种数据模型转换。

描述概念模型的有力工具是 E－R 模型(或 E－R 图)，它将现实世界的信息结构统一用属性、实体以及它们之间的联系来描述。

9.3.2　概念结构设计的方法和步骤

1. 概念结构设计的方法

概念结构设计的方法有以下四种。

(1)自顶向下。首先定义全局概念结构的框架，然后逐步细化，如图 9.15 所示。

(2)自底向上。首先定义一个局部应用的概念结构，然后将它们集成起来，得到全局概念结构，如图 9.16 所示。

(3)逐步扩张。首先定义最重要的核心概念结构，然后向外扩充，以滚雪球的方式逐步生成其他概念结构，直至全局概念结构，如图 9.17 所示。

(4)混合策略。将自顶向下和自底向上两种方法相结合，首先用自顶向下方

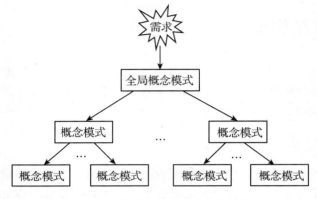

图 9.15　自顶向下的概念结构设计

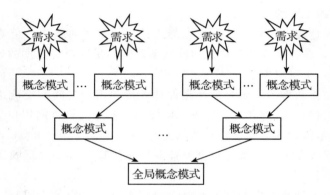

图 9.16　自底向上的概念结构设计

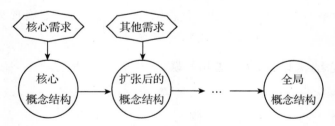

图 9.17　逐步扩张的概念结构设计

法设计一个全局概念结构框架，划分成若干个局部概念结构，再采取自底向上的方法实现各局部概念结构加以合并，最终实现全局概念结构。

在概念模型设计中，最常用的是自底向上的设计方法。在数据库设计过程中，自顶向下的需求分析和自底向上的概念结构设计是"黄金结构"策略，如图 9.18 所示。

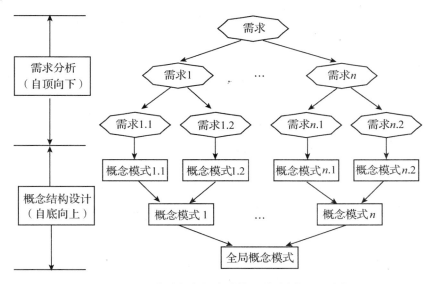

图 9.18　需求分析与概念结构设计的"黄金结构"

2. 概念结构设计的步骤

自底向上的概念结构设计分为以下三步。

（1）根据需求分析的结果（主要是数据流图和数据字典），在局部应用中进行数据抽象，设计局部 E-R 模型，即设计用户视图。

（2）集成各局部 E-R 模型，消除冲突，形成全局初步 E-R 模型，即视图集成。

（3）对全局初步 E-R 模型进行优化，消除不必要的冗余，得到最终的全局基本 E-R 模型，即概念模型。

自底向上的概念结构设计过程如图 9.19 所示。

9.3.3　数据抽象与局部 E-R 模型设计

1. 数据抽象

概念模型是对现实世界的一种抽象。所谓抽象，是在对现实世界有一定认识的基础上，对实际的人、物、事和概念进行人为处理，抽取人们关心的本质特性，忽略非本质的细节，并把这些特征用各种概念精确地加以描述。数据抽象一般有分类和聚集两种。

（1）分类（Classification）。

分类定义某一类概念作为现实世界中一组对象的类型，这些对象具有某些共同的特征和行为，将它们抽象为一个实体。它抽象了对象值和型之间的"is member of"关系。在 E－R 模型中，实体就是这种抽象。

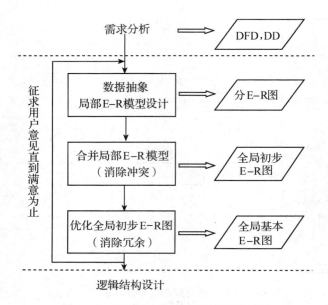

图 9.19　自底向上的概念结构设计过程

　　例如，在教务管理系统中，赵刚是一名学生，周丽也是一名学生，都是学生的一员（is member of 学生），他们具有共同的特征和行为，如在某个院系学习、选修某些课程等。通过分类，得出"学生"这个实体；同理，数据库是一门课程，计算机基础也是一门课程，通过分类可以得出"课程"这个实体，如图 9.20 所示。

图 9.20　分类抽象

　　（2）聚集（Aggregation）。

　　聚集定义某一类型的组成成分，将对象类型的组成成分抽象为实体的属性。组成成分与对象类型之间是"is part of"的关系。例如，学生实体是由学号、姓名、性别、出生日期、所在院系等属性组成的，如图 9.21 所示。

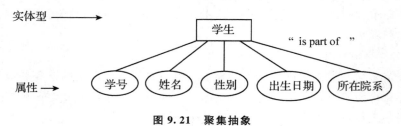

图 9.21　聚集抽象

2. 局部 E-R 模型设计

在需求分析阶段得到的成果物有数据流图、数据字典和软件需求规格说明书。局部 E-R 模型设计，就是根据系统的具体情况，在多层数据流图中选择一个适当的层次，作为设计 E-R 图的出发点，让这组数据流图中的每一部分对应一个局部应用。由于高层数据流图只能反映系统的概貌，底层数据流图又过于琐碎，而中层数据流图能较好地反映系统中各局部应用的子系统组成，因此人们往往以中层数据流图作为设计分 E-R 图的起点。在选择好的中层数据流图中，每个局部应用都对应了一组数据流图，局部应用涉及的数据都已经收集在数据字典中了，现在就是要将这些数据从数据字典中抽取出来，参照数据流图，确定每个局部应用包含哪些实体，这些实体又包含哪些属性，以及实体之间的联系及其类型。

局部 E-R 图的设计一般包括四个步骤，分别为确定范围、识别实体、定义属性和确定联系。

(1)确定范围。

范围是指局部 E-R 图设计的范围。范围划分要自然、便于管理，可以按业务部门或业务主题划分；与其他范围界限比较清晰，相互影响比较小；范围大小要适度，实体控制在十个左右。

(2)识别实体。

在确定的范围内，寻找并识别实体。通过分类抽象，在数据字典中按人员、组织、物品、事件等寻找实体并给实体一个合适的名称。给实体正确命名时，可以发现实体之间的差别。

(3)定义属性。

属性是描述实体的特征和组成，也是分类的依据。相同实体应该具有相同数量的属性、名称、数据类型。在实体的属性中，有些是系统不需要的，要去掉；有的实体需要区别状态和处理标识，要人为地增加属性。

实体和属性是相对而言的，在形式上没有可以截然划分的界限，因此在抽象实体和属性时需要遵循以下三条基本原则。

①能属性不实体。为了简化 E-R 图的处理，现实世界的事物能作为属性对待的，尽量作为属性对待。

②属性不能再具有需要描述的性质。属性是不可分的数据项，不能包含其他属性。

③属性不能与其他实体有联系，联系只发生在实体和实体之间。

例如，学生是一个实体，包含了学号、姓名、性别、出生日期和所在院系等属性。如果在这个局部应用中，只是描述学生属于哪个院系，不需要知道院系的基本信息，根据第一条基本原则，所在院系就是学生实体的一个属性；如果在局部应用中还需要描述院系的基本信息，如院系编号、院系名称、办公地点等，根据第二条基本原则，所在院系就要上升为一个实体；根据第三条基本原则，学生和院系这两个实体之间可以有联系，如图 9.22 所示。

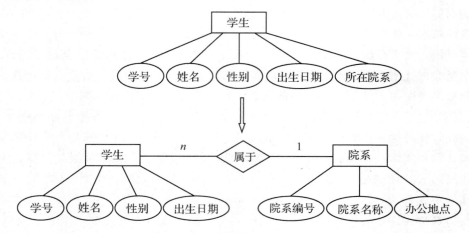

图 9.22 院系作为一个实体

（4）确定联系。

对于识别出的实体，进行两两组合，判断实体之间是否存在联系，联系的类型是 $1:1$，$1:n$，还是 $m:n$。

【例 1】在教务管理系统中，由需求分析可得出如下语义约定。

①每个院系都有若干教师和学生，并开设多门课程。

院系的相关信息：院系编号，院系名称，办公地点。

教师的相关信息：教师编号，教师姓名，教师职称，教师所属单位。

学生的相关信息：学号，姓名，性别，出生日期，学生所在院系，学生的各科成绩和平均成绩等。

课程的相关信息：课程号，课程名，每门课程的直接先修课，学分。

②一个院系聘任多位教师，聘期一般为三年，到期后可以继续聘用，也可以选择解聘，一位教师在某个时间段只能在一个单位工作；每个单位可开设多门课程供教师选课；一个院系有多名学生，一名学生也只能在一个院系学习。

③一位教师可以讲授多门课程，一门课程可以被多位教师讲授；同一教师所讲授的同一课程可以在同一学期教授不同的班级，也可以选择在不同的学期教授不同的班级。

④一名学生可以选修多门课程，一门课程可以被多名学生选修。

请给出该系统的各分 E-R 图。

解答：

根据 9.2 节例 1 中教务管理系统的数据流图和数据在数据字典中的描述，抽象出实体和属性，如图 9.23 所示。

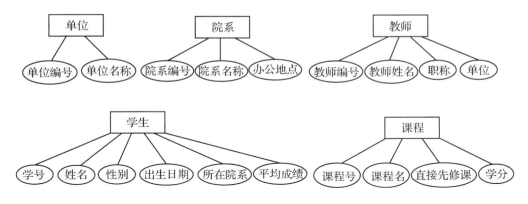

图 9.23　教务管理系统抽象出的各实体和属性

根据语义规定，可得出各实体之间的联系，构成该系统的各分 E-R 图，如图 9.24 所示。

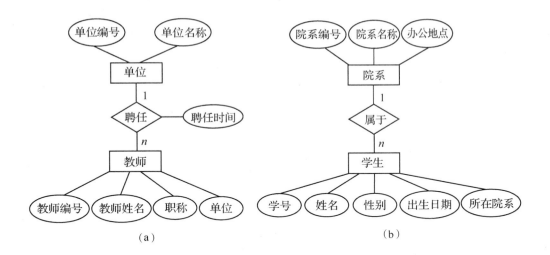

（a）　　　　　　　　　　　　　（b）

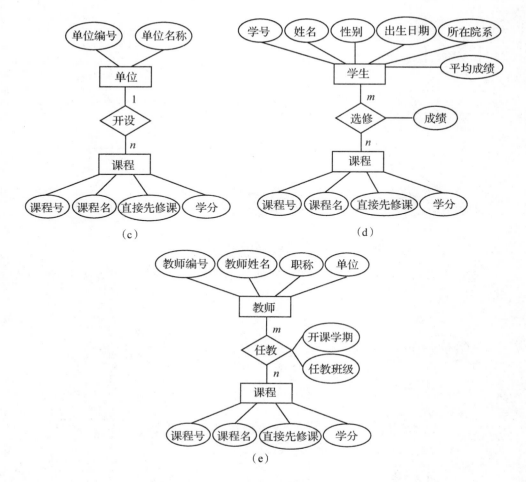

图 9.24　教务管理系统的各分 E-R 图

9.3.4　全局 E-R 模型设计

各分 E-R 图设计好后，需要将它们合并成一个整体的全局 E-R 图。

1. 合并局部 E-R 模型

局部 E-R 模型合并为全局 E-R 模型有两种集成方法。

(1)一次性合并。所有局部 E-R 图一次性集成一个总的初步 E-R 图，如图 9.25(a)所示。这种方法通常用于局部 E-R 图比较简单时的合并。

(2)逐步合并。首先将两个或多个比较关键的局部 E-R 图合并，然后每次将一个新的局部 E-R 图合并进来，最终形成一个总的初步 E-R 图，如图 9.25(b)所示。这种方法通常用于局部 E－R 图比较复杂时的合并。

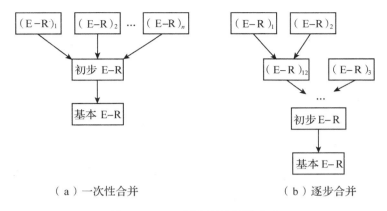

（a）一次性合并　　　　　　（b）逐步合并

图 9.25　E-R 图合并的两种方式

合并时，先将那些现实世界有联系的局部结构合并，从公共实体(实体名相同或码相同的实体)开始，最后再加入独立的局部结构。

2. 消除冲突

由于各个局部应用不同，通常由不同的设计人员进行局部 E-R 图设计，因此，各个局部 E-R 图不可避免地会有不一致的地方，称之为冲突。各局部 E-R 图之间的冲突主要有三种：属性冲突、命名冲突和结构冲突。

（1）属性冲突。

属性冲突包括属性域冲突和属性取值单位冲突。

①属性域冲突，即属性值的类型、取值范围或取值集合不同。例如，学号，在一个局部应用中被定义为整数，而在另一个局部应用中被定义为字符型。

②属性取值单位冲突。例如，学生的身高，有的以米为单位，有的以厘米为单位。又如重量单位，有的以千克为单位，有的以克为单位。

属性冲突需要各部门采用讨论、协商等行政手段加以解决。

（2）命名冲突。

命名冲突包括同名异义和异名同义两种情况。

①同名异义，即不同意义的对象在不同的局部应用中具有相同的名字。例如，在局部应用 A 中将教室称为房间，而在局部应用 B 中将学生宿舍也称为房间，虽然名字都是"房间"，但表示的是两个不同意义的对象。

②异名同义，即同一意义的对象在不同的局部应用中有不同的名字。例如，有的部门把教科书称为课本，有的部门则把教科书称为教材。

命名冲突可能发生在实体、属性和联系上，其中属性的命名冲突更为常见。处理命名冲突通常采用讨论、协商等行政手段加以解决。

（3）结构冲突。

结构冲突包括以下三种情况。

①同一对象在不同应用中具有不同的抽象。例如，"课程"在某一局部应用中被抽象为实体，而在另一局部应用中则被抽象为属性。

解决方法通常是把属性变换为实体或把实体变换为属性，使同一对象具有相同的抽象。变换时要遵循三个基本原则。

②同一实体在不同局部视图中所包含的属性不完全相同，或者属性的排列次序不完全相同。这是因为不同的局部应用关心的是该实体的不同侧面。

解决方法是使该实体的属性取各分 E-R 图中属性的并集，再适当调整属性的次序。

③实体之间的联系在不同局部视图中呈现不同的类型。例如，实体 E1 与 E2 在局部应用 A 中是多对多联系，而在局部应用 B 中是一对多联系；又如在局部应用 C 中 E1 与 E2 之间有联系，而在局部应用 D 中 E1、E2、E3 三者之间有联系。

解决方法是根据应用语义对实体联系的类型进行综合或调整。

【例 2】将例 1 中所得到的各分 E-R 图合并为全局初步 E-R 图，合并时消除各种冲突。

解答：

采用逐步合并的方法来合并各分 E-R 图，先确定一组公共实体，如在图 9.24 中，(a)和(e)有公共实体"教师"，因此，先将二者合并，结果如图 9.26 所示。

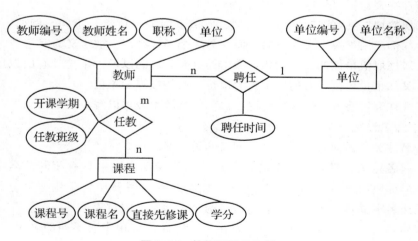

图 9.26　教师任课 E-R 图

然后在刚生成的图 9.26 中加入图 9.24(c)，得到如图 9.27 所示的 E-R 图。

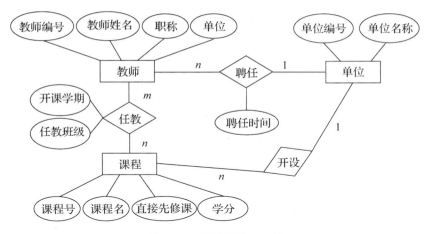

图 9.27　教师任课 E-R 图

图 9.24 中的(b)和(d)有公共实体"学生",将二者合并得到如图 9.28 所示的 E-R 图。

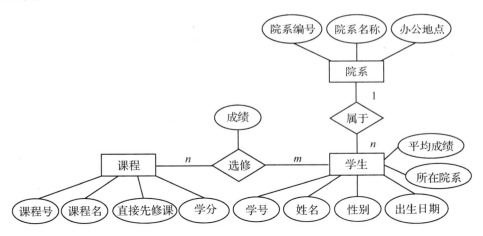

图 9.28　学生选课 E-R 图

然后,再将图 9.27 和图 9.28 中的两个分 E-R 图合并,消除其中的冲突。二者存在的冲突如下。

(1)由需求分析可知,图 9.27 中的"单位"实体和图 9.28 中的"院系"实体虽然名字不同,但表达的意思相同,都是指教师或学生所在的学院,属于命名冲突中的异名同义,因此将二者统一命名为"院系"。

(2)图 9.27 中的"单位"有两个属性,图 9.28 中的"院系"有三个属性,由(1)可知,"单位"和"院系"是同一个实体,却在两个分 E-R 图中有不同的属性个数,属于结构冲突中的第二条,因此合并二者的属性。

(3)"教师"实体中的"单位"和"学生"实体中的"所在院系"是同一个意思，都被抽象成了属性，但在分 E-R 图中的其他地方被抽象成了实体，这属于结构冲突中的第一条。根据三条原则中的第二条和第三条，"院系"需要用编号、名称和办公地点等进一步描述且与学生和教师都有 $1:n$ 的联系，因此"院系"应该被抽象为实体。这样，"教师"实体中的"单位"属性和"学生"实体中的"所在院系"属性是多余的，应该将其去掉。

最终得到的全局初步 E-R 图如图 9.29 所示。

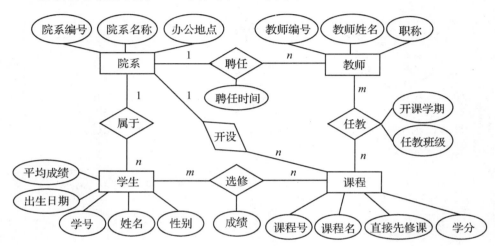

图 9.29　教务管理系统的全局初步 E-R 图

3. 优化全局 E-R 模型

在各个局部 E-R 图合并时，消除了冲突，生成了全局的初步 E-R 图。但在全局初步 E-R 图中，可能存在一些冗余的数据和冗余的联系，因此必须对全局初步 E-R 图进行优化，修改与重构 E-R 图，消除冗余，生成全局的基本 E-R 图。

冗余的数据是指可由基本数据导出的数据，冗余的联系是指可由其他联系导出的联系。冗余数据和冗余联系容易破坏数据库的完整性，给数据库维护增加困难，应该予以消除，消除冗余后的全局初步 E-R 图称为全局基本 E-R 图。

【例 3】将例 2 中所得到的全局初步 E-R 图优化成为全局基本 E-R 图。

解答：

在图 9.29 中，"学生"实体中的"平均成绩"属性可由"选修"联系中的属性"成绩"计算而来，所以这个"平均成绩"属性是冗余的数据，应该去掉。另外，"院系"实体和"课程"实体之间的联系"开设"，可由"院系"实体和"教师"实体之间的"聘任"联系与"教师"实体和"课程"实体之间的"任教"联系推导出来，因此"开设"联系是冗余的联系，应该去掉。这样，去掉冗余的联系和冗余的数据后得到最终的全局基本 E-R 图，如图 9.30 所示。

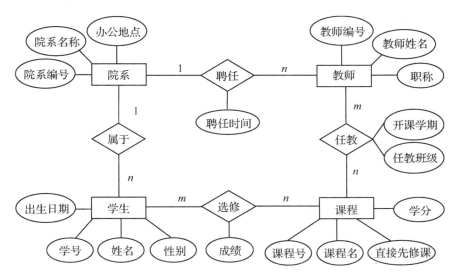

图 9.30　教务管理系统的全局基本 E-R 图

并不是所有的冗余数据与冗余联系都必须加以消除，有时为了提高某些应用的效率，不得不以冗余信息作为代价。因此，在设计数据库概念结构时，哪些冗余信息必须消除，哪些冗余信息允许存在，需要根据用户的整体需求来确定。

9.4　逻辑结构设计

概念结构设计得到的概念模型是独立于任何一种 DBMS 的信息结构，与实现无关。逻辑结构设计的任务就是把概念结构设计阶段设计好的全局基本 E-R 图，转换为与所选用的 DBMS 支持的数据模型相符合的逻辑结构。

目前的数据库应用系统大都采用支持关系数据模型的关系数据库管理系统，因此，本节以关系模型为例分析逻辑结构设计。

基于关系模型的数据库逻辑结构设计一般分为三个步骤，如图 9.31 所示。

①概念模型（即 E-R 图）向关系模型的转换。

②关系模型的优化。

③设计用户子模式。

9.4.1　E-R 图向关系模型的转换

E-R 图由实体、实体的属性和实体之间的联系三个要素组成，而关系模型的逻辑结构是一组关系模式的集合，因此，将 E-R 图转换为关系模型实际上就是将实体、实体的属性和实体之间的联系转换为关系模式，转换时一般遵循以下规则。

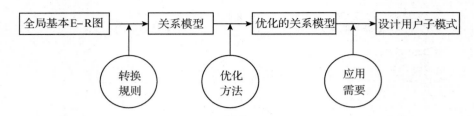

图 9.31　基于关系模型的数据库逻辑结构设计的步骤

1. 实体的转换规则

一个实体转换为一个关系模式。实体的属性就是关系的属性，实体的码就是关系的码。

【例 1】将图 9.32 中的 E-R 图转换成关系模式。

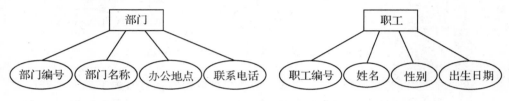

图 9.32　实体转换实例

解答：

一个实体转换成一个关系模式，图 9.32 中有两个实体，因此可以转换成两个关系模式，如下。

部门(部门编号，部门名称，办公地点，联系电话)。

职工(职工编号，姓名，性别，出生日期)。

约定：关系模式中画直线的属性是该关系模式的码，画波浪线的属性是该关系模式的外码，下同。

2. 联系的转换规则

(1)1 : 1 的联系可以转化为一个独立的关系模式，也可以与任意一端对应的关系模式合并。

①如果转换为一个独立的关系模式，那么与该联系相连的各实体的码以及联系本身的属性均转换为关系模式的属性，每个实体的码均是该关系模式的候选码。

②如果与某一端实体对应的关系模式合并，那么需要在该关系模式的属性中加入另一个关系模式的码(作为外码)和联系本身的属性。一般与记录数较少的关系合并，即在记录数较少的关系中加入另一个记录数较多的关系的码作为该关系的外码，并加入联系本身的属性。

【例 2】将图 9.33 中的 E-R 图转换成关系模式。

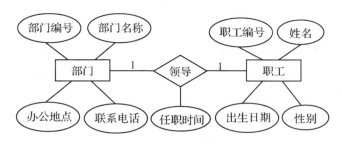

图 9.33　1∶1 联系转换实例

解答：

方案一：1∶1 的"领导"联系转换为一个独立的关系模式。

部门（<u>部门编号</u>，部门名称，办公地点，联系电话）。

职工（<u>职工编号</u>，姓名，性别，出生日期）。

领导（<u>部门编号</u>，<u>职工编号</u>，任职时间）。

其中"领导"关系模式中有两个候选码，分别是"部门编号"和"职工编号"。

方案二：1∶1 的"领导"联系与"部门"关系模式合并。

部门（<u>部门编号</u>，部门名称，办公地点，联系电话，<u>部门领导的职工编号</u>，任职时间）。

职工（<u>职工编号</u>，姓名，性别，出生日期）。

方案三：1∶1 的"领导"联系与"职工"关系模式合并。

部门（<u>部门编号</u>，部门名称，办公地点，联系电话）。

职工（<u>职工编号</u>，姓名，性别，出生日期，所领导的部门编号，任职时间）。

在方案一中，E-R 图转换成了三个关系模式，这会在以后的查询应用中增加连接操作的概率。在方案二和方案三中，E-R 图都转换成了两个关系模式，其中"部门"关系的记录数比"职工"关系的记录数少，为减少冗余，推荐方案二。

（2）1∶n 的联系可以转化为一个独立的关系模式，也可以与 n 端对应的关系模式合并。

①如果转换为一个独立的关系模式，那么与该联系相连的各实体的码以及联系本身的属性均转换为该关系模式的属性，而该关系模式的码是 n 端实体的码。

②如果与 n 端实体对应的关系模式合并，那么需要在 n 端关系模式的属性中加入 1 端关系模式的码和联系本身的属性，合并后的 n 端关系模式的码不变。

1∶n 的联系转换为关系模式时，一般情况下倾向于采用第二种方法，即与 n 端对应的关系模式合并，这样能减少系统中关系的个数。

【例 3】将图 9.34 中的 E-R 图转换成关系模式。

解答：

方案一：1∶n 的"属于"联系转换为一个独立的关系模式。

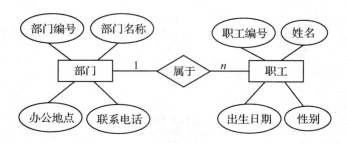

图 9.34　1：n 联系转换实例

部门(部门编号，部门名称，办公地点，联系电话)。

职工(职工编号，姓名，性别，出生日期)。

属于(职工编号，所在部门编号)。

方案二：1：n 的"属于"联系与 n 端即"职工"关系模式合并。

部门(部门编号，部门名称，办公地点，联系电话)。

职工(职工编号，姓名，性别，出生日期，所在部门编号)。

方案一比方案二多了一个关系模式，这会在以后的查询应用中增加连接操作的概率，同时，具有相同码的关系模式可以合并，目的是减少系统中关系模式的个数，因此当"职工"关系模式与"属于"关系模式合并时，就变成了方案二。综上可知，方案二是 1：n 联系转换的最佳选择。

(3) m：n 的联系转化为一个独立的关系模式。与该联系相连的各实体的码以及联系本身的属性均转换为关系模式的属性，各实体的码组成关系模式的码或码的一部分。

【例 4】将图 9.35 中的 E-R 图转换成关系模式。

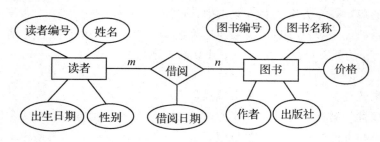

图 9.35　m：n 联系转换实例

解答：

若规定一位读者对同一本图书只能借阅一次，不能重复借阅，则转换的关系模式如下。

读者(读者编号，姓名，出生日期，性别)。

图书(图书编号，图书名称，作者，出版社，价格)。

借阅(<u>读者编号</u>，<u>图书编号</u>，借阅日期)。

若规定一位读者对同一本图书可以重复借阅多次，则转换的关系模式如下。

读者(<u>读者编号</u>，姓名，出生日期，性别)。

图书(<u>图书编号</u>，图书名称，作者，出版社，价格)。

借阅(<u>读者编号</u>，<u>图书编号</u>，<u>借阅日期</u>)。

（4）三个或三个以上实体间的一个多元联系转换为一个关系模式。与该多元联系相连的各实体的码以及联系本身的属性均转换为关系模式的属性，各实体的码组成关系模式的码或码的一部分。

【例5】将图9.36中的E-R图转换成关系模式。

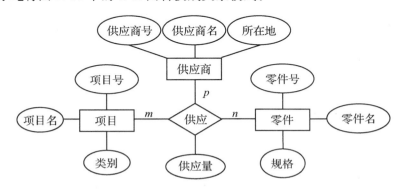

图 9.36　三个实体 $m:n:p$ 联系转换实例

解答：

供应商(<u>供应商号</u>，供应商名，所在地)。

项目(<u>项目号</u>，项目名，类别)。

零件(<u>零件号</u>，零件名，规格)。

供应(<u>供应商号</u>，<u>项目号</u>，<u>零件号</u>，供应量)。

（5）具有相同码的关系模式可合并。这样做的目的是减少系统中关系的个数，降低系统复杂度。合并方法是将其中一个关系模式的全部属性加入另一个关系模式中，然后去掉其中的同义属性(可能同名，也可能不同名)，并适当调整属性的次序。

【例6】将图9.30中的全局基本E-R图转换成关系模式。要求 $1:1$ 和 $1:n$ 的联系与相应的关系模式合并。

解答：

①首先将四个实体转换成四个关系模式，如下。

院系(<u>院系编号</u>，院系名称，办公地点)。

教师(<u>教师编号</u>，教师姓名，职称)。

课程（<u>课程号</u>，课程名，<u>直接先修课</u>，学分）。

学生（<u>学号</u>，姓名，性别，出生日期）。

②两个 $m:n$ 联系"选修"和"任教"转换成两个独立的关系模式，如下。

选修（<u>学号</u>，<u>课程号</u>，成绩）。

任教（<u>教师编号</u>，<u>课程号</u>，任教班级，开课学期）。

③两个 $1:n$ 联系"聘任"和"属于"转换方法如下。

$1:n$ 的"聘任"联系与 n 端实体"教师"合并，得到如下关系模式。

教师（<u>教师编号</u>，教师姓名，职称，<u>所在院系</u>，聘任时间）。

$1:n$ 的"属于"联系与 n 端实体"学生"合并，得到如下关系模式。

学生（<u>学号</u>，姓名，性别，出生日期，<u>所在院系</u>）。

④ 最终得到六个关系模式，如下。

院系（<u>院系编号</u>，院系名称，办公地点）。

教师（<u>教师编号</u>，教师姓名，职称，<u>所在院系</u>，聘任时间）。

课程（<u>课程号</u>，课程名，<u>直接先修课</u>，学分）。

学生（<u>学号</u>，姓名，性别，出生日期，<u>所在院系</u>）。

选修（<u>学号</u>，<u>课程号</u>，成绩）。

任教（<u>教师编号</u>，<u>课程号</u>，任教班级，开课学期）。

值得注意的是，E-R 图转换成关系模式的结果不唯一，也就是说，逻辑结构设计的结果不唯一。

9.4.2　关系模型的优化

关系模型的优化是为了进一步提高数据库的性能，根据应用需要适当地修改调整数据模型的结构。关系数据模型的优化通常以规范化理论为指导，其目的是消除各种数据库操作异常，提高查询效率，节省存储空间，方便数据库的管理。常用的优化方法包括规范化和分解。

1. 规范化

规范化就是确定关系模式中各个属性之间的数据依赖，并逐一进行分析，考察是否存在部分函数依赖、传递依赖和多值依赖等，确定各关系模式属于第几范式。根据需求分析的处理要求，分析在这样的应用环境中，这些关系模式是否合适，确定是否对某些关系模式进行合并或者分解。

一般情况下，当所有的关系模式都符合 3NF 时能满足大多数应用环境的要求，如果不符合 3NF，可以进行分解，使其满足 3NF。

但在实际应用设计中，不是规范化程度越高的关系就越好。因为从低级别范式向高级别范式转化时，需将一个关系模式分解成多个关系模式，当查询操作的数据涉及多个关系时，需要进行耗时的连接运算，降低了系统效率。因此，有时为了提高某些查询或应用系统的性能，对部分关系模式进行逆规范化处理，如增加连接操作所需要的冗余属性和派生属性等。

例如，如果在应用程序中经常要查询课程名称和该课程的最高分和平均分，那么每次查询都需要对"课程"和"选修"两个关系进行连接，花费大量连接的时间，因此，可以考虑在课程关系中增加一个冗余属性"最高分"和一个派生属性"平均分"，可以避免查询时的连接操作。但是这些冗余或派生的属性会占用更多的磁盘空间，同时增加关系内容维护的工作量，所以在实际应用中要进行权衡。

2. 分解

为了提高数据操作的效率和存储空间的利用率，可以对关系模式进行必要的分解。分解包括水平分解和垂直分解。

（1）水平分解。

水平分解是指将一个关系的元组分为若干子集合，定义每个子集合为一个子关系，即将一个关系横向分解成两个或多个关系。根据"80/20"的原则对关系进行水平分解，在一个大的关系中，经常被使用的数据大约占 20%，因此，可以将经常使用的数据分解出来，形成一个子关系。

水平分解通常在以下情况使用。

①一个关系的数据量很大。分割后可以降低在查询时需要读的数据和索引的页数，同时也降低了索引的层次，提高了查询效率。

②数据本身有独立性。例如，一个关系中分别记录各个地区的数据或者不同时期的数据，特别是有些数据常用，而另外一些数据不常用。

水平分解会给应用增加复杂度，通常在查询时需要使用 UNION 操作连接多个子关系。在大多数的应用中，这种复杂性会超过它带来的优点。

（2）垂直分解。

垂直分解是把一个关系模式的属性分为若干子集合，定义每个子集合为一个子关系，即将一个关系纵向分解成两个或多个关系。垂直分解的原则是将一个关系模式中经常使用的属性分解出来形成一个子关系模式，分解时要保证无损连接性和保持函数依赖性。

垂直分解后的关系列数变少，一个数据页能存放更多的数据，查询时会减少 I/O 操作次数，提高系统效率。但也可能在查询时需要执行连接操作，从而降低了效率。因此，是否进行垂直分解取决于分解关系模式后总的效率是否得到了提高。

9.4.3　设计用户子模式

将概念模型转换为全局逻辑模型后，还应该根据局部应用的需要，结合

DBMS 的特点，设计用户子模式。用户子模式也称为外模式，是全体数据逻辑结构的子集。目前关系数据库管理系统都提供了视图机制，利用视图可以设计出更符合局部应用需要的用户外模式，此外也可以通过垂直分解的方式来实现。

设计用户子模式包括以下几个方面。

（1）使用更符合用户习惯的别名。

使用视图时，可以重新定义某些属性的名称，使其与用户习惯保持一致，以方便使用。视图中属性名的改变并不影响数据库的逻辑结构。

（2）为不同级别的用户定义不同的用户模式。

利用视图可以为不同级别的用户定义不同的用户模式，隐藏一些不想让其他用户操纵的信息，以提高数据的安全性。例如，某商城数据库中有关系模式"商品"如下。

商品（商品号，商品名，规格，进货价格，零售价格，生产厂家）。

为了让不同的用户看到不同的信息，可以在"商品"上建立不同的视图，例如，

为一般的买家建立视图。

买家商品（商品号，商品名，规格，零售价格）。

为卖家建立视图。

卖家商品（商品号，商品名，规格，进货价格，生产厂家）。

（3）简化用户对系统的使用。

某些局部应用经常使用非常复杂的查询，如连接操作、分组查询和聚集函数查询等。为了方便用户，可以将这些复杂查询定义为视图，用户每次只对定义好的视图进行查询，大大方便了用户的使用。

9.5　物理结构设计

数据库在物理设备上的存储结构与存取方法称为数据库的物理结构，它依赖于选定的数据库管理系统。为一个给定的逻辑数据模型选取一个最适合应用要求的物理结构的过程，就是数据库的物理结构设计。

数据库的物理结构设计通常分为两步。

（1）确定数据库的物理结构，在关系数据库中主要指存取方法和存储结构。

（2）对物理结构进行评价，评价的重点是时间和空间效率。

由于物理结构设计与具体的数据库管理系统有关，各种产品提供了不同的物理环境、存取方法和存储结构，能供设计人员使用的设计变量、参数范围都有很大差别，因此物理结构设计没有通用的方法，在进行物理结构设计之前，应注意所选择的 DBMS 的特点和计算机系统应用环境的特点。本小节只讨论关系型数

据库的物理结构设计。

关系型数据库的物理结构设计的主要内容如下。

（1）为关系模式选取存取方法。

（2）设计关系及索引的物理存储结构。

9.5.1　关系模式存取方法选择

数据库系统是多用户共享的，为了满足用户快速存取的要求，必须选择有效的存取方法，对同一个关系要建立多条存取路径才能满足多用户的多种应用需求。一般数据库系统都为关系、索引等数据库对象提供了多种存取方法，主要有索引方法、聚簇方法和 HASH 方法。

1. 索引存取方法的选择

索引存取方法的选择就是根据应用要求确定对关系的哪些属性列建立索引、哪些属性列建立组合索引、哪些索引要设计为唯一索引等。

（1）如果一个（或一组）属性经常在查询条件中出现，那么考虑在这个（或这组）属性上建立索引（或组合索引）。

（2）如果一个属性经常作为最大值和最小值等聚集函数的参数，那么考虑在这个（或这组）属性上建立索引。

（3）如果一个（或一组）属性经常在连接操作的连接条件中出现，那么考虑在这个（或这组）属性上建立索引（或组合索引）。

关系上定义的索引数并不是越多越好。一是索引本身占用磁盘空间；二是系统为维护索引要付出代价，特别是对于更新频繁的关系，索引不能定义太多。

2. 聚簇存取方法的选择

为了提高某个属性（或属性组）的查询速度，把这个或这些属性（称为聚簇码）上具有相同值的元组集中存放在连续的物理块中称为聚簇。

聚簇功能可以大大提高单个关系中按聚簇码进行查询的效率。例如，要查询编号为"D1"的信工学院的所有学生名单，假设信工学院有 500 名学生，在极端情况下，这 500 名学生所对应的数据元组分布在 500 个不同的物理块上。尽管对学生关系已经按照所在院系建立索引，由索引很快找到了信工学院学生的元组标识，避免了全表扫描，然而再由元组标识去访问数据块时就要存取 500 个物理块，执行 500 次 I/O 操作。如果将同一院系的学生元组集中存放，那么每读一个物理块可得到多条满足查询条件的元组，从而显著地减少了访问磁盘的次数。

聚簇功能不但适用于单个关系，也适用于经常进行连接操作的多个关系。将经常进行连接操作的两个或多个表，按连接属性（聚簇码）值聚集存放，从而大大提高连接操作的效率。例如，用户经常要按姓名查询学生成绩情况，这一查询涉及学生关系和选修关系的连接操作，即需要按学号连接这两个关系。为提高连接操作的效率，可以把具有相同学号值的学生元组和选修元组在物理上聚簇在一起。这就相当于把学生和选修这两个关系按"预连接"的形式存放，从而大大提高了连接操作的效率。

一个数据库中可以建立多个聚簇，但一个关系只能加入一个聚簇。

设计聚簇的原则如下。

(1)对经常在一起进行连接操作的关系，可以考虑存放在一个聚簇中。

(2)如果一个关系的一组属性经常出现在相等比较条件中，那么该单个关系可以建立聚簇。

(3)如果一个关系的一个(或一组)属性上的值重复率很高，那么该单个关系可以建立聚簇。

注意，在关系中对应每个聚簇码值的平均元组数不要太少，否则聚簇的效果不明显。

3. HASH 存取方法的选择

有些数据库管理系统提供了 HASH 存取方法。HASH 存取方法是根据查询条件的值，按 HASH 函数计算查询记录的地址，减少了数据存取的 I/O 次数，加快了存取速度。但并不是所有的关系都适合 HASH 存取，选择 HASH 存取方法的原则如下。

(1)主要用于查询静态关系，而不是经常更新的关系。

(2)关系的大小可预知，而且不变。

(3)如果关系的大小动态改变，那么数据库管理系统应能提供动态 HASH 存取方法。

(4)作为查询条件的属性值域(散列键值)，具有比较均匀的数值分布。

(5)查询条件是相等的比较，而不是范围(大于或小于)。

9.5.2 确定数据库的存储结构

确定数据库的存储结构主要是合理设置系统参数，为数据库中的数据存放位置。数据库中的数据主要是指关系、索引、聚簇、日志和备份等。

选择存储结构的主要原则：数据存取时间上的效率、存储空间的利用率、存储数据的安全性。

1. 确定数据的存放位置

为了提高系统性能，应该根据应用情况将数据的易变部分与稳定部分、经常存取部分与存取频率较低部分分开存放。如果系统采用多个磁盘和磁盘阵列，将关系和索引存放在不同的磁盘上。查询时，两个驱动器并行工作，可以提高 I/O 读写速度。为了系统的安全，一般将日志文件和重要的系统文件存放在多个磁盘上，互为备份。另外，数据库文件和日志文件的备份，由于数据量大，并且只在数据库恢复时使用，所以一般存储在磁带上。

2. 确定系统配置

DBMS 产品一般都提供了大量的存储分配参数，供数据库设计人员和 DBA 对数据库进行物理优化，如同时使用数据库的用户数、内存分配参数、缓冲区分配参数、物理块的大小、物理块装填因子、时间片大小、锁的数目等参数。这些参数值都有系统给出的初始默认值，但这些值不一定适合每一种应用环境，在进行物理设计时，需要重新对这些参数赋值，以改善系统的性能，同时，还要在系统运行阶段根据实际情况进一步调整和优化，以期切实改进系统性能。

9.5.3　物理结构的评价

数据库物理设计过程中需要对时间效率、空间效率、维护代价和各种用户要求进行权衡，其结果可以产生多种方案。数据库设计人员必须对这些方案进行细致的评价，从中选择一个较优的方案作为数据库的物理结构。

评价物理结构的方法完全依赖于所选用的 DBMS，主要从定量估算各种方案的存储空间、存取时间和维护代价入手，对估算结果进行权衡、比较，选择出一个较优的合理的物理结构。

如果选择的结构不符合用户需求，就需要再修改设计。

9.6　数据库的实施

完成数据库的物理设计之后，设计人员要用 DBMS 提供的数据定义语言和其他实用程序将数据库逻辑设计和物理设计结果严格描述出来，即建立数据库和数据库对象，然后组织数据入库，经过调试、试运行之后就可以正式运行了，这就是数据库实施阶段。

9.6.1　建立数据库结构

根据逻辑结构和物理结构设计的结果，使用提供的数据定义语言 DDL 严格描述数据库结构，即创建数据库以及数据库中的各种对象，包括表、视图、索引和触发器等。例如，使用 Oracle 的 CREATE TABLE、CREATE VIEW、CRE-ATE INDEX 和 CREATE TRIGGER 等命令来创建这些数据库对象。

9.6.2　数据载入

数据库结构建立好以后，就需要组织数据，并导入数据库中。

数据的来源以及载入方式主要有以下几种。

（1）纸质数据。

　　用户以前没有使用任何计算机软件协助业务工作，所有的数据都以报表、档案、凭证和单据等纸质文件形式保存。组织这类数据库入库的工作非常艰辛，一方面需要用户按照数据库要求配合手工整理这些数据，保证数据的正确性、一致性和完整性；另一方面，还要将这些数据直接手工录入或使用简单有效的录入工具录入数据库中。

　　（2）文件型数据。

　　用户已经使用过计算机软件协助业务工作，但是没有使用特定的数据库应用系统，所产生的数据存储在电子文档中，如 WORD 文档、EXCEL 文档等。这类数据需要通过一些转换工具转换后导入数据库中。导入之前也需要用户配合核对数据。

　　（3）数据库数据。

　　用户已经使用数据库应用系统协助业务工作，新系统是旧系统的改版或升级，甚至采用的 DBMS 也不同。这需要在了解原系统的逻辑结构基础上将数据迁移到新系统中。

9.6.3　编写与调试应用程序

　　数据库设计的特点之一是数据库的结构设计和行为设计相结合，也就是说数据库应用系统中的程序设计与数据库设计是同步进行的，因此在组织数据入库的同时，还要调试应用程序并进行测试。应用程序的设计、编码和调试的方法、步骤在软件工程课程中有详细讲解，这里不再展开叙述。

9.6.4　数据库试运行

　　完成数据载入和应用程序的初步设计、调试后，就进入数据库试运行阶段，此阶段也称为联合调试。

　　数据库试运行期间，应利用性能监视工具对系统性能进行监视和分析。应用程序在少量数据的情况下，如果功能表现完全正常，那么在大量数据时，主要看它的效率，特别是在并发访问情况下的效率。如果运行效率不能达到用户的要求，就要分析是应用程序本身的问题，还是数据库设计的缺陷。对于应用程序的问题，就要以软件工程的方法排除；对于数据库设计的问题，可能还需要返工，检查数据库的逻辑设计。接下来，分析逻辑结构在映射成物理结构时，是否充分考虑了 DBMS 的特性。如果是，则应转储测试数据，重新生成物理模式。

　　经过反复测试，直至数据库应用程序功能正常，数据库运行效率也能满足需要，就可以删除模拟数据，将真正的数据全部装入数据库，进行最后的试运行。此时，最好原有的系统也处于正常运行状态，形成一种同一应用两个系统同时运行的局面，以确保用户业务的正常开展。

9.7 数据库的运行和维护

数据库试运行合格后，就可以真正投入运行了。但是应用环境在不断变化，数据库运行过程中物理存储也会不断变化，因此，对数据库设计进行评价、调整、修改等维护工作是一个长期的任务，也是设计工作的继续和提高。

在数据库运行阶段，对数据库经常性的维护工作主要由 DBA 完成。数据库的维护工作主要有以下几个方面。

1. 数据库的转储和恢复

数据库的转储和恢复是系统正式运行后最重要的维护工作之一。DBA 要针对不同的应用要求制订不同的转储计划，以保证一旦发生故障能尽快将数据库恢复到某种一致的状态，并尽可能减少对数据库的破坏。

2. 数据库的安全性、完整性控制

在数据库运行过程中，由于应用环境的变化，对安全性的要求也会发生变化。例如，有的数据原来是机密的，现在是可以公开查询的了，而新加入的数据有可能还是机密的。系统中用户的密级也会改变。这些都需要 DBA 根据实际情况修改原有的安全性控制。同样，由于应用环境的变化，数据库的完整性约束条件也会变化，DBA 应根据实际情况做出相应修正，以满足用户要求。

3. 数据库性能的监督、分析和改进

在数据库运行过程中，监督系统运行，对监测数据进行分析，找出改进系统性能的方法是 DBA 的重要职责。目前有些 DBMS 产品提供了监测系统性能参数的工具，DBA 可以利用这些工具方便地得到系统运行过程中的一系列性能参数的值。DBA 应该仔细分析这些数据，判断当前系统是否处于最佳运行状态，如果不是，应当做哪些改进，如调整系统物理参数或者对数据库进行重组织或重构造等。

4. 数据库的重组织和重构造

(1)数据库的重组织。

数据库在运行一段时间后，由于记录不断增、删、改，会使数据库的物理存储变坏，降低了数据的存取效率，数据库性能下降，这时 DBA 就要对数据库进行重组织或部分重组织(只对频繁增、删的表进行重组织)。数据库的重组织不会改变原计划的数据逻辑结构和物理结构，只是按原计划要求重新安排存储位置、回收垃圾、减少指针链、提高系统性能。DBMS 一般都提供了供重组织数据库使用的实用程序，帮助 DBA 重新组织数据库。

(2)数据库的重构造。

　　当数据库应用环境变化时，例如，增加新的应用或新的实体，取消或改变某些已有应用，这些都会导致实体及实体间的联系发生相应的变化，使原来的数据库设计不能很好地满足新的要求，从而不得不适当调整数据库的模式和内模式。如增加新的数据项、改变数据项的类型、改变数据库的容量、增加或删除索引、修改完整性约束条件等，这就是数据库的重构造。

　　重构造数据库的程度是有限的。若应用变化太大，已无法通过重构数据库来满足新的需求，或者重构数据库的代价太大，则表明现有数据库应用系统的生命周期已经结束，应该重新设计新的数据库系统，开始新数据库应用系统的生命周期了。

9.8　小结

　　本章介绍了数据库设计的方法和步骤，详细介绍了数据库设计的各个阶段的目的、方法和成果。数据库设计分为需求分析阶段、概念结构设计阶段、逻辑结构设计阶段、物理结构设计阶段、数据库实施阶段、数据库运行和维护阶段六个阶段，按照软件工程的思想，设计过程是过程迭代和逐步求精。其中，每个阶段的结果作为下一个阶段的输入，若发现在某个阶段出了问题，可回溯到上面任何一个阶段。

　　数据库设计属于方法学的范畴，应主要掌握基本方法和一般原则，并能在数据库设计过程中加以灵活运用，以设计出符合实际需求的数据库。

习题

一、选择题

1. 以下不是数据库设计特点的是（　　）。

A. 狭义的数据库设计就是指设计数据库的各级模式并建立数据库

B. 十二分技术，七分管理，三分基础数据

C. 数据库的数据设计和对数据的处理相结合

D. 数据库的设计应充分考虑具体的应用环境

2. （　　）表达了数据与处理的关系。

A. 数据流图　　　　B. 数据字典　　　　C. 判定树　　　　D. 判定表

3. 设计数据流图时通常采用（　　）方法。

A. 回溯　　　　　　B. 面向对象　　　　C. 自顶向下　　　D. 自底向上

4. 在数据流图中，对数据的处理用（　　）表示。

A. 矩形　　　　　　B. 椭圆形　　　　　C. 菱形　　　　　D. 还箭头的线段

5. 下列关于数据字典的描述，正确的是（　　）。

A. 数据字典是所有数据的集合

B. 数据字典是数据库中所涉及的属性和文件的名称的集合

C. 数据字典是数据库中所涉及的字母、字符和汉字的集合

D. 数据字典是数据库中所涉及的数据流、数据项和文件等描述的集合

6. 在数据库设计中，E-R 模型是进行（　　）的一个主要工具。

A. 需求分析　　　B. 概念设计　　　C. 逻辑设计　　　D. 物理设计

7. 在数据库设计的需求分析阶段，业务流程一般采用（　　）表示。

A. E-R 模型　　　B. 数据流图　　　C. 程序结构图　　　D. 程序框架图

8. 在数据库逻辑设计阶段需将（　　）转换为关系数据模型。

A. E-R 模型　　　B. 层次模型　　　C. 关系模型　　　D. 网状模型

9. 在数据库设计中，学生的学号在某一局部应用中定义为字符型，而在另一局部应用中定义为整型，这称为（　　）。

A. 属性冲突　　　B. 命名冲突　　　C. 联系冲突　　　D. 结构冲突

10. 在数据库设计中，在某一局部应用中"房间"表示教室，而在另一局部应用中"房间"表示寝室，这称为（　　）。

A. 属性冲突　　　B. 命名冲突　　　C. 联系冲突　　　D. 结构冲突

11. 在数据库设计中，在某一局部应用中，学生实体包括学号、姓名、平均成绩，而在另一局部应用中学生实体包括学号、姓名、性别、党员否，这称为（　　）。

A. 属性冲突　　　B. 命名冲突　　　C. 联系冲突　　　D. 结构冲突

12. 在 E-R 模型中，有 3 个不同的实体，3 个 $m:n$ 联系，根据 E-R 模型转换为关系模型的规则，转换后的关系数目是（　　）个。

A. 4　　　　　　B. 5　　　　　　C. 6　　　　　　D. 7

13. 在 E-R 模型中，有 3 个不同的实体，1 个 $m:n$ 联系，2 个 $1:n$ 联系，根据 E-R 模型转换为关系模型的规则，转换后的关系数目不可能是（　　）个。

A. 4　　　　　　B. 5　　　　　　C. 6　　　　　　D. 7

14. 确定数据的存放位置时，应当把经常存取的数据和不常存取的数据（　　）。

A. 不离开存放　　　B. 分开存放　　　C. 一块存放　　　D. 固定位置存放

15. 最常用的重要的优化模式方法是根据应用的不同要求对关系模式进行（　　）。

A. 垂直分解　　　　　　　　B. 水平分解

C. 实体和属性分离　　　　　D. 垂直和水平分解

二、简答题

1. 简述数据库设计的步骤。

2. 简述数据库设计的方法。

3. 简述数据库设计中需求分析阶段、概念结构设计阶段和逻辑结构设计阶段的任务、方法及成果物。

4. 简述在数据库概念结构设计中，抽象实体和属性的三个原则。

三、数据库设计题

1. 某集团有若干工厂。每个工厂可以生产多种产品，每种产品可以在多个工厂生产，每个工厂按照固定的计划数量生产产品。每个工厂聘用多名职工，且每名职工只能在一个工厂工作，工厂按照规定的聘期和工资聘用工人。工厂的属性有工厂编号、厂名和地址。产品的属性有产品编号、产品名和规格。职工的属性有职工号和姓名。

回答以下问题。

(1)结合上述信息，分析设计该集团的 E-R 图。

(2)将上述 E-R 图转换为关系模式(要求：1∶1 和 1∶n 的联系需要合并)；并指出每个关系模式的主码和外码，主码加下划线表示，外码加波浪线表示。

2. 某医院病房计算机管理中需要如下信息。

科室：科室名，地址，电话。

病房：病房号，床位数量，电话。

医生：工号，医生姓名，职称，年龄。

病人：病历号，病人姓名，性别，年龄，诊断详情。

其中，一个科室有多个病房、多名医生，一个病房只能属于一个科室，一名医生只属于一个科室，但可负责多个病人的诊治，一个病人的诊治医生可以有多个，每名医生诊治某一病人有诊治时间；一个病房可以容纳多个病人住院，每个病人只能住在一个病房。

试回答下列问题。

(1)结合上述信息，分析设计该系统的 E-R 图。

(2)将上述 E-R 图转换为关系模式(要求：1∶1 和 1∶n 的联系需要合并)；并指出每个关系模式的主码和外码，主码加下划线表示，外码加波浪线表示。

课后习题参考答案

第一章课后习题参考答案

一、选择题

1. D 2. B 3. C 4. C 5. A 6. A 7. C 8. B 9. C 10. A 11. A 12. D
13. B 14. C 15. C 16. B 17. A 18. D 19. D 20. C 21. B 22. B 23. D
24. A 25. B

二、简答题

答案略。

第二章课后习题参考答案

一、选择题

1. B 2. C 3. A 4. D 5. A 6. B 7. B 8. B 9. C 10. B 11. A 12. D
13. D 14. B 15. A 16. C 17. B 18. D 19. A 20. B

二、简答题

答案略。

三、操作题

1.（1）

R∪S

A	B
a	d
b	e
c	a
d	e
d	a
b	c

R∩S

A	B
a	d
c	a

R-S

A	B
b	e
d	e

R×S

A	B	A	B
a	d	d	a
a	d	a	d
a	d	c	a
a	d	b	c
b	e	d	a
b	e	a	d
b	e	c	a
b	e	b	c
c	a	d	a
c	a	a	d
c	a	c	a
c	a	b	c
d	e	d	a
d	e	a	d
d	e	c	a
d	e	b	c

(2)

$$P \underset{D<F}{\infty} Q$$

P.C	D	E	F	Q.C
C1	3	E2	9	C4
C1	3	E3	8	C6
C3	5	E2	9	C4
C3	5	E3	8	C6
C2	1	E4	2	C2
C2	1	E2	9	C4
C2	1	E1	3	C1
C2	1	E3	8	C6

$$P \underset{P.C=Q.C}{\infty} Q$$

P.C	D	E	F	Q.C
C1	3	E1	3	C1
C2	1	E4	2	C2

$$P \infty Q$$

C	D	E	F
C1	3	E1	3
C2	1	E4	2

$$P \times Q$$

P.C	D	E	F	Q.C
C1	3	E4	2	C2
C1	3	E2	9	C4
C1	3	E1	3	C1
C1	3	E3	8	C6
C3	5	E4	2	C2
C3	5	E2	9	C4
C3	5	E1	3	C1
C3	5	E3	8	C6
C5	9	E4	2	C2
C5	9	E2	9	C4
C5	9	E1	3	C1
C5	9	E3	8	C6
C2	1	E4	2	C2
C2	1	E2	9	C4
C2	1	E1	3	C1
C2	1	E3	8	C6

2.

（1）$\pi_{\text{Classname}} (\sigma_{\text{Tno}='T2'} (\text{TC}))$。

（2）$\pi_{\text{Cno}} (\sigma_{\text{Classname}='17网工' \land \text{Semester}='2016-2'} (\text{TC}))$。

（3）$\pi_{\text{Cno,Cname}} (\sigma_{\text{Semester}='2017-2' \land \text{Credit}=4} (\text{Course} \infty \text{TC}))$。

（4）$\pi_{\text{Tname,Classname}} (\sigma_{\text{Cno}='C4'} (\text{Teacher} \infty \text{TC}))$。

（5）$\pi_{\text{Cname,Credit}} (\sigma_{\text{Tname}='海洋'} (\text{Teacher} \infty \text{TC} \infty \text{Course}))$。

（6）$\pi_{\text{Dname}} (\sigma_{\text{Semester}='2017-1' \land \text{Cname}='计算机基础'} (\text{Department} \infty \text{Teacher} \infty \text{TC} \infty \text{Course}))$。

（7）$\pi_{\text{Tname,Prof}} (\sigma_{\text{Dname}='地理学院' \land \text{Cname}='计算机基础'} (\text{Department} \infty \text{Teacher} \infty \text{TC} \infty \text{Course}))$。

（8）$\pi_{\text{Tno}} (\sigma_{\text{Cno}='C2' \lor \text{Cno}='C3'} (\text{TC}))$。

（9）$\pi_{1} (\sigma_{1=5 \land 2='C2' \land 6='C3'} (\text{TC} \times \text{TC}))$。

（10）$\pi_{1} (\sigma_{1=5 \land 2 \neq 6} (\text{TC} \times \text{TC}))$。

(11)$\pi_{\text{Tno,Tname}}(\text{Teacher}) - \pi_{\text{Tno,Tname}}(\sigma_{\text{Cno}='C2'}(\text{Teacher} \infty \text{TC}))$。

(12)$\pi_{\text{Cno}}(\text{Course}) - \pi_{\text{Cno}}(\sigma_{\text{Tname}='刑林'}(\text{Teacher} \infty \text{TC}))$。

(13)$\pi_{\text{Tno,Cno}}(\text{TC}) \div \pi_{\text{Cno}}(\text{Course})$。

(14)$\pi_{\text{Tno,Cno}}(\text{TC}) \div \pi_{\text{Cno}}(\sigma_{\text{Credit}=4}(\text{Course})) \infty \pi_{\text{Tno,Tname}}(\text{Teacher})$。

(15)$\pi_{\text{Cno,Tno}}(\text{TC}) \div \pi_{\text{Tno}}(\text{Teacher})$。

(16)$\pi_{\text{Cno,Tno}}(\text{TC}) \div \pi_{\text{Tno}}(\sigma_{\text{Prof}='讲师'}(\text{Teacher})) \infty \pi_{\text{Cno,Cname}}(\text{Course})$。

(17)$\pi_{\text{Tno,Cno}}(\text{TC}) \div \pi_{\text{Cno}}(\sigma_{\text{Tno}='T5'}(\text{TC}))$。

第三章课后习题参考答案

一、选择题

1. B 2. D 3. C 4. C 5. B 6. A 7. C 8. B 9. D 10. B 11. D 12. C 13. D 14. A 15. B 16. A 17. C 18. B 19. A 20. C

二、简答题

答案略。

三、操作题

1.

CREATE TABLE Teacher

(Tno VARCHAR2(3) CONSTRAINT pk_tno PRIMARY KEY,

Tname VARCHAR2(10) CONSTRAINT nn_tname NOT NULL,

Prof VARCHAR2(10),

Engage DATE,

Dno VARCHAR2(3) CONSTRAINT teacher_fk_dno REFERENCES Department(Dno)

);

CREATE TABLE TC

(Tno VARCHAR2(3),

Cno VARCHAR2(3),

Classname VARCHAR2(20) CONSTRAINT nn_classname NOT NULL,

Semester CHAR(6),

CONSTRAINT fk_tno FOREIGN KEY(Tno) REFERENCES Teacher(Tno),

CONSTRAINT tc_fk_cno FOREIGN KEY(Cno) REFERENCES Course(Cno),

CONSTRAINT pk_tc PRIMARY KEY(Tno, Cno, Classname)

）；
2.（1）
INSERT INTO Teacher VALUES（'T1'，'刘伟'，'教授'，
TO_DATE（'2008-01-01'，'YYYY-MM-DD'），'D1'）；
INSERT INTO Teacher VALUES（'T2'，'刑林'，'讲师'，
TO_DATE（'2013-07-01'，'YYYY-MM-DD'），'D3'）；
INSERT INTO Teacher VALUES（'T3'，'吕轩'，'讲师'，
TO_DATE（'2010-07-01'，'YYYY-MM-DD'），'D3'）；
INSERT INTO Teacher VALUES（'T4'，'陈武'，'副教授'，
TO_DATE（'2008-01-01'，'YYYY-MM-DD'），'D1'）；
INSERT INTO Teacher VALUES（'T5'，'海洋'，'助教'，
TO_DATE（'2016-07-03'，'YYYY-MM-DD'），'D2'）；
INSERT INTO Teacher VALUES（'T6'，'付阳'，'讲师'，
TO_DATE（'2012-01-06'，'YYYY-MM-DD'），NULL）；
INSERT INTO TC VALUES（'T1'，'C2'，'17网工'，'2017-1'）；
INSERT INTO TC VALUES（'T1'，'C1'，'17计科'，'2017-2'）；
INSERT INTO TC VALUES（'T2'，'C3'，'16工设'，'2016-2'）；
INSERT INTO TC VALUES（'T2'，'C3'，'17网工'，'2016-2'）；
INSERT INTO TC VALUES（'T4'，'C3'，'16网工'，'2017-1'）；
INSERT INTO TC VALUES（'T4'，'C4'，'16计科'，'2016-2'）；
INSERT INTO TC VALUES（'T5'，'C2'，'16环境'，'2016-2'）；
INSERT INTO TC VALUES（'T3'，'C3'，'15工设'，'2017-2'）；
INSERT INTO TC VALUES（'T1'，'C3'，17软工'，'2017-2'）；
INSERT INTO TC VALUES（'T5'，'C3'，'17环境'，'2017-1'）；
INSERT INTO TC VALUES（'T1'，'C4'，'15计科'，'2017-1'）；
INSERT INTO TC VALUES（'T6'，'C3'，'17计科'，'2017-2'）；
INSERT INTO TC VALUES（'T6'，'C1'，'16计科'，NULL）；
（2）
CREATE TABLE S_avg
AS
SELECT Student. Sno，Sname，ROUND(AVG(Score)，1) Avgscore
FROM Student，SC
WHERE Student. Sno = SC. Sno AND Score IS NOT NULL
GROUP BY Student. Sno，Sname
ORDER BY Student. Sno；

注意：若不带"Score IS NOT NULL"这个条件，执行时会带有警告。

(3)ALTER TABLE S_avg ADD Info VARCHAR2(30);

(4)ALTER TABLE S_avg MODIFY Info VARCHAR2(50);

(5)ALTER TABLE S_avg DROP COLUMN Info;

3.(1)单个条件的单表查询。

SELECT Classname FROM TC WHERE Tno='T2';

(2)多个条件的单表查询

SELECT Cno FROM TC WHERE Classname='17 网工' AND Semester='2016-2';

(3)两个表连接，且目标列来自一个表。

方法一：显示连接

SELECT Course.Cno,Cname FROM Course INNER JOIN TC
ON Course.Cno=TC.Cno AND Credit=4 AND Semester='2017-2';

方法二：隐式连接

SELECT Course.Cno,Cname FROM Course,TC
WHERE Credit=4 IN 嵌套 AND Semester='2017-2' AND
Course.Cno=TC.Cno；

方法三：IN 嵌套

SELECT Cno,Cname FROM Course
WHERE Credit=4 AND Cno IN
　(SELECT Cno FROM TC WHERE Semester='2017-2');

方法四：ANY 嵌套

SELECT Cno,Cname FROM Course
WHERE Credit=4 ANY Cno =ANY
　(SELECT Cno FROM TC WHERE Semester='2017-2');

方法五：EXISTS 嵌套

SELECT Cno,Cname FROM Course
WHERE Credit=4 and EXISTS
　(SELECT * FROM TC WHERE Semester='2017-2' AND TC.Cno=
Course.Cno);

(4)两个表连接，且目标列来自两个表。

方法一：隐式连接

SELECT Tname,Classname FROM Teacher,TC
WHERE Teacher.Tno=Tc.Tno AND Cno='C4';

方法二：显示连接

SELECT Tname，Classname FORM Teacher INNER JOIN TC ON Tacher. Tno＝Tc. Tno AND Cno＝'C4'；

(5)三个表的查询且目标列来自一个表。若目标列来自多个表，依然不能用嵌套。

方法一：隐式连接

SELECT Cname，Credit FROM Course，Teacher，TC WHERE Course. Cno＝TC. Cno AND Teacher. Tno＝TC. Tno AND Tname＝'海洋'；

方法二：显示连接

SELECT Cname，Credit FROME Course INNER JOIN TC ON TC. Cno＝Course. Cno

INNER JOIN Teacher ON Teacher. Tno＝TC. Tno AND Tname＝'海洋'；

方法三：IN 嵌套

SELECT Cname，Credit from Course

WHERE Cno IN

　(SELECT Cno FROM TC

　WHERE Tno IN

　　(SELECT Tno from Teacher WHERE Tname＝'海洋'))；

方法四：ANY 嵌套

SELECT Cname，Credit FROM Course

WHERE Cno ＝ANY

　(SELECT Cno FROM TC

　where Tno ＝ANY

　　(SELECT Tno FROM Teacher WHERE Tname＝'海洋'))；

方法五：EXISTS 嵌套

使用以下 EXISTS 的几种形式均可。

SELECT Cname，Credit FROM Course

WHERE EXISTS

　(SELECT * FORM TC

　WHERE TC. Cno＝Course. Cno AND EXISTS

　　(SELECT * FROM Teacher WHERE Tname＝'海洋'

　　AND Teacher. Tno＝Tc. Tno))；

SELECT Cname，Credit FROM Course

WHERE　EXISTS

　　（SELEXT　＊　FROM　Teacher

　　WHERE　EXISTS

　　　　（SELEXT　＊　FROM　TC　WHERE　Tname＝'海洋'　AND

Teacher. Tno＝TC. Tno

　　　　　　AND　TC. Cno＝Course. Cno））；

　　SELECT　Cname，Credit　FROM　Course

WHERE　EXISTS

　　（SELECT　＊　FROM　Teacher

　　WHERE　Tname＝'海洋'　and　exists

　　　　（SELECT　＊　FROM　TC　WHERE　Teacher. Tno＝TC. Tno

　　　　　　AND　TC. Cno＝Course. Cno））；

（6）四个表的查询，目标列在顶层表，嵌套时依次往下顺。

方法一：隐式连接

SELECT　Dname　FROM　Department，Teacher，TC，Course

WHERE　Department. Dno＝Teacher. Dno　AND　Teacher. Tno＝TC. Tno

AND　TC. Cno＝Course. Cno　AND　Semester＝'2017-1'　AND　Cname＝

'计算机基础'；

方法二：显示连接

SELECT　Dname　FROM　Department　INNER　JOIN　Teacher

ON　Department. Dno＝Teacher. Dno　INNER　JOIN　TC　ON　Teacher. Tno＝TC. Tno

INNER　JOIN　Course　ON　TC. Cno＝Course. Cno

AND　Semester＝'2017-1'　AND　Cname＝'计算机基础'；

方法三：IN 嵌套

SELECT　Dname　FROM　Department

WHERE　Dno　IN

　（SELECT　Dno　FROM　Teacher

　　WHERE　Tno　IN

　　　（SELECT　Tno　FORM　TC

　　　　WHERE　Semester＝'2017-1'　AND　Cno　IN

　　　　　（SELECT　Cno　FROM　Course　WHERE　Cname＝'计算机基

础'）））；

方法四：ANY 嵌套

SELECT　Dname　FROM　Department

WHERE　Dno＝ANY

　(SELECT　Dno　FROM　Teacher

　　WHERE　Tno　＝ANY

　　　　(SELECT　Tno　FROM　TC

　　　　WHERE　Semester＝'2017-1'　AND　Cno　＝ANY

　　　　　(SELECT　Cno　FROM　Course　WHERE　Cname＝'计算机基础')))；

方法五：EXISTS 嵌套

SELECT　Dname　FROM　Department

WHERE　EXISTS

　(SELECT　*　FROM　Teacher

　　WHERE　EXISTS

　　　(SELECT　*　FROM　TC

　　　　WHERE　Semester＝'2017-1'　AND　EXISTS

　　　　　(SELECT　*　FROM　Course　WHERE　Cno＝TC. Cno

AND　TC. Tno＝　Teacher. Tno　AND　Teacher. Dno＝Department. Dno

AND　Cname＝'计算机基础')))；

(7)四个表的查询，目标列不在顶层表，嵌套时不能依次往下顺。

方法一：隐式连接

SELECT　Tname, Prof　FROM　Department，Teacher，Course，TC

WHERE　Department. Dno＝Teacher. Dno　AND　Teacher. Tno＝TC. Tno

AND　　Course. Cno＝TC. Cno　　AND　　Dname＝'地理学院'　AND

Cname＝'计算机基础'；

方法二：显示连接

SELECT　Tname, Prof　FROM　Teacher　INNER　JOIN　Department

ON　Teacher. Dno＝Department. Dno　INNER　JOIN　TC　ON　Teacher. Tno＝TC. Tno

INNER　JOIN　Course　ON　Course. Cno＝TC. Cno

AND　Dname＝'地理学院'　AND　Cname＝'计算机基础'；

方法三：IN 嵌套

SELECT　Tname, Prof　from　Teacher

WHERE　Dno　IN

（SELECT　Dno　FROM　Department　WHERE　Dname＝'地理学院'）

AND　Tno　IN

（SELECT　Tno　FROM　TC

WHERE　Cno　IN

（SELECT　Cno　FROM　Course　WHERE　Cname＝'计算机基础'））；

方法四：ANY 嵌套

SELECT　Tname，Prof　FROM　Teacher

WHERE　Dno　＝ANY

（SELECT　Dno FROM　Department　WHERE　Dname＝'地理学院'）

AND　Tno　＝ANY

（SELECT　Tno　FROM　TC

WHERE　Cno　＝ANY

（SELECT　Cno　FROM　Course　WHERE　Cname＝'计算机基础'））；

方法五：EXISTS 嵌套

SELECT　Tname，Prof　FROM　Teacher

WHERE　EXISTS

（SELECT　＊　FROM　Department　WHERE　Dname＝'地理学院'

AND　Dno＝Teacher. Dno）

AND　EXISTS

（SELECT　＊　FROM　TC

WHERE　EXISTS

（SELECT　＊　FROM　Course　WHERE　Cno＝TC. Cno

AND　Cname＝'计算机基础'））；

（8）SELECT　DISTINCT　Tno　FROM　TC　WHERE　Cno＝'C2'

OR　Cno＝'C3'；

（9）自身连接。

方法一：隐式连接。

SELECT　TC1. Tno　FROM　TC　TC1，TC　TC2

WHERE　TC1. Tno ＝ TC2. Tno　AND　TC1. Cno ＝ 'C2'　AND

TC2. Cno＝'C3'；

方法二：显示连接

SELECT　TC1. Tno　FROM　TC　TC1　INNER　JOIN　TC　TC2

ON　TC1. Tno＝TC2. Tno　AND　TC1. Cno＝'C2'　AND　TC2. Cno＝
'C3'；

方法三：IN 嵌套

SELECT　TC1. Tno　FROM　TC TC1

WHERE　TC1. Cno＝'C2'　AND　TC1. Tno　IN

　(SELECT　Tno　FROM　TC TC2

　　WHERE　TC2. Cno＝'C3')；

方法四：ANY 嵌套

SELECT　TC1. Tno　FROM　TC　TC1

WHERE　TC1. Cno＝'C2'　AND　TC1. Tno　＝ANY

　(SELECT　Tno　FROM　TC　TC2

　　WHERE　TC2. Cno＝'C3')；

方法五：EXISTS 嵌套

SELECT　TC1. Tno　FROM　TC　tc1

WHERE　TC1. Cno＝'C2'　AND　EXISTS

　(SELECT　＊　FROM　TC　TC2

　　WHERE　TC2. Cno＝'C3'　AND　TC2. Tno＝TC1. Tno)；

(10)自身连接或分组，单列排序。

方法一：隐式连接

SELECT　DISTINCT　TC1. Tno　FROM　TC　TC1，TC　TC2

WHERE　TC1. Tno＝TC2. Tno　AND　TC1. Cno＜＞TC2. Cno；

方法二：显示连接

SELECT　DISTINCT　TC1. Tno　FROM　TC　TC1　INNER　JOIN
TC　TC2

ON　TC1. Tno＝TC2. Tno　AND　TC1. Cno＜＞TC2. Cno；

方法三：IN 嵌套

SELECT　DISTINCT　TC1. Tno　FROM　TC　TC1

WHERE　TC1. Tno　IN

　(SELECT　Tno　FROM　TC　TC2

　　WHERE　TC2. Cno＜＞TC1. Cno)；

方法四：ANY 嵌套

SELECT　DISTINCT　TC1. Tno　FROM　TC　TC1

WHERE　TC1. Tno　＝ANY

　(SELECT　Tno　FROM　TC　TC2

　　WHERE　TC2. Cno＜＞TC1. Cno)；

方法五：EXISTS 嵌套

SELECT DISTINCT TC1. Tno FROM TC TC1

WHERE EXISTS

　（SELECT ＊ FROM TC TC2

　　WHERE TC2. Tno＝TC1. Tno AND TC2. Cno＜＞TC1. Cno）；

方法六：GROUP BY 分组

SELECT Tno FROM TC

GROUP BY Tno HAVING COUNT（DISTINCT Cno）＞＝2；

（11）

SELECT Tno 教师编号，COUNT（DISTINCT Cno）授课门数 FROM TC

GROUP BY Tno

ORDER BY Tno；

（12）

SELECT Cno，Semester FROM TC

WHERE Classname LIKE'％网工％'

ORDER BY 1，2 DESC；

（13）

SELECT Dno 院系编号，EXTRACT（YEAR FROM Engage）年份，COUNT（＊）人数

FROM Teacher

WHERE Dno IS NOT NULL

GROUP BY Dno，EXTRACT（YEAR FROM Engage）

ORDER BY Dno，年份 DESC；

（14）否定，涉及两个表。

方法一：NOT IN

SELECT Tno，Tname FROM Teacher

WHERE Tno NOT IN

（SELECT Tno FROM TC WHERE Cno＝'C2'）；

方法二：＜＞ALL

SELECT Tno，Tname FROM Teacher

WHERE Tno ＜＞ALL

（SELECT Tno FROM TC WHERE Cno＝'C2'）；

方法三：NOT EXISTS

SELECT Tno，Tname FROM Teacher

WHERE　NOT　EXISTS

（SELECT　＊　FROM　　TC　WHERE　Tno＝Teacher．Tno　AND　Cno＝'C2'）；

　　方法四：MINUS

SELECT　Tno，Tname　FROM　Teacher

MINUS

SELECT　Tno，Tname　FROM　Teacher

WHERE　Tno　IN

（SELECT　Tno　FROM　TC　WHERE　Cno＝'C2'）；

　　注意：方法四中下层的肯定有五种表达方式。

　　(15)否定，涉及三个表。

　　方法一：NOT　IN

SELECT　Cno　FROM　Course

WHERE　Cno　NOT　IN

　（SELECT　Cno　FROM　TC

　　WHERE　Tno　IN

　　　（SELECT　Tno　FROM　Teacher　WHERE　Tname＝'刑林'））；

　　注意：里面两层嵌套是肯定的，有多种形式，例如下面三种。

①SELECT　Cno　FROM　Course

WHERE　Cno　NOT　IN

　（SELECT　Cno　FROM　TC

　　WHERE　Tno　＝ANY

　　　（SELECT　Tno　FROM　Teacher　WHERE　Tname＝'刑林'））；

②SELECT　Cno　FROM　Course

WHERE　Cno　NOT　IN

　（SELECT　Cno　FROM　TC，Teacher

　　　WHERE　TC．Tno＝Teacher．Tno　AND　Tname＝'刑林'）；

③SELECT　Cno　FROM　Course

SELECT　Cno　NOT　IN

　（SELECT　Cno　FROM　TC

　　WHERE　EXISTS

　　　（SELECT　＊　FROM　Teacher　WHERE　Tname＝'刑林'　AND　Tno＝TC．Tno））；

　　注意：外层的否定除了用NOT　IN外，还有其他形式，同样里面两层嵌套都有四种形式。

方法二：<>ALL

SELECT　Cno　FROM　Course

WHERE　Cno　<>ALL

　(SELECT　Cno　FROM　TC

　WHERE　Tno　IN

　　(SELECT　Tno　FROM　Teacher　WHERE　Tname＝'刑林'))；

SELECT　Cno　FROM　Course

WHERE　Cno　<>ALL

　(SELECT　Cno　FROM　TC

　WHERE　Tno　＝ANY

　　(SELECT　Tno　FROM　Teacher　WHERE　Tname＝'刑林'))；

SELECT　Cno　FROM　Course

WHERE　Cno　<>ALL

　(SELECT　Cno　FROM　TC，Teacher

　　WHERE　TC. Tno＝Teacher. Tno　AND　Tname＝'刑林')；

SELECT　Cno　FROM　Course

WHERE　Cno　<>ALL

　(SELECT　Cno　FROM　TC

　WHERE　EXISTS

　　(SELECT　＊　FROM　Teacher　WHERE　Tname＝'刑林'　AND

Tno＝TC. Tno))；

方法三：NOT　EXISTS

SELECT　Cno　FROM　Course

WHERE　NOT　EXISTS

　(SELECT　＊　FROM　TC

　WHERE　Cno＝Course. Cno　AND　Tno　IN

　　(SELECT　Tno　FROM　Teacher　WHERE　Tname＝'刑林'))；

SELECT　Cno　FROM　Course

WHERE　NOT　EXISTS　(SELECT　＊　FROM　TC

　WHERE　Cno＝Course. Cno　AND　Tno　＝ANY

　　(SELECT　Tno　FROM　Teacher　WHERE　Tname＝'刑林'))；

SELECT　Cno　FROM　Course

WHERE　NOT　EXISTS　(SELECT　＊　FROM　TC，Teacher

　　WHERE　TC. Tno＝Teacher. Tno　AND　Tname＝'刑林'　AND

TC. Cno＝Course. Cno)；

```
SELECT  Cno  FROM  Course
WHERE  NOT  EXISTS
  (SELECT  *  FROM  TC
   WHERE  EXISTS
     (SELECT  *  FROM  Teacher  WHERE  Tname='刑林'
        AND  Tno=TC. Tno  AND  TC. Cno=Course. Cno));
```

方法四：MINUS

```
SELECT  Cno  FROM  Course
MINUS
SELECT  Cno  FROM  Teacher，TC
WHERE  Teacher. Tno=TC. Tno  AND  Tname='刑林';
SELECT  Cno  FROM  Course
MINUS
SELECT  Cno  FROM  TC
where  Tno  in
  (SELECT  Tno  FROM  Teacher  WHERE  Tname='刑林');
SELECT  Cno  FROMCourse
MINUS
SELECT  Cno  FROM  TC
WHERE  Tno  =ANY
  (SELECT  Tno  FROM  Teacher  WHERE  Tname='刑林');
SELECT  Cno  FROM  Course
MINUS
SELECT  Cno  FROM  TC
WHERE  EXISTS
  (SELECT  *  FROM  Teacher  WHERE  Tname='刑林'  AND
Tno=TC. Tno);
```

（16）

```
SELECT  Tno  FROM  Teacher
WHERE  NOT  EXISTS
  (SELECT  *  FROM  Course
   WHERE  NOT  EXISTS
     (SELECT  *  FROM  TC
        WHERE  Cno=Course. Cno  AND  Tno=Teacher. Tno));
```

(17)

SELECT Tno，Tname FROM Teacher

WHERE NOT EXISTS

　(SELECT * FROM Course

　　WHERE Credit=4 AND NOT EXISTS

　　　(SELECT * FROM TC

　　　　WHERE Cno=Course. Cno AND Tno=Teacher. Tno));

(18)

SELECT Cno FROM Course

WHERE NOT EXISTS

　(SELECT * FROM Teacher

　　WHERE NOT EXISTS

　　　(SELECT * FROM TC

　　　　WHERE Tno=Teacher. Tno AND Cno=Course. Cno));

(19)

SELECT Cno，Cname FROM Course

WHERE NOT EXISTS

　(SELECT * FROM Teacher

　　WHERE Prof='讲师' AND NOT EXISTS

　　　(SELECT * FROM TC

　　　　WHERE Tno=Teacher. Tno AND Cno=Course. Cno));

(20)

方法一：

SELECT DISTINCT Tno FROM TC TC1

WHERE Tno<>'T5' AND NOT EXISTS

　(SELECT * FROM TC TC2

　　WHERE TC2. Tno='T5' AND NOT EXISTS

　　　(SELECT * FROM TC TC3

　　　　WHERE TC3. Tno=TC1. Tno AND TC3. Cno=TC2. Cno));

方法二：

SELECT Tno FROM Teacher

WHERE Tno<>'T5' AND NOT EXISTS

　(SELECT * FROM TC TC2

　　WHERE TC2. Tno='T5' AND NOT EXISTS

　　　(SELECT * FROM TC TC3

　　　　　　WHERE　　TC3. Tno ＝ Teacher. Tno　　AND　　TC3. Cno ＝
TC2. Cno));
　　4.
　　(1)INSERT　INTO　TEACHER(Tno，Tname，Dno)　VALUES('T7'，
'孙哲'，'D4');
　　(2)UPDATE　TEACHER　SET　Dno＝'D2'　WHERE　Tname＝'付
阳';
　　(3)UPDATE　TEACHER　SET　Engage ＝ TO _ DATE ('2018-07-01'，
'YYYY-MM-DD');
　　(4)UPDATE　TEACHER　SET　Engage ＝ TO _ DATE ('2018-08-01'，
　　　'YYYY-MM-DD')
　　　WHERE　Dno　IN
　　　　　(SELECT　Dno　FROM　Department　WHERE　Dname＝'医
学院');
　　(5)DELETE　FROM　TC　WHERE　Semester＝'2016-2';
　　(6)DELETE　FROM　TC
　　　WHERE　Tno　IN
　　　　　(SELECT　Tno　FROM　Teacher　WHERE　Tname＝'付
阳');
　　DELETE　FROM　Teacher　WHERE　Tname＝'付阳';
　　5.
　　(1)
CREATE　VIEW　Senior _ prof _ teacher
AS
SELECT　Tno，Tname，Prof，Dno　FROM　Teacher
WHERE　Prof＝'教授'　OR　Prof＝'副教授';
　　(2)
CREATE　VIEW　Workyears _ teacher
AS
SELECT Tno，EXTRACT (YEAR FROM SYSDATE) － EXTRACT
(YEAR FROM Engage)　workyears　FROM　Teacher;
　　(3)
CREATE　VIEW　Count _ tc(Cno，Teacher _ number)
AS
SELECT　Cno，COUNT(DISTINCT Tno)　FROM　TC

GROUP　BY　Cno

WITH　READ　ONLY；

（4）

CREATE　VIEW　Count＿tc2(Cno，Cname，Teacher＿number)

AS

SELECT　Course.Cno，Cname，COUNT（DISTINCT　Tno）FROM TC，Course

WHERE　TC.Cno＝Course.Cno

GROUP　BY　Course.Cno，Cname；

注意：只要出现在 SELECT 后面的分组目标列，都应出现在 GROUP BY 短语后面。

6.

(1)CREATE　INDEX　ID＿Dno ON　Teacher(Dno DESC)；

(2)CREATE　INDEX　IDC＿Classname＿Semester

ON　TC(Semester，Classname　DESC)；

(3)CREATE　UNIQUE　INDEX　UQ＿Tname　ON　Teacher(Tname)；

第四章课后习题参考答案

一、选择题

1.A　2.C　3.B　4.D　5.B　6.C　7.A　8.B　9.D　10.C　11.A　12.A 13.C　14.B　15.D

二、简答题

答案略。

三、编程题

1.

(1)用标量变量。

DECLARE

　　v＿tname　VARCHAR2(10)；

　　v＿prof　VARCHAR2(10)；

　　v＿dno　VARCHAR2(3)；

BEGIN

SELECT　Tname，Prof，Dno　INTO　v＿tname，v＿prof，v＿dno

FROM　Teacher　WHERE　Tno＝'&tno'；

　　dbms＿output.put＿line('姓名：'‖v＿tname‖'，职称：'‖v＿prof‖'，所在院系：'‖v＿dno)；

END；

（2）用％TYPE。

```
DECLARE
  v _ tname   Teacher. Tname％TYPE；
  v _ prof   Teacher. Prof％TYPE；
  v _ dno   Teacher. Dno％TYPE；
BEGIN
  SELECT  Tname，Prof，Dno  INTO  v _ tname，v _ prof，v _ dno
  FROM  Teacher  WHERE  Tno=‘&tno’；
  dbms _ output. put _ line(‘姓名：’‖v _ tname‖‘，职称：’‖v _ prof‖‘，
所在院系：’‖v _ dno)；
END；
```

（3）用％ROWTYPE。

```
DECLARE
  record _ teacher   Teacher％ROWTYPE；
BEGIN
  SELECT  *  INTO  record _ teacher  FROM  Teacher  WHERE
Tno=‘&tno’；
  dbms _ output. put _ line(‘姓名：’‖record _ teacher. Tname‖‘，职称：’
   ‖record _ teacher. Prof‖‘，所在院系：’‖record _ teacher. Dno)；
END；
```

2.

（1）LOOP 循环。

```
DECLARE
v _ count   NUMBER(3)：=1；
v _ sum   NUMBER(4)：=0；
BEGIN
  LOOP
    dbms _ output. put _ line(‘v _ count 当前值为’‖v _ count)；
    v _ sum：= v _ sum+ v _ count；
    v _ count：=v _ count+2；
    EXIT  WHEN  v _ count>100；
END  LOOP；
    dbms _ output. put _ line(‘1 到 100 之间的奇数和为’‖v _ sum)；
END；
```

（2）WHILE 循环。

DECLARE

v＿count　NUMBER(3)：=1；

v＿sum　NUMBER(4)：=0；

BEGIN

　　WHILE　v＿count<100　LOOP

　　dbms＿output. put＿line('v＿count 当前值为'‖v＿count)；

　v＿sum：= v＿sum＋v＿count；

　v＿count：=v＿count＋2；

END　LOOP；

　dbms＿output. put＿line('1 到 100 之间的奇数和为'‖v＿sum)；

END；

（3）FOR 循环。

DECLARE

　v＿sum　NUMBER(4)：=0；

BEGIN

　FOR　v＿count IN 1.. 100　LOOP

　IF MOD(v＿count，2)<>0 THEN

　　v＿sum：= v＿sum＋v＿count；

　END IF；

　dbms＿output. put＿line('v＿count 当前值为'‖v＿count)；

END　LOOP；

　dbms＿output. put＿line('1 到 100 之间的奇数和为'‖v＿sum)；

END；

3.

DECLARE

　CURSOR　teacher＿cursor(v＿dno　Teacher. Dno%TYPE)

　IS

　SELECT　Tname，Engage　FROM　Teacher　WHERE　Prof='讲师'

AND Dno=v＿dno；

　v＿tname　Teacher. tname%TYPE；

　v＿engage Teacher. engage%TYPE；

BEGIN

　OPEN　teacher＿cursor('&dno')；

　FETCH　teacher＿cursor　INTO　v＿tname，v＿engage；

```
WHILE   teacher _ cursor％FOUND   LOOP
  dbms _ output. put _ line(v _ tname ‖ ‘,’ ‖ v _ engage);
    FETCH   teacher _ cursor   INTO   v _ tname，v _ engage;
  END   LOOP;
  CLOSE   teacher _ cursor;
END;
```

4.

(1)不带参数的显式游标。

```
DECLARE
  CURSOR   tc _ cursor
  IS
  SELECT   Cno，Tno，Classname   FROM   TC   WHERE   Semester＝
‘2017-1’;
  v _ cno   TC. Cno％TYPE;
  v _ tno   TC. Tno％TYPE;
  v _ classname   TC. Classname％TYPE;
BEGIN
  OPEN   tc _ cursor;
  FETCH   tc _ cursor   INTO   v _ cno，v _ tno，v _ classname;
  WHILE   tc _ cursor％FOUND   LOOP
    dbms _ output. put _ line(v _ cno ‖ ‘,’ ‖ v _ tno ‖ ‘,’ ‖ v _ classname);
      FETCH   tc _ cursor   INTO   v _ cno，v _ tno，v _ classname;
    END   LOOP;
  CLOSE   tc _ cursor;
END;
```

(2)游标 FOR 循环。

```
DECLARE
  CURSOR   tc _ cursor2   IS
  SELECT   Cno，Tno，Classname   FROM   TC   WHERE   Semester＝
‘2017-1’;
BEGIN
  FOR   vrecord   IN   tc _ cursor2   LOOP
    dbms _ output. put _ line
      (‘课程号：’‖ vrecord. cno ‖ ‘，教师编号：’‖ vrecord. Tno ‖ ‘，任课
班级：’‖ vrecord. Classname);
```

```
    END   LOOP；
END；
5.
DECLARE
  no＿result  EXCEPTION；
BEGIN
  DELETE  FROM  Teacher WHERE  Dno=‘D3’；
  IF  SQL％NOTFOUND  THEN
    RAISE  no＿result；
  END  IF；
  dbms＿output. put＿line(‘D3 院系的教师信息已删除’)；
EXCEPTION
  WHEN  no＿result  THEN
    dbms＿output. put＿line(‘删除语句失败’)；
  WHEN  OTHERS  THEN
    dbms＿output. put＿line(SQLCODE‖‘————’‖SQLERRM)；
END；
6.
CREATE  OR  REPLACE  PROCEDURE  update＿sc(p＿cno
sc. Cno％TYPE)
  IS
  no＿result  EXCEPTION；--定义异常
BEGIN
  UPDATE  SC  SET Score=Score＊1. 1  WHERE  Cno= p＿cno；
  IF  SQL％NOTFOUND  THEN
    RAISE  no＿result；
  END  IF；
  dbms＿output. put＿line(‘课程号为’‖ p＿cno‖‘的成绩已更新’)；
EXCEPTION  WHEN  no＿result  THEN
  dbms＿output. put＿line(‘没有该课程!’)；
END；
调用代码如下。
EXEC  update＿sc(‘C4’)；
或者：
BEGIN
```

```
    update _ sc('C4');
END;
```

7.

```
CREATE   OR   REPLACE   FUNCTION   get _ number ( f _ tno
TC. Tno%TYPE)
RETURN   NUMBER
IS
  c _ number   NUMBER;
BEGIN
  SELECT   COUNT(DISTINCT cno)   INTO   c _ number   FROM   TC
WHERE   Tno=f _ tno;
  RETURN   c _ number;
EXCEPTION
  WHEN   NO _ DATA _ FOUND   THEN
    dbms _ output. put _ line('该教师不存在!');
  WHEN   OTHERS   THEN
    dbms _ output. put _ line('发生其他错误');
END;
```

调用代码如下。

```
DECLARE
  cnum   NUMBER;
BEGIN
  cnum:=get _ number('&tno');
  dbms _ output. put _ line('该教师的任课门数是' ‖ cnum);
END;
```

8.

```
CREATE   OR   REPLACE   TRIGGER   trg _ teacher _ update
AFTER   UPDATE   OF   Tno   ON   Teacher
FOR   EACH   ROW
BEGIN
  UPDATE   TC   SET   Tno=: new. Tno   WHERE   Tno=: OLD. Tno;
END;
```

测试语句。

```
UPDATE   Teacher   SET   Tno='T1'   WHERE   Tno='T9';
```

SELECT　　＊　　FROM　Teacher；

SELECT　　＊　　FROM　TC；

第五章课后习题参考答案

一、选择题

1. C　2. D　3. A　4. C　5. B　6. B　7. C　8. A　9. A　10. D

二、简答题

答案略。

第六章课后习题参考答案

一、选择题

1. A　2. C　3. A　4. B　5. D　6. B　7. C　8. B　9. A　10. A　11. B　12. D

13. B　14. C　15. A

二、简答题

答案略。

第七章课后习题参考答案

一、选择题

1. D　2. A　3. C　4. B　5. D　6. A　7. B　8. A　9. A　10. C

二、简答题

答案略。

第八章课后习题参考答案

一、选择题

1. C　2. A　3. D　4. A　5. A　6. D　7. BD　8. B　9. B　10. B　11. D

12. BD　13. B　14. B　15. B　16. C　17. B　18. C　19. BC　20. C

二、简答题

1.(4)(8)是错误的，其余的正确。

2. 答：

(1)R 的码是(A，B)。

(2)首先右边属性单一化，得，

$F=\{AB\rightarrow C, AB\rightarrow D, A\rightarrow D\}$。

然后去掉多余的函数依赖，即部分依赖，得

$F=\{AB\rightarrow C, A\rightarrow D\}$。

因此，$F_{min}=\{AB\rightarrow C, A\rightarrow D\}$。

（3）因为有非主属性 C 对码 AB 的部分函数依赖，所以 R 不属于 2NF，将 R 分解如下。

R1(A，B，C)，R2(A，D)

此时，R1 和 R2 都属于 2NF。

3. 答：

（1）R 的码是 C。

（2）因为有非主属性 A 对码 C 的传递依赖，所以 R 不属于 3NF，将 R 分解如下。

R1(C，B)，R2(B，A)

此时，R1 和 R2 都属于 3NF。

4. 答：

（1）由 EB→D 和 B→F 得 EB→DF，再由 E→A，得 EB→DFA，再由 A→C，得 EB→DFAC，因此 R 的码是 EB。

（2）因为 R 的码是 EB，又 B→F，因此存在非主属性 F 对码的部分函数依赖，R 不属于 2NF，R 属于 1NF。

（3）将 R 分解为 R1(B，E，D)，R2(B，F)，R3(E，A)，R4(A，C)。

此时，R1，R2，R3 和 R4 都属于 3NF。

5. 答：

（1）关系 R 的候选码是 ABC，R∈1NF，因为 R 中存在非主属性 D，E 对候选码 ABC 的部分函数依赖。

（2）首先消除部分函数依赖。

将关系分解如下：R1(A，B，C)，其中 ABC 为 R1 的候选码，

R1 中不存在非平凡的函数依赖。

R2(B，C，D，E)，其中 BC 为 R2 的候选码，

R2 的函数依赖集为 F2＝{BC→D，D→E}。

在关系 R2 中存在非主属性 E 对候选码 BC 的传递函数依赖，所以将 R2 进一步分解。

R21(B，C，D)，其中 BC 为 R21 候选码，

R21 的函数依赖集为 F21 ＝ {BC→D}。

R22(D，E)，其中 D 为 R22 的候选码，

R22 的函数依赖集为 F22 ＝ { D→E }。

在 R1 中已不存在非平凡的函数依赖，在 R21，R22 关系模式中函数依赖的决定因素均为候选码，所以上述三个关系模式均是 BCNF。

6. 答：

（1）关系 R 属于 1NF。候选码为 AB，则 C，D 为非主属性，又由于 B→D，

因此 F 中存在非主属性对候选码的部分函数依赖。

(2)将关系分解如下。

R1(A，B，C)，F1 = ｛AB→C ｝。

R2(B，D)，F2 = ｛ B→D ｝。

消除了非主属性对码的部分函数依赖。

F1 和 F2 中的函数依赖都是非平凡的函数依赖，并且决定因素是候选码，所以上述关系模式是 BCNF。

7. 答：

(1)B 和 D 只在函数依赖的左边出现，因此候选码中应该包含 B 和 D。

由 B→AC 得 BD→ACD，因此 BD 是候选码。

(2)首先，将 F 中右边属性单一化，得，

F=｛A→C, C→A, B→A, B→C, D→A, D→C, BD→A｝

然后，删除传递依赖的结果。

由于 B→C，C→A，因此 B→A 是多余的，去掉。

由于 D→A，A→C，因此 D→C 是多余的，去掉。

然后，再删除部分依赖。

由于 D→A，因此 BD→A 多余，去掉。

最后得 F_{min} =｛A→C, C→A, B→C, D→A｝。

结果不唯一，根据操作的顺序，还可以有，

F_{min2}=｛A→C, C→A, B→C, D→C｝，F_{min3}=｛A→C, C→A, B→A, D→A｝。

8. 答：

(1)由于 A→BC，B→D 可得 A→BCD，再由 CD→E，可得 A→BCDE，因此，A 是 R 的一个候选码。

(2)由于 B→D 可得 BC→DC，再由 CD→E，可得 BC→DCE，再由 E→A，可得 BC→DCEA，因此，BC 是 R 的一个候选码。

(3)由于 CD→E，E→A 可得 CD→EA，再由 A→BC，可得 CD→EABC，因此，CD 是 R 的一个候选码。

(4)由于 E→A，A→BC 可得 E→ABC，再由 B→D，可得 E→ABCD，因此，E 是 R 的一个候选码。

9. 答：

(1)由 AB→C 和 B→D 可得 AB→CD，再由 D→E 可得 AB→CDE，因此 R 的候选码是 AB。

(2)由于 B→D，所以存在非主属性 D 对码 AB 的部分函数依赖，R 不属于 2NF，R 属于 1NF。

(3)将 R 分解如下。

R1(A，B，C)，F1 = {AB→C}，R1 属于 3NF。

R2(B，D，E)，F2 = { B→D，D→E }，R2 属于 2NF。

再将 R2 进一步分解为，

R21(B，D)。

R22(D，E)。

R21 和 R22 都是二目关系，因此都属于 3NF。

此时，得到 3NF 模式集{R1，R21，R22}。

10. 答:

(1)送货关系 R 的候选码是"订单号"。

(2)送货关系 R 中的函数依赖 F 为

F={订单号→客户名，客户名→送货地址}，

即存在非主属性送货地址对码订单号的传递依赖，因此 R 不是 3NF。但因为 R 的码是单属性，不会存在非主属性对码的部分函数依赖，所以 R 是 2NF。

(3)送货关系 R 中存在的异常如下。

①数据冗余：客户名和送货地址重复存储多次。客户名的重复次数与该客户的订单数有关，送货地址的重复次数与客户名有关。

②插入异常：当有未购买商品(即没有订单号)的新客户要插入到系统中时插不进去，因为订单号是码，没有码的记录插入不进去。

③删除异常：当删除某客户的所有订单时，同时将该客户的信息也一起删除了。

④ 更新异常：当更改某客户的送货地址时，如果漏掉了其中的某些记录未更改，就会出现一个客户有多个送货地址的情况，导致数据不一致。

(4)将 R 分解为如下两个关系 R1 和 R2。

R1

订单号	客户名
2008001	李林
2008002	赵芬
2008003	李林
2008004	崔晓
2008005	赵芬

R2

客户名	送货地址
李林	山东日照
崔晓	河北邯郸
赵芬	江西南昌

分解后，

①数据冗余得到改善，送货地址重复的次数减少。

②插入异常被消除，当有未购买商品（即没有订单号）的新客户要插入系统中时，只需插入 R2 关系中即可。

③删除异常被消除，当删除某客户的所有订单时，只在 R1 中删除即可，该客户的所有信息还在 R2 中。

④更新异常被消除，当更改某客户的送货地址时，只在 R2 中更改一条即可。

11. 答：

(1)R 的码是(Sno，Cno)。

(2)关系模式 R 的极小函数依赖集如下。

F＝{(Sno，Cno)→Grade，Cno→Cname，Cno→Teacher，Teacher→Office}。

(3)因为 Cno→Cname，(Sno，Cno)→Cname，所以存在非主属性 Cname 对码的部分函数依赖，所以 R 不是 2NF，R 是 1NF。

(4)R 中的异常如下。

①数据冗余：Cno，Cname，Teacher，Office 都有大量不必要的重复存储。

②插入异常：如果一个学生刚来，但未选课，那么该学生的信息插入不进去。或者当开设一门新课程但没有学生选修时，该课程也插入不进去。

③删除异常：当删除某门课程的所有选修记录时，该课程的信息也会被删除掉。

④更新异常：当更新课程名或教师名或教师办公室时，若漏掉某些元组，就会出现语义错误。

(5)将 R 分解为如下三个符合 3NF 的关系模式。

R1(Sno，Cno，Grade)。

R21(Cno，Cname，Teacher)。

R22(Teacher，Office)。

12. 答：

(1)借阅关系模式的码是(图书编号，读者编号，借阅日期)。

(2)因为存在非主属性"书名""作者名""出版社"和"读者姓名"对码(图书编号，读者编号，借阅日期)的部分函数依赖，所以借阅关系模式满足 1NF。

(3)将借阅关系模式分解为如下三个符合 3NF 的关系模式。

图书(图书编号，书名，作者名，出版社)。

读者(读者编号，读者姓名)。

借阅(图书编号，读者编号，借阅日期，归还日期)。

第九章课后习题参考答案

一、选择题

1. B　2. A　3. C　4. B　5. D　6. B　7. B　8. A　9. A　10. B

11. D　12. C　13. D　14. B　15. D

二、简答题

答案略。

三、数据库设计题

1. 答：

(1)该集团的 E-R 图如下。

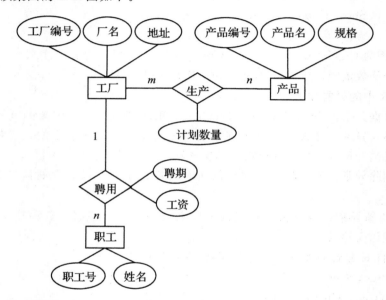

(2)转换成关系模型应具有四个关系模式。

工厂(工厂编号，厂名，地址)。

产品(产品编号，产品名，规格)。

职工(职工号，姓名，工厂编号，聘期，工资)。

生产(工厂编号，产品编号，计划数量)。

2. 答：

(1)E-R 图如下。

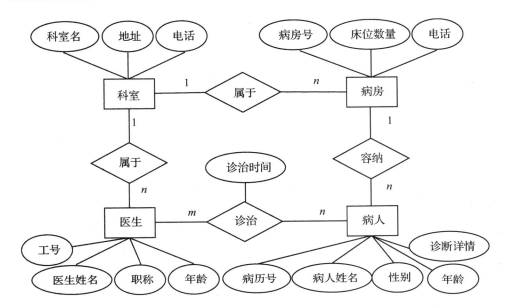

(2)将 E-R 图转换为关系模式如下。

科室(科室名，地址，电话)

病房(病房号，床位数量，电话，所属科室名)

医生(工号，医生姓名，职称，年龄，所属科室名)

病人(病历号，病人姓名，性别，年龄，诊断详情，所住病房号)

诊治(工号，病历号，诊治时间)

实验指导

实验 1　ORACLE 平台的搭建与基本操作

实验目的：掌握 ORACLE 的配置、启动、连接与断开，了解 OR-ACLE 的数据库结构；掌握 SQL Developer 图形化管理工具的使用。

实验内容：

一、ORACLE 的安装

ORACLE 有 32 位和 64 位的，因此在安装前要先检查机器的操作系统是 32 位的还是 64 位的，再安装合适的 ORACLE。本实验中使用的是 64 位 ORACLE，安装过程如下。

1. 安装程序启动后出现如实图 1.1 所示的"配置安全更新"步骤，取消选中"我希望通过 My Oracle Support 接收安全更新"复选框，单击"下一步"，在弹出的信息提示窗口内单击"是"。

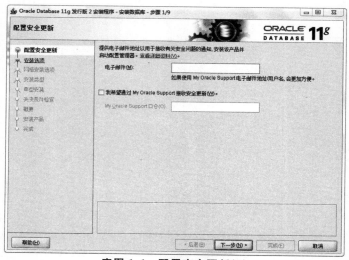

实图 1.1　配置安全更新(a)

实图 1.1 配置安全更新(b)

2. 在"安装选项"步骤中,选择"创建和配置数据库",然后单击"下一步",如实图 1.2 所示。

实图 1.2 安装选项

3. 在"系统类"步骤中，选择"桌面类"，然后单击"下一步"，如实图 1.3 所示。

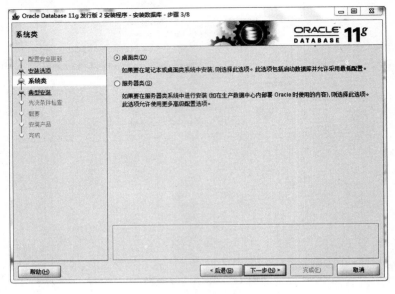

实图 1.3　系统类

4. 在"典型安装"步骤中，选择"Oracle 的基目录"等文件位置，"数据库版本"为"企业版"，"字符集"为"默认值"，"全局数据库名"为"orcl"，口令为"123456"，然后单击"下一步"，如实图 1.4(a)所示。

实图 1.4　典型安装(a)

实图 1.4　典型安装(b)

当口令过于简单,不符合 Oracle 的建议时,会弹出如实图 1.4(b)所示的对话框,选择"是"。

5. 在"先决条件检查"步骤中,会进行安装的先决条件检查,如实图 1.5(a)所示。检查完毕,成功则直接单击"下一步";若出现如实图 1.5(b)所示的情况,则选中右上角的"全部忽略",然后再单击"下一步"。

实图 1.5　先决条件检查(a)

实图 1.5　先决条件检查(b)

6. 在"概要"步骤中，显示出所选择的安装信息的概要情况，如实图 1.6 所示。确认后单击"完成"，开始安装。

实图 1.6　概要

7. 在"安装产品"步骤中，开始安装、复制文件、创建数据库等，如实图 1.7 所示。

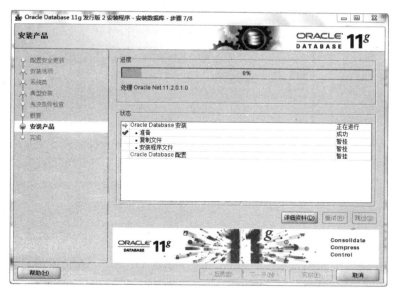

实图 1.7　安装产品(a)

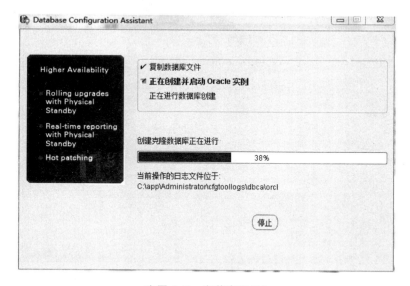

实图 1.7　安装产品(b)

8. 数据库创建完成后，会出现如实图 1.8 所示的数据库配置助手窗口，显示数据库的信息，并且可以单击"口令管理"按钮对所有已有的数据库用户进行口令设置，对一些普通用户进行锁定或解锁。本实验中直接单击"确定"。

实图 1.8　设置用户口令

9. 在"完成"步骤中，显示如实图 1.9 所示的 Oracle 安装完成信息，单击"关闭"即可。

实图 1.9　安装完成

二、ORACLE 的配置

启动 ORACLE 前，必须进行正确的配置才能成功启动 ORACLE，每一项工作都要仔细认真，错一点都会导致 ORACLE 启动不成功。

1. 查看自己的机器名

方法：右击"我的电脑"→"属性"，找到并记住当前的计算机名。

2. 修改监听程序

方法："开始"→"所有程序"→"Oracle-OraDb11g＿home1"→"配置和移植工具"→"Net Manager"，在弹出的窗口中展开目录至最后的"LISTENER"，在右侧的窗口中将主机名改成当前的计算机名→单击窗口右上角的红色叉号按钮关闭→在弹出的对话框中选择"保存"，如实图 1.10 和实图 1.11 所示。

实图 1.10   启动"Net Manager"

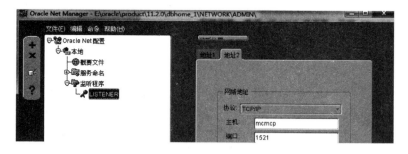

实图 1.11   配置"Net Manager"(a)

3. 启动服务

右击"我的电脑"→"管理"→"服务和应用程序"→"服务"，找到并按顺序启动如下两个服务：OracleServiceORCL 和 OracleOraDb11g＿home1TNSListener。

注意：若有哪一个启动不成功，说明前面两步的配置有问题，从第一步开始仔细检查。

实图 1.11　配置"Net Manager"(b)

三、运行 SQL Developer，建立与 ORACLE 数据库的连接

1. 运行 SQL Developer 软件

32 位 ORACLE 中 SQL Developer 的启动方法："开始"→"所有程序"→"Oracle-OraDb11g_home1"→"应用程序开发"→"SQL Developer"，如实图 1.12 所示。

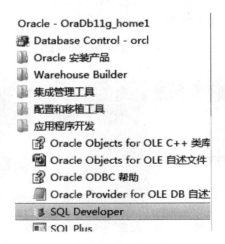

实图 1.12　32 位 ORACLE 启动"SQL Developer"

64 位 ORACLE 中 SQL Developer 的启动方法：直接双击安装包里的 sqldeveloper-4.0.3.16.84-x64 来启动 SQL Developer。

启动页面如实图 1.13 所示。

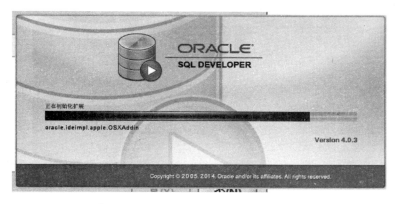

实图 1.13 64 位 ORACLE 中"SQL Developer"启动页面

注意：在首次启动 SQL Developer 时，会出现如实图 1.14 所示的对话框，取消下面复选框的对勾，单击"确定"即可。

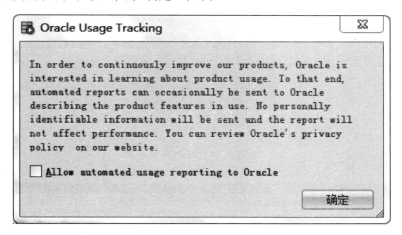

实图 1.14 是否取消自动向 Oracle 的报告

在随后弹出的"确认导入首选项"的对话框中，选择"否"，如实图 1.15 所示。

2. 以 system 用户建立与数据库的连接

在 SQL Developer 窗口中选中"连接"→单击"新建"按钮，如实图 1.16 所示。

在实图 1.17 所示的窗口中输入以下信息，使其以 system 用户与数据库进行连接。

其中，

①连接名表示本次连接的命名，可以根据实际情况自行命名。

②用户名是 system，若以其他用户身份登录，可以在这里更改用户名。

实图 1.15　是否导入首选项对话框

实图 1.16　新建连接

实图 1.17　SYSTEM 用户与数据的连接信息

③密码是 system 用户的密码，如 123456。

④SID 表示全局数据库实例名，一般为 orcl。

⑤其他选项默认不变。

⑥单击"测试"按钮，若成功则在左下角显示"状态：成功"，若有错误，则会出现红色的提示信息，按信息查找问题。

⑦最后单击"连接"按钮进行连接。连接完成后如实图 1.18 所示。

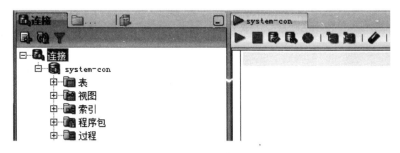

实图 1.18　完成连接

3. 观察 PLSQL /Developer 的窗口

(1)上方：菜单栏和工具栏。

(2)左边窗口：连接窗口；显示了所有与数据库的连接名。展开连接名(本例中是 system-con)前面的加号，会显示出该连接下的所有数据库对象。若该窗口不小心关闭了，可单击"视图"菜单→"连接"打开该窗口。

(3)右上方窗口：SQL 工作表，针对左边的连接而打开的命令输入窗口，在此窗口输入命令对数据库进行操作。一般地，当连接成功后，右边会自动出现以连接名(此例为 system-con)为标题的 SQL 工作表窗口；也可以再打开一个新的 SQL 工作表窗口，方法是右击连接窗口中的连接名，选择"打开 SQL 工作表"，如实图 1.19 所示。

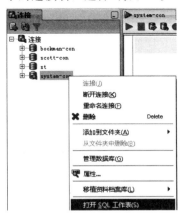

实图 1.19　打开 SQL 工作表

（4）右下方各窗口：命令结果显示。

练习：请在左边 system-con 的连接下，展开"其他用户"对象，里面显示的是所有的 ORACLE 已有的用户名，请找到 scott 用户。

4. 建立 scott 用户与 ORACLE 的连接

（1）在 system 用户的连接下对 scott 用户解锁。

scott 用户默认是锁定的，不能使用，若想使用 scott 用户，需要先对其解锁，然后才能操作该用户下的各种数据库对象。

在 system-con 的连接窗口中输入如实图 1.20 的命令并按 F9 执行，以实现对用户 scott 解锁。

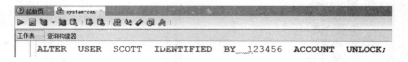

实图 1.20　对 scott 用户解锁的命令

注意：书写命令后一定按 F9 执行，才能给 scott 用户解锁。

（2）以 scott 用户建立与数据库的连接。

参照"三"、中"2"步骤建立 scott 用户与数据库的连接，如实图 1.21 所示。

实图 1.21　建立 scott 用户与数据库的连接

连接成功后，观察有了"system-con"和"scott-con"两个连接，如实图 1.22 所示，而且右边多了一个标题为 scott-con 的 SQL 工作窗口。

实图 1.22　显示 sytme 用户和 scott 用户与数据库的连接

观察：展开两个连接下的"表"对象，观察其中所包含的表是否一样。

四、在 SQL 工作表窗口中练习命令的书写与执行

1. 命令书写规则

(1)命令中的命令动词和关键字不区分大小写，只有字符串内部的字符区分大小写。

(2)命令均以分号结束。

(3)命令中所有的标点符号(逗号、分号、单引号、括号等)都是英文符号。

2. 命令的执行

方法：将光标定位在要执行的命令行的任意位置(不必选中整行命令)，按 F9 或单击上方的 ▷ 图标运行，在下方结果窗口中查看结果。

小技巧：命令刚输入完后，光标自然在该行，可直接按 F9 执行命令；若要重复执行以前的某条命令，不用重新输入，直接将光标定位到该行，按 F9 执行即可。

3. 在 scott 用户的连接下，对数据库进行基本数据操作

输入如实图 1.23 的命令并执行，查询 EMP 表的内容，观察结果。

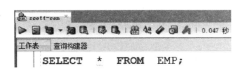

实图 1.23　查询 EMP 表的命令

练习：输入查询 DEPT 表内容的命令，并执行，观察结果。

五、断开或删除与数据库的连接

方法：右击要断开或删除的连接，选择"断开连接"或"删除"，如实图 1.24 所示。

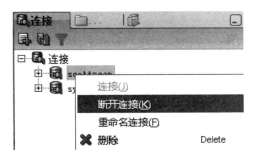

实图 1.24　断开或删除连接

1. 断开连接

断开了本次登录的用户（本例是 system）与数据库的连接，下次连接时找到该连接名，右击选择"连接"，如实图 1.25 所示。

实图 1.25　打开 system 用户与数据库的连接

然后只输入连接密码即可连接，如实图 1.26 所示。

实图 1.26　输入 system 用户的连接口令

2. 删除连接

将本次连接信息全部删除，下次连接时要按"三"、中"2"步骤重新连接。

六、总结

将整个实验过程及结果和实验中遇到的问题与解决的办法写在实验报告里。

实验 2　表的基本操作

实验目的：掌握表的创建与删除、表结构的修改，掌握表数据的插入、修改与删除；熟悉表结构的查看；理解表约束。

知识准备：

一、创建表的命令格式

CREATE　TABLE　＜表名＞
（＜列名 1＞＜数据类型＞［CONSTRAINT　＜约束名＞］［＜列级完整性约束条件＞］
［，＜列名 2＞＜数据类型＞［CONSTRAINT　＜约束名＞］［＜列级完整性约束条件＞］］
……

[，[CONSTRAINT ＜约束名＞]＜表级完整性约束条件＞]）；

1. 约束的类型

主码约束：PRIMARY KEY。

外码约束：FOREIGN KEY。

唯一约束：UNIQUE。

检查约束：CHECK。

非空值约束：NOT NULL。

2. 注意事项

(1)当约束涉及一列时，用列级约束或表级约束皆可；当约束涉及多列时，一定用表级约束。

(2)同一个方案中的所有约束不能同名。

(3)系统自动给未命名的约束命名，以后删除约束时可以直接使用。

二、修改表结构的命令格式

ALTER TABLE ＜表名＞

[ADD ＜新列名＞ ＜数据类型＞]；--增加新列

[MODIFY ＜字段名＞ ＜新的数据类型＞]；--修改列宽和数据类型

[RENAME COLUMN 字段名 TO 新字段名]；--修改列名

[DROP COLUMN ＜列名＞]；--删除1列（注：有 COLUMN 关键字）

[DROP （列名1，列名2，…)]；--删除多列（注：无 COLUMN 关键字）

三、修改表约束的命令格式

ALTER TABLE ＜表名＞

[ADD [CONSTRAINT 约束名]表级完整性约束]；--增加主码、外码、唯一和自定义约束

[DROP CONSTRAINT ＜完整性约束名＞]；--删除主码、外码、唯一和自定义约束

[MODIFY ＜列名＞ [CONSTRAINT 约束名] NOT NULL]；--将列修改为 NOT NULL 约束

[MODIFY ＜列名＞ NULL]；--将列修改为 NULL 约束

四、插入数据的命令格式

INSERT INTO ＜表名＞[（属性名1，属性名2，…)] VALUES(值1，值2，…)；

五、更新数据的命令格式

UPDATE　表名　SET　列名 1＝值 1〔，列名 2＝值 2，…〕〔WHERE ＜条件＞〕；

注意：省略 WHERE 条件子句则表示更新指定列的所有数据。

六、删除数据的命令格式

DELETE 〔FROM〕表名 〔WHERE ＜条件＞〕；

注意：省略 WHERE 条件子句则表示删除所有数据。

七、删除表的命令格式

DROP　TABLE　＜表名＞；

实验内容：

一、创建表

在 scott 用户下按要求创建 Teach 数据库中的院系关系（Department）、学生关系（Student）、课程关系（Course）、选修关系（SC）、教师关系（Teacher）和任课关系（TC）。各关系的要求如实表 2.1 至实表 2.6 所示。

实表 2.1　创建 Department 表的要求

列名	类型	约束
Dno	VARCHAR2(3)	主码
Dname	VARCHAR2(30)	院系名不能重复
Office	VARCHAR2(4)	NULL

实表 2.2　创建 Student 表的要求

列名	类型	约束	约束名
Sno	VARCHAR2(3)	主码	pk _ sno
Sname	VARCHAR2(10)	不能为空	nn _ sname
Sex	CHAR(2)	只能是"男"或"女"	ck _ sex
Birth	DATE	NULL	无
Dno	VARCHAR2(3)	外码	student _ fk _ dno

实表 2.3　创建 Course 表的要求

列名	类型	约束	约束名
Cno	VARCHAR2(3)	主码	pk _ cno
Cname	VARCHAR2(20)	课程名不能重复	uq _ cname

续表

列名	类型	约束	约束名
Cpno	VARCHAR2(3)	NULL	无
Credit	NUMBER(1)	学分只能是 1、2、3 或 4	ck _ credit

实表 2.4　创建 SC 表的要求

列名	类型	约束	约束名
Sno	VARCHAR2(3)	外码	fk _ sno
Cno	VARCHAR2(3)	外码	sc _ fk _ cno
Score	NUMBER(3)	成绩在 0～100 之间	ck _ score
		主码是(Sno, Cno)	pk _ sc

实表 2.5　创建 Teacher 的要求

列名	类型	约束	约束名
Tno	VARCHAR2(3)	主码	pk _ tno
Tname	VARCHAR2(10)	不能为空	nn _ tname
Prof	VARCHAR2(10)	无	无
Engage	DATE	无	无
Dno	VARCHAR2(3)	外码	teacher _ fk _ dno

实表 2.6　创建 TC 的要求

列名	类型	约束	约束名
Tno	VARCHAR2(3)	外码	fk _ tno
Cno	VARCHAR2(3)	外码	tc _ fk _ cno
Classname	VARCHAR2(20)	不能为空	nn _ classname
Semester	CHAR(6)	无	无
		主码(Tno, Cno, Classname)	pk _ tc

1. 在 scott 用户与数据库的连接下创建表

准备工作：参照实验 1 中的步骤建立 scott 与数据库的连接，连接名为 scott-con，若连接已有，则忽略该步骤。

在 scott 的连接下，输入创建各表的命令并执行。例如，创建 Department 表的命令如实图 2.1 所示。

注意：

(1)表定义的各项后面有一个逗号，最后一项的后面没有任何标点符号，整个命令以分号结尾。

实图 2.1　输入创建 Department 表的命令

(2)表名与字段名、类型等不区分大小写。

(3)将光标放在命令中的任意一行，按工具栏上的 ▶ 图标或 F9 执行命令。

(4)新创建对象需要"刷新"才能看到，方法是在左侧连接窗口中右击 scott-con 连接下的"表"文件夹，选择"刷新"，如实图 2.3 所示。

实图 2.2　刷新表

2. 查看表结构

(1)用命令查看表结构，格式为 Describe | Desc ＜表名＞；

示例：Desc Department；

Department 表结构的显示如实图 2.3 所示。

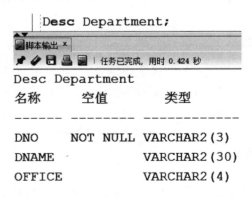

实图 2.3　显示 Department 表结构

(2)可视化的方法查看表结构：在左侧"连接"窗口中选中表 Department，就会在右侧显示该表的相关信息，选择"列"选项卡，可以看到该表的所有列信息，如实图 2.4 所示。

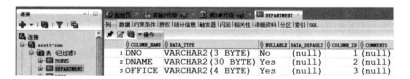

实图 2.4　Department 表结构的"列"选项卡

选择"约束条件"选项卡，可以看到该表的所有约束，如实图 2.5 所示。

实图 2.5　Department 表结构的"约束条件"选项卡

注意：系统会自动给未命名的约束命名，例如，Department 表上的主码约束在命令中没有命名，系统给出了 SYS＿C0011314 的名字。

3. 按要求创建其他表

仿照 Department 表的创建命令，按要求创建学生关系（Student）、课程关系（Course）、选修关系（SC）、教师关系（Teacher）和任课关系（TC）。

注意在 SC 和 TC 表中，外码约束作为表级约束和列级约束的写法不同。

4. 保存命令为 .sql 文档

如果一些命令经常使用，可以将其保存为 .sql 文档，以后使用这些命令时打开该 .sql 文档，直接运行相应的各个命令即可。

例如，将该实验中创建六个表的 CREA-TETABLE 命令保存成 teach.sql 文档，方法如下：将输入创建表命令的 scott-con 下的 SQL 工作表单击成为当前能看到的工作表，然后单击工具栏上的保存图标 ，在弹出的保存窗口中选择好文件存放位置，文件名为 teach，单击"保存"按钮即可，如实图 2.6 所示。

实图 2.6　保存 SQL 文档

二、删除表

格式：DROP　TABLE　＜表名＞；

示例：删除 SC 表

DROP　TABLE　SC；

三、修改表结构和表约束

每一次表结构和表约束的修改，都要随时查看表结构，观察修改是否成功。

1. 修改表结构

（1）增加字段：为 Course 表增加存储每门课程简要信息的字段"Cinfo"，类型为 CHAR(400)。

ALTER　TABLE　Course　ADD　Cinfo　CHAR(400)；

（2）修改列的数据类型：将 Cinfo 字段的类型改为 VARCHAR2(800)。

ALTER　TABLE　Course　MODIFY　Cinfo　VARCHAR2(800)；

（3）修改列名：将 Cinfo 列名改为 Cinformation。

ALTER　TABLE　Course　RENAME　COLUMN　Cinfo　TO　Cinformation；

（4）删除列：删除 Cinformation 列。

ALTER　TABLE　Course　DROP　COLUMN　Cinformation；

2. 修改表约束

约束一般是在创建表时加上的，若表创建完成以后还要增加或删除或修改某个约束，可以用 ALTER　TABLE 命令对约束进行操作。

没有修改表约束的命令，若要实现修改，可先将约束删除，然后再重新增加。

（1）删除 SC 表的主码约束。

ALTER　TABLE　SC　DROP　CONSTRAINT　pk _ sc；

注意：首先要查看 SC 表的所有约束名，找到主码约束名，然后才能用其约束名删除。

（2）增加 SC 表的主码约束。

ALTER　TANLE　SC　ADD　CONSTRAINT　pk _ sc　PRIMARY KEY(Sno，Cno)；

（3）删除 SC 表的 sno 列上的外码约束。

ALTER　TANLE　SC　DROP　CONSTRAINT　fk _ sno；

（4）增加 SC 表的 sno 列上的外码约束。

ALTER　TABLE　SC　ADD　CONSTRAINT　fk _ sno　FOREIGN

KEY （Sno）REFERENCES Student（Sno）；

（5）删除 Course 表的 Cname 列上的唯一约束。

ALTER TABLE Course DROP CONSTRAINT uq_cname；

（6）增加 Course 表的 Cname 列上的唯一约束。

ALTER TABLE Course ADD CONSTRAINT uq_cname U-NIQUE （Cname）；

（7）增加 Department 表的 Office 列上为非空约束。

ALTER TABLE Department MODIFY Office NOT NULL；

此时查看表结构会发现 Office 列已不允许为 NULL 值。

（8）修改 Department 表的 Office 列上的约束，使其可以为空值。

ALTER TABLE Department MODIFY Office NULL；

四、表数据的插入、更新和删除

当表中数据发生变化时，可以随时使用查看表内容的命令查看表中数据的变化。

命令格式：SELECT * FROM ＜表名＞；

示例：SELECT * FROM SC；

1. 插入数据

参照第二章 Teach 数据库中的院系表等六个表的内容，将数据插入相应表中。

INSERT INTO Department VALUES（'D1'，'信工学院'，'C101'）；

INSERT INTO Department VALUES （'D2'，'地理学院'，'S201'）；

INSERT INTO Department VALUES （'D3'，'工学院'，'F301'）；

INSERT INTO Department VALUES （'D4'，'医学院'，'B206'）；

INSERT INTO Student VALUES（'S1'，'赵刚'，'男'，
TO_DATE（'1995-09-02'，'YYYY-MM-DD'），'D1'）；

INSERT INTO Student VALUES （'S2'，'周丽'，'女'，
TO_DATE（'1996-01-06'，'YYYY-MM-DD'），'D3'）；

INSERT INTO Student VALUES （'S3'，'李强'，'男'，
TO_DATE（'1996-05-02'，'YYYY-MM-DD'），'D3'）；

INSERT INTO Student VALUES （'S4'，'刘珊'，'女'，
TO_DATE（'1997-08-08'，'YYYY-MM-DD'），'D1'）；

INSERT INTO Student VALUES （'S5'，'齐超'，'男'，
TO_DATE（'1997-06-08'，'YYYY-MM-DD'），'D2'）；

INSERT INTO Student VALUES （'S6'，'宋佳'，'女'，

　　TO _ DATE('1998-08-02'，'YYYY-MM-DD')，'D4')；

　　INSERT　INTO　Course(Cno，Cname，Credit)　VALUES('C1'，'数据库'，4)；

　　INSERT　INTO　Course(Cno，Cname，Credit)　VALUES ('C2'，'计算机基础'，3)；

　　INSERT　INTO　Course(Cno，Cname，Credit)　VALUES ('C3'，'C _ Design'，2)；

　　INSERT　INTO　Course(Cno，Cname，Credit) VALUES ('C4'，'网络数据库'，4)；

　　INSERT　INTO　SC　VALUES('S1'，'C1'，90)；

　　INSERT　INTO　SC　VALUES ('S2'，'C2'，82)；

　　INSERT　INTO　SC　VALUES ('S3'，'C1'，85)；

　　INSERT　INTO　SC　VALUES ('S4'，'C1'，46)；

　　INSERT　INTO　SC　VALUES ('S5'，'C2'，78)；

　　INSERT　INTO　SC　VALUES ('S1'，'C2'，98)；

　　INSERT　INTO　SC　VALUES ('S3'，'C2'，67)；

　　INSERT　INTO　SC　VALUES ('S6'，'C2'，87)；

　　INSERT　INTO　SC　VALUES ('S1'，'C3'，98)；

　　INSERT　INTO　SC　VALUES ('S5'，'C3'，77)；

　　INSERT　INTO　SC　VALUES ('S1'，'C4'，52)；

　　INSERT　INTO　SC　VALUES ('S6'，'C4'，79)；

　　INSERT　INTO　SC　VALUES ('S4'，'C2'，69)；

　　INSERT　INTO　SC　VALUES ('S6'，'C3'，null)；

　　输入完表内容后，为 Course 表的 Cpno 字段设置为外码。

　　ALTER　TABLE　Course　ADD CONSTRAINT　fk _ cpno　FOREIGN KEY(Cpno)

　　REFERENCES　Course　(Cno)；

　　INSERT　INTO　Teacher　VALUES('T1'，'刘伟'，'教授'，

　　TO _ DATE('2008-01-01'，'YYYY-MM-DD')，'D1')；

　　INSERT　INTO　Teacher　VALUES ('T2'，'刑林'，'讲师'，

　　TO _ DATE('2013-07-01'，'YYYY-MM-DD')，'D3')；

　　INSERT　INTO　Teacher　VALUES ('T3'，'吕轩'，'讲师'，

　　TO _ DATE('2010-07-01'，'YYYY-MM-DD')，'D3')；

　　INSERT　INTO　Teacher　VALUES ('T4'，'陈武'，'副教授'，

　　TO _ DATE('2008-01-01'，'YYYY-MM-DD')，'D1')；

INSERT　INTO　Teacher　VALUES（'T5'，'海洋'，'助教'，
TO_DATE（'2016-07-03'，'YYYY-MM-DD'），'D2'）；
INSERT　INTO　Teacher　VALUES（'T6'，'付阳'，'讲师'，
TO_DATE（'2012-01-06'，'YYYY-MM-DD'），null）；
INSERT　INTO　TC　VALUES（'T1'，'C2'，'17 网工'，'2017-1'）；
INSERT　INTO　TC　VALUES（'T1'，'C1'，'17 计科'，'2017-2'）；
INSERT　INTO　TC　VALUES（'T2'，'C3'，'16 工设'，'2016-2'）；
INSERT　INTO　TC　VALUES（'T2'，'C3'，'17 网工'，'2016-2'）；
INSERT　INTO　TC　VALUES（'T4'，'C3'，'16 网工'，'2017-1'）；
INSERT　INTO　TC　VALUES（'T4'，'C4'，'16 计科'，'2016-2'）；
INSERT　INTO　TC　VALUES（'T5'，'C2'，'16 环境'，'2016-2'）；
INSERT　INTO　TC　VALUES（'T3'，'C3'，'15 工设'，'2017-2'）；
INSERT　INTO　TC　VALUES（'T1'，'C3'，'17 软工'，'2017-2'）；
INSERT　INTO　TC　VALUES（'T5'，'C3'，'17 环境'，'2017-1'）；
INSERT　INTO　TC　VALUES（'T1'，'C4'，'15 计科'，'2017-1'）；
INSERT　INTO　TC　VALUES（'T6'，'C3'，'17 计科'，'2017-2'）；
INSERT　INTO　TC　VALUES（'T6'，'C1'，'16 计科'，NULL）；
COMMIT；

2. 更新数据

(1)更新 Course 表中 Cpno 字段的值。

UPDATE　Course　SET　Cpno='C3'　WHERE　Cno='C1'；
UPDATE　Course　SET　Cpno='C2'　WHERE　Cno='C3'；
UPDATE　Course　SET　Cpno='C1'　WHERE　Cno='C4'；

(2)将 Course 表中所有课程学分减一分。

UPDATE　Course　SET　Credit=Credit-1；

3. 删除数据

(1)删除医学院的信息。

DELETE　FROM　Department　WHERE　Dname='医学院'；

(2)删除所有人的选课记录。

DELETE　FROM　SC；

4. 约束效力

下面对 Teach 数据库中的院系表等六个表进行操作，以检查约束的效力。当在表中定义约束后，DBMS 会建立检查机制，若对表的操作违反了该机制，则会给出相应的处理。依次输入并执行下列命令，观察哪些能执行，哪些不能执行，说明原因并写在实验报告里。

(1)INSERT　INTO　Student　VALUES('S3','赵海','男',

TO _ DATE('1995-03-02','YYYY-MM-DD'),'D2');

(2)INSERT　INTO　Student　VALUES('S8','赵海','男',

TO _ DATE('1995-03-02','YYYY-MM-DD'),'D6');

(3)INSERT　INTO　Course　VALUES('C5','数据库', NULL，3)；

(4)INSERT　INTO　Course　VALUES('C5','数据库应用技术','C8',

3)；

(5)UPDATE　TC　SET　Tno='T8'　WHERE　Tno='T1'；

(6)UPDATE　Teacher　SET　Tno='T7'　WHERE　Tno='T1'；

(7)DELETE　FROM　Teacher　WHERE　Tno='T2'；

(8)DELETE　FROM　Department　WHERE　Dno='D4'；

五、总结

1. 保留 teach. sql 文档中创建表命令、为 Course 表的 Cpno 字段增加外码约束的命令、插入表数据的命令和更新 Course 表的 Cpno 字段值的命令，并将其存盘。

2. 下次使用时，单击工具栏上的打开图标，找到保存的 teach. sql 文档，打开，并依次执行各个命令产生完整的六个表及其内容；或是单击运行脚本命令按钮，一次性全部执行所有命令。

3. 将整个实验过程及结果和实验中遇到的问题与解决的办法写在实验报告里。

实验 3　单表查询

实验目的：掌握单表无条件查询与条件查询，掌握分组查询，掌握结查询结果的排序。

知识准备：

SELECT 查询语句的格式如下。

SELECT　目标列　FROM　表名　［WHERE　＜查询条件＞］

GROUP　BY　分组列　［ HAVING　＜分组条件＞］

ORDER　BY　排序列；

实验准备：

参照实验 1 中的操作，以 scott 用户连接数据库，打开在实验 2 中创建的 teach. sql 文档，在 SCOTT 的连接下执行文档中的命令创建 Teach 数据库中的六个表。

实验内容：

一、单表无条件查询

1. 查询所有列

/＊查询 Teacher 表中的所有教师信息＊/

SELECT　＊　FROM Teacher;

2. 查询指定列

/＊查询所有教师的职称和姓名＊/

SELECT　Prof，Tname　FROM　Teacher;

3. 给列起别名

/＊查询所有教师的姓名和所在院系，并给相应列起汉语别名＊/

SELECT　Tname　教师姓名，Dno　所在院系　FROM　Teacher;

4. 去掉重复记录

/＊查询所有教师来自哪些院系＊/

SELECT　DISTINCT　Dno　FROM　Teacher;

二、单表条件查询(使用 WHERE 子句)

1. 条件表达式为关系表达式

/＊查询 2010 年以后聘任的教师的姓名，职称和聘任时间＊/

SELECT　Tname，Prof，Engage　FROM　Teacher

WHERE　EXTRACT(YEAR　FROM　Engage)＞2010;

2. 条件表达式为 [NOT] BETWEEM　a　AND　b

/＊查询在 2010 年到 2015 年之间受聘的教师编号和姓名＊/

SELECT　Tno，Tname　FROM　Teacher　WHERE　EXTRACT
(YEAR　FROM　Engage)　BETWEEN　2010　AND　2015;

3. 条件表达式为 [NOT] LIKE　'带＿的字符串' | '带％的字符串'

/＊查询所有高级职称(教授或副教授)教师的信息＊/

SELECT　＊　FROM　Teacher　WHERE　Prof　LIKE　'％教授％';

/＊查询所有刘姓教师的信息＊/

SELECT　＊　FROM　Teacher　WHERE　Tname　LIKE　'刘％';

4. 条件表达式为 IS　NULL 或 IS　NOT　NULL，来测试是否是空值

/＊查询暂时没有分配学院的教师信息＊/

SELECT　＊　FROM　Teacher　WHERE　Dno　IS　NULL;

5. [NOT]　IN (值列表，各值中间用逗号分隔)

/＊查询 D1 和 D3 院系的所有教师信息＊/

SELECT ＊ FROM Teacher WHERE Dno IN（'D1'，'D3'）；

6. 多条件查询，各条件间用 AND 或 OR 连接

／＊查询 2011 年以后聘任的所有讲师信息＊／

SELECT ＊ FROM Teacher WHERE EXTRACT（YEAR FROM Engage）＞＝2011 AND Prof＝'讲师'；

三、分组查询

分组查询的过程是先筛选满足 WHERE 条件的元组，然后对其按 GROUP BY 后的分组列分组，以组为单位查询 SELECT 后面的目标列。一般 SELECT 后面的目标列会使用 COUNT、AVG、SUM、MAX、MIN 这五个聚集函数。

1. 简单分组查询

／＊查询每门课程的任课教师人数，查询结果中包括课程号和任课教师数＊／

SELECT Cno 课程号，COUNT（Tno）任课教师数 FROM TC GROUP BY Cno；

2. 带 HAVING 短语的分组查询

／＊查询有 3 人以上教师任课的各课程的课程号和任课教师数＊／

SELECT Cno 课程号，COUNT（Tno）任课教师数 FROM TC
GROUP BY Cno HAVING COUNT（Tno）＞＝3；

四、查询结果排序

ORDER BY 子句一定是 SELECT 命令的最后一个子句，它只对最终查询结果进行排序。

1. 单列排序

／＊查询 2016-2 学期开课的所有课程号和任课教师编号，要求按课程号的降序排列＊／

SELECT Cno，Tno FROM TC WHERE Semester＝'2016-2'
ORDER BY Cno DESC；

或者：

SELECT Cno，Tno FROM TC WHERE Semester＝'2016-2'
ORDER BY 1 DESC；

／＊查询 2016-2 学期开课的所有课程号和任课教师编号，要求按课程号的升序排列＊／

SELECT Cno，Tno FROM TC WHERE Semester＝'2016-2'
ORDER BY Cno；

或者：

SELECT Cno，Tno FROM TC WHERE Semester＝'2016-2'
ORDER BY Cno ASC;

或者：

SELECT Cno，Tno FROM TC WHERE Semester＝'2016-2'
ORDER BY 1;

2. 多列排序

/ * 查询 2016-2 学期开课的所有课程号和任课教师编号，要求按课程号的升序排列，课程号相同的再按任课教师编号的降序排列 * /

SELECT Cno，Tno FROM TC WHERE Semester＝'2016-2'
ORDER BY Cno，Tno DESC;

或者：

SELECT Cno，Tno FROM TC WHERE Semester＝'2016-2'
ORDER BY 1，2 DESC;

五、总结

将整个实验过程及结果和实验中遇到的问题与解决的办法写在实验报告里。

实验 4　多表查询

实验目的：掌握多表的连接查询，熟练应用多表连接的显示连接形式和隐式连接形式；掌握嵌套查询；理解集合查询。

知识准备：

一、两个表(R 和 S，有相同的连接字段 B)的显式连接查询形式

SELECT 目标列
FROM R INNER JOIN | LEFT JOIN | RIGHT JOIN S ON
R.B＝S.B WHERE 查询条件;

二、两个表(R 和 S，有相同的连接字段 B)的隐式连接查询形式

SELECT 目标列
FROM R，S
WHERE R.B＝S.B(连接条件) AND 查询条件;

三、三个表(R、S 和 T)的显式连接查询形式

SELECT 目标列

FROM　R　INNER JOIN | LEFT　JOIN | RIGHT　JOIN　S　ON　R. B
　　　 = S. B

　　　 INNER JOIN | LEFT JOIN | RIGHT JOIN　T　ON　S. C
　　　 = T. C

WHERE　查询条件;

四、三个表(R、S 和 T)的隐式连接查询形式

SELECT　目标列

FROM　R，S，T

WHERE　R. B＝S. B(连接条件)　AND　S. C＝T. C(连接条件) AND　查询条件;

五、多表连接查询技巧

首先看查询的条件和结果中涉及的属性列来自哪些表，将其归置到最少的表中查询；若涉及多个表则需要将多表进行连接，表间有相同属性时可直接相连，否则寻求与各表有相同属性的中间表进行连接。

实验准备：参照实验 1 中的操作，以 scott 用户连接数据库，然后打开在实验 2 中创建的 teach. sql 文档，在 scott 的连接下执行文档中的命令创建 Teach 数据库中的六个表。

实验内容：

一、内连接(或自然连接)

1. 两个表的连接

/∗查询讲师的姓名、聘任时间和所在的院系名称∗/

方法一：显式连接查询。

SELECT　Tname，Engage，Dname　FROM　Teacher　INNER　JOIN Department　ON　Teacher. Dno＝ Department. Dno;

方法二：隐式连接查询。

SELECT　Tname，Engage，Dname　FROM　Teacher，Department WHERE　Teacher. Dno＝ Department. Dno;

2. 三个表的连接

/∗查询讲授数据库课程的教师编号和姓名∗/

方法一：显式连接查询。

SELECT　Teacher. Tno，Tname　FROM　Teacher　INNER　JOIN　TC ON　Teacher. Tno＝ TC. tno　INNER　JOIN　Course　ON　TC. Cno＝

Course. Cno AND Cname＝'数据库'；

方法二：隐式连接查询。

SELECT Teacher. Tno，Tname FROM Teacher，TC，Course

WHERE Teacher. Tno＝TC. Tno AND TC. Cno＝Course. Cno AND Cname＝'数据库'；

注意：查询中所涉及的列，若在多个表中都有，则必须加表前缀以确定其唯一性。

二、外连接

/＊查询所有学院的名称及其所有教师的姓名，包括没有教师的学院＊/

SELECT Dname，Tname FROM Department LEFT JOIN Teacher ON Department. Dno＝Teacher. Dno；

三、自身连接

/＊查询与"刑林"在同一学院工作的教师编号和姓名＊/

SELECT t1. Tno，t1. Tname FROM Teacher t1，Teacher t2

WHERE t1. Dno＝t2. Dno AND t2. Tname＝'刑林'；

四、嵌套查询

1. 由比较运算符引出的子查询

/＊查询与刑林在同一学院工作的教师编号和姓名＊/

SELECT Tno，Tname FROM Teacher

WHERE Dno＝

(SELECT Dno FROM Teacher WHERE Tname＝'刑林')；

2. 由 IN 引出的子查询

/＊查询选修了陈武老师所教授课程的学生的学号＊/

SELECT DISTINCT Sno FROM SC

WHERE Cno IN

(SELECT Cno FROM TC WHERE Tno IN

(SELECT Tno FROM Teacher WHERE Tname＝'陈武'))；

3. 由 ANY 引出的子查询

/＊查询选修了陈武老师所教授课程的学生的学号＊/

SELECT DISTINCT Sno FROM SC

WHERE Cno ＝ANY

(SELECT Cno FROM TC WHERE Tno ＝ANY

　　　　（SELECT　Tno　FROM　Teacher　WHERE　Tname＝'陈武'））；

　　4. 由 ALL 引出的子查询

　　/＊查询没有教授 C1 课程的教师姓名＊/

SELECT　Tname　FROM　Teacher

WHERE　Tno<>ALL

　　（SELECT　Tno　FROM　TC　WHERE　Cno＝'C1'）；

　　5. 由 EXISTS 引出的子查询

　　/＊查询所有教授 C1 课程的教师姓名＊/

SELECT　Tname　FROM　Teacher

WHERE　EXISTS

　　（SELECT　＊　FROM　TC　WHERE　Cno＝'C1'　AND　Tno＝

Teacher. Tno）；

　　/＊查询没有教授 C1 课程的教师姓名＊/

SELECT　Tname　FROM　Teacher

WHERE　NOT　EXISTS

　　（SELECT　＊　FROM　TC　WHERE　Cno＝'C1'　AND　Tno＝

Teacher. Tno）；

五、集合查询

　　集合查询是将两个查询的结果进行并、交、差运算。

　　注意：集合查询的前提是两个查询结果必须是列数相同，对应的列域相同。

　　1. 并—UNION

　　/＊查询讲授了 C2 或 C3 课程的教师的教师编号＊/

SELECT　Tno　FROM　TC　WHERE　Cno＝'C2'

UNION

SELECT　Tno　FROM　TC　WHERE　Cno＝'C3'；

　　2. 交—INTERSECT

　　/＊查询讲授了 C2 和 C3 课程的教师的教师编号＊/

SELECT　Tno　FROM　TC　WHERE　Cno＝'C2'

INTERSECT

SELECT　Tno　FROM　TC　WHERE　Cno＝'C3'；

　　3. 差—MINUS

　　/＊查询讲授了 C3 但没有讲授 C2 课程的教师的教师编号＊/

SELECT　Tno　FROM　TC　WHERE　Cno＝'C3'

MINUS

SELECT　Tno　FROM　TC　WHERE　Cno＝'C2';

六、总结

将整个实验过程及结果和实验中遇到的问题与解决的办法写在实验报告里。

实验 5　视图、索引和用户权限

实验目的：掌握单索引、复合索引、唯一索引和非唯一（普通）索引的创建与删除；掌握简单视图、复杂视图、连接视图和只读视图的创建与删除；了解视图的查询、更新等简单的操作；掌握用户和角色的创建，理解系统权限和对象权限的作用并熟练掌握对用户和角色授予相应的权限以及回收权限；了解用户及角色所拥有的权限的查看方法。

知识准备：

一、创建视图格式

CREATE　[OR　REPLACE]　VIEW　视图名　[(列名1，列名2，……)]
AS　＜子查询＞
[WITH　CHECK　OPTION]
[WITH　READ　ONLY];
①REPLACE 选项表示新创建的视图会覆盖掉已有的同名的视图。
②视图名后的列名若省略则表示与子查询中的列名相同。
③WITH　CHECK　OPTION 选项表示修改视图时要符合子查询中的条件限制。
④WITH　READ　ONLY 选项表示创建只读视图。

二、创建索引格式

CREATE　[UNIQUE]　INDEX　＜索引名＞　ON　＜表名＞(＜列名1＞[＜次序＞]　[，＜列名2＞[＜次序＞]]…);
①＜表名＞指定要建索引的基本表名字；
②索引可以建立在该表的一列或多列上，各列名之间用逗号分隔。
③用＜次序＞指定索引值的排列次序，升序：ASC，降序：DESC。缺省值：ASC。
④UNIQUE 表明此索引的每一个索引值只对应唯一的数据记录。

三、用户与权限

1. 创建用户格式

CREATE USER 用户名 IDENTIFIED BY 口令

[DEFAULT TABLESPACE 表空间名]

[TEMPORARY TABLESPACE 临时表空间名]

[QUOTA *n* K | M | UNLIMITED ON 表空间名]

[PASSWORD EXPIRE]

[ACCOUNT LOCK | UNLOCK];

2. 创建角色格式

CREATE ROLE 角色名

[NOT IDENTIFIED | IDENTIFIED BY 密码];

3. 给用户或角色授予系统权限格式

GRANT 系统权限列表 | ALL PRIVILEGES

TO 用户名列表 | 角色名列表 | PUBLIC

[WITH ADMIN OPTION];

4. 给用户或角色授予对象权限格式

GRANT 对象权限列表 | ALL [PRIVILEGES] ON 模式名 . 对象名

TO 用户名列表 | 角色名列表 | PUBLIC

[WITH GRANT OPTION];

5. 回收用户或角色的系统权限格式

REVOKE 系统权限列表 | ALL PRIVILEGES

FROM 用户名列表 | 角色名列表 | PUBLIC;

6. 回收用户或角色的对象权限格式

REVOKE 对象权限列表 | ALL [PRIVILEGES] ON 模式名 . 对象名

FROM 用户名列表 | 角色名列表 | PUBLIC

[CASCADE CONSTRAINTS];

实验准备：

因为 scott 用户默认没有创建视图的权限，因此要让 system 用户先授予它创建视图的权限。操作如下。

步骤 1：先以 system 用户连接数据，解锁 scott 用户并授予其创建视图的权限。

ALTER USER scott IDENTIFIED BY 123456 ACCOUNT UNLOCK；

GRANT CREATE ANY VIEW TO scott；

步骤2：然后再以 scott 用户连接数据库，进行创建视图等操作。实验内容如下。

一、视图的创建与删除

1. 视图的创建

(1)创建简单视图。

①不指定视图的列名，则视图的列名和表列名相同。

/＊创建 D3 学院的教师视图 EG ＿ Teacher，包括教师编号、姓名和所在院系＊/

CREATE VIEW EG ＿ Teacher AS

SELECT Tno，Tname，Dno FROM Teacher WHERE Dno＝'D3'；

查看视图：刚创建的视图必须刷新才能看到，在左侧连接窗口中右击"视图"文件夹，选择"刷新"，然后展开前面的加号，就能看到新创建的视图，如实图 5.1 所示。

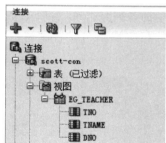

实图 5.1 查看视图

②指定视图的列名，则视图的列名用指定的列名。

/＊创建 D3 学院的教师视图 EG ＿ Teacher2，包括教师编号(teacherno)、姓名(teachername)和所在院系(teacherdept)＊/

CREATE VIEW EG ＿ Teacher2(teacherno，teachername，teacherdept) AS

SELECT Tno，Tname，Dno FROM Teacher WHERE Dno＝'D3'；

创建视图的结果如实图 5.2 所示。

③简单视图的操作。

对简单视图进行以下几种操作，查看视图内容，观察哪些操作能成功，将结果写在实验报告里。当执行后面三条 DML 操作时，同时查看 Teacher 表的内容是否随着视图 EG ＿ Teacher 内容的变化而变化。

实图 5.2　创建视图 EG_Teacher2 的结果

SELECT　＊　FROM　EG_Teacher；

INSERT　INTO　EG_Teacher　VALUES('T8'，'Tom'，'D3')；

UPDATE　EG_Teacher　SET　Tname＝'Marry'　WHERE　Tno＝'T8'；

DELETE　FROM　EG_Teacher　WHERE　Tno＝'T8'；

视图中的各列是否可以进行 DML 操作，可以在左侧连接窗口中选中"视图"文件夹里的相应视图名，右侧窗口就会出现该视图的相应的信息，如实图 5.3 所示。

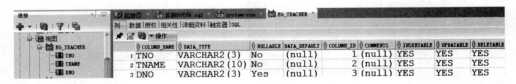

实图 5.3　查看视图各列详情

（2）创建复杂视图。

①列名写在视图名后面。

/＊创建视图 Course_Avgscore，包括每门课程的课程编号（Cno）及其平均成绩（cavgscore）＊/

CREATE　VIEW　Course_Avgscore(Cno，cavgscore)

AS

SELECT　Cno，ROUND(AVG(Score)，2)　from　SC　GROUP　BY　Cno；

②视图后面省略列名，在子查询中给列起别名作为视图的列名。

/＊创建视图 Course_Avgscore2，包括每门课程的课程编号（Cno）及其平均成绩（cavgscore）＊/

CREATE VIEW Course_Avgscore2

AS

SELECT Cno Cno，ROUND(AVG(Score)，2) cavgscore FROM SC GROUP BY Cno；

观察视图 Course_Avgscore 和 Course_Avgscore2，会发现它们的列名相同，如实图 5.4 所示。

实图 5.4 视图 Course_Avgscore 和 Course_Avgscore2 的列名对比

③包含表达式的视图。

/＊创建视图 Workyear_Teacher，包括教师的姓名、职称及现任职称的聘任年份＊/

CREATE VIEW Workyear_Teacher

AS

SELECT Tname 教师姓名，Prof 职称，EXTRACT(YEAR FROM Engage) 聘任年份 FROM Teacher；

④ 复杂视图的操作。

对复杂视图进行以下几种操作，观察哪些操作能成功。

SELECT ＊ FROM Workyear_Teacher；

INSERT INTO Workyear_Teacher VALUES('Tom'，'讲师'，2006)；

UPDATE Workyear_Teacher SET 聘任年份＝2012 WHERE 教师姓名＝'海洋'；

DELETE FROM Workyear_Teacher WHERE 教师姓名＝'海洋'；

(3)创建连接视图。

/＊创建视图 Course_Teacher，包括课程名及其任课教师姓名＊/

CREATE VIEW Course_Teacher

AS

SELECT Cname，Tname FROM Course，TC，Teacher

WHERE Course. Cno＝TC. Cno AND TC. Tno＝Teacher. Tno;

对连接视图进行以下几种操作，观察哪些操作能成功。

SELECT ＊ FROM Course_Teacher;

INSERT INTO Course_Teacher VALUES('数据库','宋宁');

UPDATE Course_Teacher SET Tname＝'宋宁' WHERE Cname＝'数据库';

DELETE FROM Course_Teacher WHERE Tname＝'海洋';

(4)创建只读视图。

/＊创建只读视图 Tno_Class,包括给16级任课的教师的教师编号和任课班级＊/

CREATE VIEW Tno_Class

AS

SELECT Tno,Classname FROM TC WHRER Classname LIKE '16%'

WITH READ ONLY;

对只读视图进行以下几种操作，观察哪些操作能成功。

SELECT ＊ FROM Tno_Class;

INSERT INTO Tno_Class VALUES('T5','16 网工');

UPDATE Tno_Class SET Classname＝'16 网工' WHERE Tno＝'T5';

DELETE FROM Tno_Class WHERE Tno＝'T5';

(5)创建带 CHECK 约束的视图。

/＊创建带 CHECK 约束的视图 New_Teacher,包括 2010 年以后晋升职称的教师的编号和姓名＊/

CREATE VIEW New_Teacher

AS

SELECT Tno,Tname FROM Teacher WHERE EXTRACT(YEAR FROM Engage)>＝2010

WITH CHECK OPTION;

对带 CHECK 约束的视图进行以下几种操作，观察哪些操作能成功。

SELECT ＊ FROM New_Teacher;

INSERT INTO New_Teacher VALUES('T8','Tom');

UPDATE New_Teacher SET Tname＝'Tom' WHERE Tno＝'T2';

DELETE FROM New_Teacher WHERE Tno＝'T2';

2. 视图的删除

格式：DROP　VIEW　＜视图名＞

/＊删除视图 New _ Teacher＊/

DROP　VIEW　New _ Teacher；

二、索引的创建与删除

1. 索引的创建。

(1)创建单列索引。

/＊在教师表的所在院系列上创建单列索引 ID _ Dno＊/

CREATE　INDEX　ID _ Dno　ON　Teacher(Dno)；

查看索引：在左侧连接窗口中右击"索引"文件夹，选择"刷新"，然后展开前面的加号，就能看到刚创建的索引，如实图 5.5 所示。

实图 5.5　查看索引

查看索引详细情况：在左侧连接窗口中展开"索引"文件夹，单击要查看的索引名，就会在右侧窗口显示该索引的详细信息，如实图 5.6 所示。

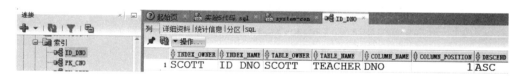

实图 5.6　查看索引的详细信息

(2)创建复合索引。

/＊在教师表的所在院系和教师编号列上创建复合索引 IDC _ Dno _ Tno＊/

CREATE　INDEX　IDC _ Dno _ Tno　ON　Teacher(Dno，Tno)；

(3)创建唯一索引。

/＊在教师表的教师姓名列上创建唯一索引 UQ _ Tname＊/

CREATE　UNIQUE　INDEX　UQ _ Tname　ON　Teacher(Tname)；

以下索引能否创建成功？为什么？

/＊在课程表的 Cno 列上创建单列索引 ID _ Cno＊/

CREATE　INDEX　ID _ Cno　ON　Course(Cno)；

/＊在课程表的 Cname 列上创建单列索引 ID _ Cname＊/

CREATE　INDEX　ID _ Cname　ON　Course(Cname)；

2. 索引的删除

格式：DROP　INDEX　＜索引名＞

/＊删除索引 UQ_Tname＊/

DROP　INDEX　UQ_Tname；

三、用户与权限

1. 用户的创建与权限的授予

在 system 模式下，创建用户 usera，口令是 a123，默认表空间是 users，临时表空间是 temp，无限制的空间配额；为了使其能连接到数据库，授予 usera 用户 CREATE　SESSION 系统权限；为了使其能查询 scott 模式下的 emp 表，授予其相应的对象权限；最后查看其所拥有的系统权限和对象权限。

(1)创建用户 usera。

在 system 模式(system-con 窗口)中输入如实图 5.7 所示的命令创建用户 usera。

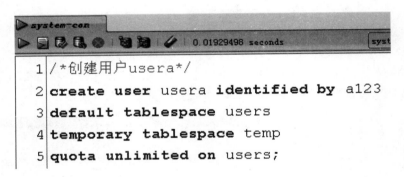

实图 5.7　system 模式下创建用户 usera

(2)查看用户 usera。

在左侧连接窗口中点开"其他用户"，并右击选择"刷新"，就会看到刚创建的用户，如实图 5.8 所示。

实图 5.8　查看用户

（3）查看用户 usera 的系统权限。

在 system 模式（system-con 窗口）中输入如下命令查看用户 usera 的系统权限。

SELECT * FROM DBA_SYS_PRIVS WHERE GRANTEE=
'USERA'；

结果是什么？

（4）给用户 usera 授予系统权限。

在 system 模式（system-con 窗口）中输入如下命令给 usera 授予系统权限
CREATE SESSION，使其能连接到数据库。

/ * 给 usera 授予系统权限

GRANT CREATE SESSION TO usera；

然后用步骤 3 中的方法再次查看 usera 所拥有的系统权限，结果是什么？与上次
的查询结果有什么不同？

（5）以 usera 用户建立与数据库的连接。

单击左上角的"连接"按钮，按实图 5.9 所示的信息建立 usera 与数据库的
连接。

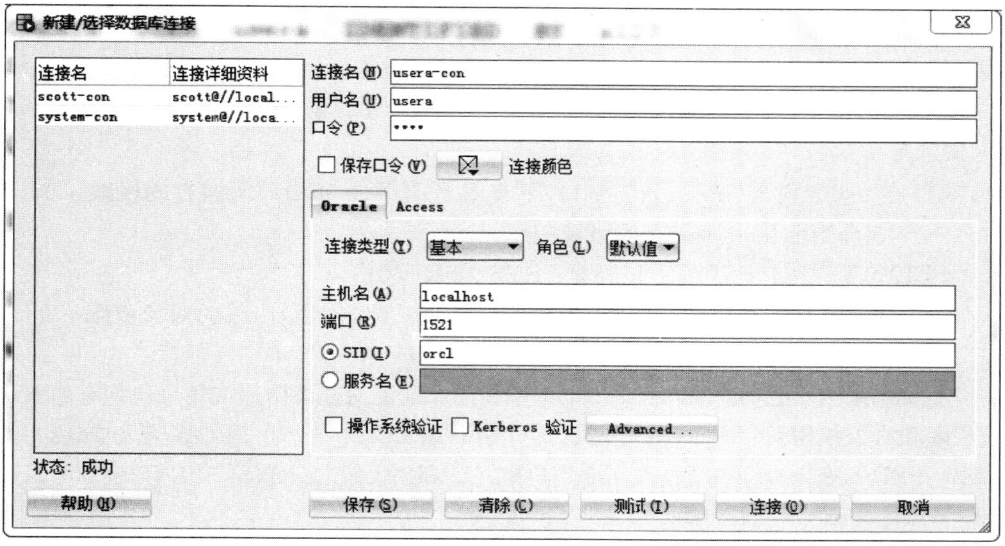

实图 5.9　建立 usera 与数据库的连接

在左侧连接窗口中找到 usera-con 连接，展开，观察里面包含的对象，如实
图 5.10 所示，展开"表"前的加号，里面显示为空，什么对象也没有。此时的
usera 只是连接上了数据库，什么也做不了。

在 usera 模式下（usera-con 窗口中）输入如实图 5.11 所示的命令并执行，测
试其是否有查询 scott.emp 表的权限，结果是什么，为什么？

（6）给用户 usera 授予对象权限。

实图 5.10　查看 usera
下的对象

在 system 模式（窗口）中输入如下命令给 usera 授予查询 scott. emp 表的对象权限，使其能对 scott. emp 表进行查询。

GRANT　SELECT　ON　scott. emp　TO　usera；

然后在 usera 模式下（usera-con 窗口中）再次执行"SELECT ＊ FROM　scott. emp；"命令，观察是什么结果？

实图 5.11　usera 模式下查询 emp 表

（7）查看用户 usera 的对象权限。

在 system 模式（system-con 窗口）中输入如下命令查看用户 usera 的对象权限。

SELECT　＊　FROM　DBA ＿ TAB ＿ PRIVS　WHERE　GRANTEE＝'USERA'；

（8）在 usera 模式（usera-con 窗口）下查看当前用户（usera）所拥有的权限。

——查询当前用户所具有的系统权限

SELECT　＊　FROM　USER ＿ SYS ＿ PRIVS；

——查询当前用户所具有的对象权限以及由它传（授予）出去的对象权限

SELECT　＊　FROM　USER ＿ TAB ＿ PRIVS；

查询结果与步骤（3）和步骤（7）中的结果相同，这说明查询用户或角色所拥有的系统权限和对象权限可以在 system 模式下分别利用 DBA ＿ SYS ＿ PRIVS 表和 DBA ＿ TAB ＿ PRIVS 表来查询，或是在当前用户模式下利用 USER ＿ SYS ＿ PRIVS 表和 USER ＿ TAB ＿ PRIVS 表来查询。

2. 权限的检测与传播

在 system 模式下创建用户 userb 和 userc；将创建表的系统权限 CREATE TABLE 授予用户 usera，并允许其传播该系统权限；然后在 usera 模式下创建表 tinfo(tid, tname)，并插入两行数据；将查询 tinfo 表的权限授予用户 userb 并允许其传播该对象权限，将更新 tinfo 表中的 tname 字段的对象权限授予用户 userb。

（1）在 system 模式下创建用户 userb 和 userc，将与数据库相连的系统权限授

予它们，并分别建立它们与数据库的连接；将创建表的系统权限 CREATE
TABLE 授予用户 usera 并允许其传播。

/＊创建用户 userb＊/

CREATE USER userb IDENTIFIED BY b123

DEFAULT TABLESPACE USERS

TEMPORARY TABLESPACE TEMP

QUOTA UNLIMITED ON USERS;

/＊创建用户 userc＊/

CREATE USER userc IDENTIFIED BY c123

DEFAULT TABLESPACE USERS

TEMPORARY TABLESPACE TEMP

QUOTA UNLIMITED ON USERS;

/＊将连接数据库的授予系统权限授予 userb 和 userc＊/

GRANT CREATE SESSION TO userb;

GRANT CREATE SESSION TO userc;

然后，按步骤 1(5)分别建立它们与数据库的连接。

/＊授予 usera 创建表系统权限＊/

GRANT CREATE TABLE TO usera WITH ADMIN OPTION;

(2)在 usera 模式下创建表 tinfo，并将一些权限授予 userb。

①在 usera 模式下创建表 tinfo，插入数据，并查看。

/＊创建 tinfo 表＊/

CREATE TABLE tinfo

(tid NUMBER,

tname VARCHAR2(10)

);

INSERT INTO tinfo VALUES(10，'Tom');

INSERT INTO tinfo VALUES(20，'Marry');

COMMIT;

SELECT ＊ FROM tinfo;

结果是什么？

②在 system 模式下查看 tinfo 表内容。

SELECT ＊ FROM usera.tinfo;

结果是什么？

注意：system 和 sys 都是 DBA 用户，拥有对数据库中所有对象的操作权限，
因此其他用户下的表它们都是有权限查看、更新的。查看其他模式下的对象时要

加模式名前缀。

③在 usera 模式下，将查询 tinfo 表的权限授予用户 userb 并允许其传播该对象权限，将更新 tinfo 表中的 tname 字段的对象权限授予用户 userb。

/* 将 tinfo 表的查询权限授予 userb，并能传播 */

GRANT SELECT ON tinfo TO userb WITH GRANT OP-TION；

/* 将更新 tinfo 表的 tname 列的对象权限授予 userb */

GRANT UPDATE(tname) ON tinfo TO userb；

④权限测试。

在 userb 模式下输入如下命令测试其是否有对 usera. tinfo 表的查询和更新权限，哪句能成功执行，哪句不能成功执行？为什么？

SELECT * FROM usera. tinfo；

UPDATE usera. tinfo SET tname='Peter' WHERE tid=10；

UPDATE usera. tinfo SET tid=30 WHERE tname='Marry'；

COMMIT；

(3)对象权限的传播。

在 userb 模式下将 tinfo 表的查询权限授予 userc。

GRANT SELECT ON usera. tinfo TO userc；

在 userc 模式下输入如下命令来测试。

SELECT * FROM usera. tinfo；

有结果返回吗？为什么？

(4)系统权限的传播。

在 usera 模式下，将创建表的系统权限授予 userb。

GRANT CREATE TABLE TO userb；

然后，在 userb 模式下创建表 binfo。

CREATE TABLE binfo

(bid NUMBER，

bname VARCHAR2(10)

)；

在左侧窗口展开 userb-con 下的表，查看有无 binfo 表。

3. 权限的回收

(1)对象权限的回收。

在 usera 模式下回收给 userb 的查询 tinfo 表的权限。

REVOKE SELECT ON tinfo FROM userb；

执行完后，在 userb 和 userc 模式下分别执行 SELECT * FROM

usera. tinfo 时均不成功，因为对象权限的回收是级联回收的。

（2）系统权限的回收。

先在 system 模式下回收 usera 的创建表的系统权限，

REVOKE   CREATE   TABLE   FROM   usera;

然后在 usera 模式下创建表 t2info，测试能否成功？——不成功

CREATE   TABLE   t2info

（tid   NUMBER，

tname   VARCHAR2(10)

）；

最后在 userb 模式下创建表 b2info，测试能否成功？——成功

CREATE   TABLE   b2info

（bid   NUMBER，

bname   VARCHAR2(10)

）；

注意：系统权限的回收不是级联的，但是可以在 system 模式下直接回收 userb 的系统权限。

4. 角色的创建和使用

（1）在 system 模式下创建角色 comrole，授予其创建表的系统权限和查询表的对象权限，并将该角色授予用户 userc。

CREATE   ROLE   comrole;

GRANT   CREATE   TABLE   TO   comrole;

GRANT   SELECT   ON   usera. tinfo   TO   comrole;

GRANT   SELECT   ON   scott. dept   TO   comrole;

查询 comrole 角色的系统权限：

SELECT   *   FROM   ROLE _ SYS _ PRIVS   WHERE   ROLE = 'COMROLE';

查询 comrole 角色的对象统权限。

SELECT   *   FROM   DBA _ TAB _ PRIVS   WHERE   GRANTEE = 'COMROLE';

将用户 userc 加入该角色中

GRANT   comrole   TO   userc;

（2）在 userc 模式下验证从角色传递来的权限。

①一个用户可以有很多角色，要想使用户拥有的某角色的权限生效，要在该用户模式下激活这个角色，然后才能拥有角色所授予的权限。

在 userc 模式下激活 comrole 角色：

SET ROLE comrole；

②验证用户 userc 从角色 comrole 传递过来的权限。

在 userc 模式下，输入以下三条命令，观察能否执行成功。

CREATE TABLE Cinfo

（cid NUMBER，

cname VARCHAR2（10）

）；

SELECT ＊ FROM usera. tinfo；

SELECT ＊ FROM scott. dept；

③查询用户 userc 的权限

在 userc 模式下，查看其拥有的权限

SELECT ＊ FROM USER _ TAB _ PRIVS；

查询结果是从角色转过来的权限在用户这里查不到，但功能是有的。

四、总结

将整个实验过程及结果和实验中遇到的问题与解决的办法写在实验报告里。

实验 6 PL/SQL 编程与游标

实验目的：掌握 PL/SQL 块的结构；掌握基本标量类型、％TYPE类型及％ROWTYPE 类型的使用；理解替换变量；掌握 PL/SQL 的流程控制语句。掌握显式游标的定义和使用，熟练应用显式游标的四个属性，理解带参数的游标和 FOR 循环游标的使用。

知识准备：

一、PL /SQL 块结构

DECLARE

    声明部分：在此声明 PL/SQL 用到的变量，类型

    若没有变量的声明，这部分可以不要；

BEGIN

    执行部分：执行 DML 型的 SQL 语句，即程序的主要部分；

EXCEPTION

    异常处理部分：错误处理；

END；

二、使用显式游标的四个步骤

1. 声明游标

CURSOR　游标名　[(参数列表)]

IS

SELECT　语句；

注：游标名后面的参数只能是输入参数，而且只写参数名，不写长度。

2. 打开游标

OPEN　游标名　[(参数)]；

注：若定义时游标名后面没有参数，则打开时游标名后就没有参数；反之若定义时游标名后面有参数，则打开时游标名后就有参数。

3. 提取游标

FETCH　游标名　INTO　变量列表 | 记录型变量；

4. 关闭游标

CLOSE　游标名；

三、显式游标的四个属性

游标名%ISOPEN：判断游标是否已打开，打开返回 TRUE，否则返回 FALSE。

游标名%FOUND：判断最近一次的 FETCH 操作是否有数据，若有则返回 TRUE，否则返回 FALSE。

游标名%NOTFOUND：判断最近一次的 FETCH 操作是否有数据，若有则返回 FALSE，否则返回 TRUE。

游标名%ROWCOUNT：返回已提取的数据行数。

实验内容：

一、创建简单的 PL/SQL 程序块

1. 标量变量的使用

[例 1]使用标量变量实现：在 Teacher 表中，根据用户输入的教师编号，输出该教师的教师名、职称和聘任时间。

(1)输入 PL/SQL 程序块。

在 SQL DEVELOPER 的 SQL 窗口中输入 PL/SQL 程序块，如实图 6.1 所示。

(2)打开"DBMS 输出"窗口。

首次执行 PL/SQL 程序块时，要先打开"DBMS 输出"窗口，方法是选择"查

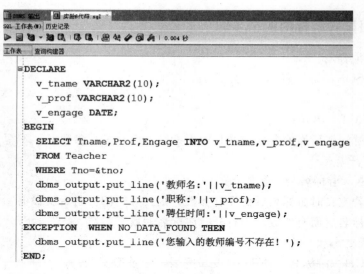

实图 6.1　PL/SQL 块示例

看"菜单的"DBMS 输出"打开该窗口，并且单击➕按钮选择 scott 用户与数据库的连接，如实图 6.2 所示。

实图 6.2　DBMS 输出窗口与数据库的连接

（3）执行 PL/SQL 程序块。

在 SQL 窗口中选中所有的 PL/SQL 代码，按 F5 或单击▤（执行脚本）按钮执行。当出现输入替代变量的窗口时，输入两边加单引号的教师编号，如实图 6.3 所示。

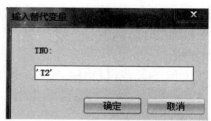

实图 6.3　替代变量的输入

(4)PL/SQL 程序块的输出。

切换至"DBMS 输出"窗口，查看输出结果，如实图 6.4 所示。

教师名:刑林
职称:讲师
聘任时间:01-7月 -13

实图 6.4　DBMS 输出窗口输出的结果

2.％TYPE 变量的使用

［例 2］使用％TYPE 变量实现：在 Teacher 表中，根据用户输入的教师编号，输出该教师的教师名、职称和聘任时间。

```
DECLARE
    v _ tname    Teacher. Tname％TYPE；
    v _ prof    Teacher. Prof％TYPE；
    v _ engage    Teacher. Engage％TYPE；
BEGIN
    SELECT   Tname，Prof，Engage   INTO   v _ tname，v _ prof，v _ engage
    FROM   Teacher   WHERE   Tno＝＆tno；
    dbms _ output. put _ line('教师名:'‖v _ tname)；
    dbms _ output. put _ line('职称:'‖v _ prof)；
    dbms _ output. put _ line('聘任时间:'‖v _ engage)；
EXCEPTION   WHEN   NO _ DATA _ FOUND   THEN
    dbms _ output. put _ line('您输入的教师编号不存在!')；
END；
```

3.％ROWTYPE 变量的使用

［例 3］使用％ROWTYPE 变量实现：在 Teacher 表中，根据用户输入的教师编号，输出该教师的教师名、职称和聘任时间。

```
DECLARE
    teacher _ record    Teacher％ROWTYPE；
BEGIN
    SELECT   ∗   INTO   teacher _ record   FROM   Teacher   WHERE
Tno＝＆tno；
    dbms _ output. put _ line('教师名:'‖teacher _ record. Tname)；
```

　　dbms_output.put_line('职称：' ‖ teacher_record.Prof);

　　dbms_output.put_line('聘任时间：' ‖ teacher_record.Engage);

EXCEPTION　WHEN　NO_DATA_FOUND　THEN

　　dbms_output.put_line('您输入的教师编号不存在！');

END；

二、创建带控制流程语句的 PL/SQL 块

1. 带分支语句的 PL/SQL 块

(1)IF-THEN-ELSE。

[例 4]输入两个教师编号，判断两人的授课门数是否相等。

DECLARE

　　c_count1　NUMBER；

　　c_count2　NUMBER；

BEGIN

　　SELECT　COUNT(*)　INTO　c_count1　FROM　TC　WHERE
Tno=&tno1；

　　SELECT　COUNT(*)　INTO　c_count2　FROM　TC　WHERE
Tno=&tno2；

　　IF　c_count1=c_count2　THEN

　　　dbms_output.put_line('二者授课门数相等');

　　ELSE

　　　dbms_output.put_line('二者授课门数不相等');

　　DEN　IF；

END；

(2)IF-THEN-ELSIF。

[例 5]输入两个教师编号，判断两人的授课门数情况。

DECLARE

　　c_count1　NUMBER；

　　c_count2　NUMBER；

　　tno1　VARCHAR2(3)；

　　tno2　VARCHAR2(3)；

BEGIN

　　tno1：=&tno1；

　　tno2：=&tno2；

　　SELECE　COUNT(*)　INTO　c_count1　FROM　TC　WHERE

```
Tno＝tno1；
    SELECT   COUNT( ＊ )   INTO   c ＿ count2   FROM   TC   WHERE
Tno＝tno2；
    IF   c ＿ count1＞c ＿ count2   THEN
      dbms ＿ output. put ＿ line(tno1‖‘的授课门数较多’)；
    ELSIF   c ＿ count1＜c ＿ count2   THEN
      dbms ＿ output. put ＿ line(tno2‖‘的授课门数较多’)；
    ELSE
      dbms ＿ output. put ＿ line(tno1‖‘和’‖tno2‖‘的授课门数相等’)；
    END   IF；
END；
```

(3)CASE-对具体的值判断。

[例 6]根据输入的等级字母，输出评价情况。

```
DECLARE
    v ＿ grade   CHAR(1)：＝UPPER(‘＆grade’)；
    v ＿ appraisal   VARCHAR2(20)；
BEGIN
  CASE   v ＿ grade
    WHEN   ‘A’   THEN   v ＿ appraisal：＝‘相当靠谱’；
    WHEN   ‘B’   THEN   v ＿ appraisal：＝‘靠谱’；
    WHEN   ‘C’   THEN   v ＿ appraisal：＝‘比较靠谱’；
    ESLE   v ＿ appraisal：＝‘不靠谱’；
  END   CASE；
  dbms ＿ output. put ＿ line(‘级别为’‖v ＿ grade‖‘，评价为’‖v ＿ appraisal)；
END；
```

(4)CASE-对表达式判断。

[例 7]根据输入的成绩，输出评价情况。

```
DECLARE
    v ＿ grade   NUMBER；
    v ＿ appraisal   VARCHAR2(20)；
BEGIN
    v ＿ grade：＝＆grade；
  CASE
    WHEN   v ＿ grade＞90   THEN   v ＿ appraisal：＝‘相当靠谱’；
    WHEN   v ＿ grade＞75   THEN   v ＿ appraisal：＝‘靠谱’；
```

```
    WHEN   v_grade>60   THEN   v_appraisal:='比较靠谱';
    ELSE   v_appraisal:='不靠谱';
  END   CASE;
  dbms_output.put_line('成绩为'‖v_grade‖', 评价为'‖v_appraisal);
END;
```

2. 带循环语句的 PL/SQL 块

(1)简单 LOOP 循环。

[例 8]用 LOOP 循环求 n!。

```
DECLARE
  v_count   NUMBER(2):=1;
  v_result   NUMBER(3):=1;
  n   NUMBER(2);
BEGIN
  n:=&n;
  LOOP
    v_result:= v_result * v_count;
    v_count:=v_count+1;
    EXIT   WHEN   v_count>n;
  END   LOOP;
  dbms_output.put_line(n‖'! ='‖v_result);
END;
```

(2)WHILE 循环。

[例 9]用 WHILE   LOOP 求 n!。

```
DECLARE
  v_count   NUMBER(2):=1;
  v_result   NUMBER(3):=1;
  n   NUMBER(2);
BEGIN
  n:=&n;
  WHILE   v_count<=n   LOOP
    v_result:= v_result * v_count;
    v_count:=v_count+1;
  END   LOOP;
  dbms_output.put_line(n‖'! ='‖v_result);
END;
```

(3)FOR 循环。

［例 10］用 FOR LOOP 求 n!。

```
DECLARE
    v _ result   NUMBER(3):=1;
    v _ count   NUMBER(2):=1;
    n number(2);
BEGIN
  n:=&n;
  FOR  v _ count   IN  1..n  LOOP
    v _ result:= v _ result * v _ count;
  END  LOOP;
  dbms _ output. put _ line(n ‖ '! =' ‖ v _ result);
END;
```

三、不带参数的游标

［例 11］定义游标 cur _ sc，输出所有不及格的学生的学号、选修课程号和成绩。

```
DECLARE
    ——声明变量
    v _ sno   SC. Sno％TYPE;
    v _ cno   SC. Cno％TYPE;
    v _ score   SC. Score％TYPE;
    ——声明游标
    CURSOR   cur _ sc
    IS
    SELECT  Sno，Cno，Score  FROM  SC  WHERE  Score＜60;
BEGIN
  IF  cur _ sc％ISOPEN=FALSE  THEN
    OPEN cur _ sc;
  END  IF;
  LOOP
    FETCH  cur _ sc  INTO  v _ sno, v _ cno, v _ score;
    EXIT  WHEN  cur _ sc％NOTFOUND;
    dbms _ output. put _ line('学号:' ‖ v _ sno ‖ '，课程号:' ‖ v _ cno ‖ '，
成绩:' ‖ v _ score);
```

```
    END  LOOP;
    CLOSE   cur _ sc;
END;
```

四、带参数的游标

[例 12] 定义游标 cur _ sc2，将指定学生的学号、选修的课程号和成绩输出。

```
DECLARE
    sc _ record   SC%ROWTYPE;
    CURSOR   cur _ sc2(v _ sno   SC. sno%TYPE)
    IS
    SELECT   *   FROM  SC  WHERE  Sno＝v _ sno;
BEGIN
  IF   cur _ sc2%ISOPEN＝FALSE   THEN
      OPEN   cur _ sc2(& sno);
    END  IF;
    LOOP
      FETCH  cur _ sc2   INTO   sc _ record;
      EXIT   WHEN   cur _ sc2%NOTFOUND
      dbms _ output. put _ line('学号：'‖ sc _ record. Sno ‖ '，课程号：'‖
sc _ record. Cno ‖ '，成绩：'‖ sc _ record. Score);
    END  LOOP;
    CLOSE   cur _ sc2;
    END;
```

五、游标的 FOR 循环

使用方式：先定义游标，在使用时使用 FOR 循环取出游标缓冲区中的数据。
FOR 循环的格式如下。

```
FOR   记录型变量   IN   游标名   LOOP
    处理语句
END  LOOP;
```

[例 13] 利用游标 FOR 循环实现例 11。

```
DECLARE
  CURSOR cur _ sc3   IS
    SELECT  Sno，Cno，Score  FROM  SC  WHERE  Score＜60;
BEGIN
```

```
    FOR  vrecord  IN  cur_sc3  LOOP
        dbms_output.put_line('学号：'‖ vrecord.Sno ‖'，课程号：'‖
vrecord.Cno ‖'，成绩：'‖ vrecord.Score)；
    END  LOOP；
END；
```

或者使用下面更简单的方式。

```
BEGIN
    FOR  vrecord  IN（SELECT  Sno，Cno，Score  FROM  SC
WHERE  Score<60）  LOOP
        dbms_output.put_line('学号：'‖ vrecord.Sno ‖'，课程号：'‖
vrecord.Cno ‖'，成绩：'‖ vrecord.Score)；
    END  LOOP；
END；
```

六、隐式游标

[例 14]使用隐式游标，将所有课程名中包含数据库的课程学分更新为 3 分，并给出更新课程的总门数。

```
DECLARE
    v_rows  NUMBER；
    no_result  EXCEPTION；
BEGIN
    UPDATE  Course  SET  Credit=3  WHERE  Cname  LIKE  '%数
据库%'；
    IF  SQL%NOTFOUND  THEN
        RAISE  no_result；
    END  IF；
    v_rows：=SQL%ROWCOUNT；
    dbms_output.put_line('总共更新'‖ v_rows ‖'门课程的学分')；
EXCEPTION
    WHEN  no_result  THEN
        dbms_output.put_line('更新失败')；
    WHEN  OTHERS  THEN
        dbms_output.put_line(SQLCODE ‖'————'‖ SQLERRM)；
END；
```

七、总结

将整个实验过程及结果和实验中遇到的问题与解决的办法写在实验报告里。

实验 7　存储过程、函数和触发器

实验目的：掌握存储过程和函数的创建与调用，掌握 DML 触发器中的语句级触发器和行触发器的创建与使用。

知识准备：

一、创建存储过程的语法格式

CREATE　［OR　REPLACE］　PROCEDURE　存储过程名
［（参数名 1　［IN │ OUT │ IN　OUT］　参数类型 1，
　　参数名 2　［IN │ OUT │ IN　OUT］　参数类型 2，
　　……
　　参数名 n　［IN │ OUT │ IN　OUT］　参数类型 n）］
IS │ AS
［声明部分］；
BEGIN
　　＜执行部分（主程序体）＞；
［EXCEPTION　＜异常处理部分＞］；
END；
说明：

1. 参数若有则放在小括号里，参数若无则小括号也没有。

2. IN 表示输入参数，是默认的，可省略；OUT 表示输出参数；IN　OUT 表示输入输出参数，一般不建议使用。

3. 声明部分可有可无；异常处理部分可有可无。

4. 参数类型只写数据类型名，不用写长度。

二、创建函数的语法格式

CREATE　［OR　REPLACE］　FUNCTION　函数名
［（参数名 1　［IN］　参数类型 1，
　　参数名 2　［IN］　参数类型 2，
　　……
　　参数名 n　［IN］　参数类型 n ）］

RETURN　数据类型
IS ｜ AS
［声明部分］；
BEGIN
　　＜执行部分（主程序体）＞；
　　　RETURN　表达式；
［EXCEPTION　＜异常处理部分＞］；
END；
说明：

1. 在声明部分的 RETURN 子句说明函数返回值的类型，只有类型名，没有长度约束。

2. 在程序的主体部分，必须有一条 RETURN 子句将相应类型的表达式值返回。

3. 其他部分的说明同存储过程。

三、创建 DML 触发器的语法格式

CREATE　［OR　REPLACE］　TRIGGER　触发器名
BEFORE ｜ AFTER
INSERT ｜ DELETE｜ UPDATE ［OF　列名］
ON　表名
［FOR　EACH　ROW］
［WHEN　触发条件］
［DECLARE　声明部分］；
BGEIN
　　主体部分；
END；
说明：

1. 有 FOR　EACH　ROW 语句则为行级触发器，没有则为语句级触发器。

2. WHEN 触发条件子句仅在行级触发器中使用，满足条件时，遇到触发事件才触发。

实验内容：先以 scott 用户连接数据库，然后进行以下实验。

一、创建存储过程

［例 1］创建存储过程，向 dept 表中插入给定的数据。

（1）输入代码创建存储过程。

在 SQL　DEVELOPER 的 SQL 窗口中输入创建存储过程的代码，如实图 7.1 所示。

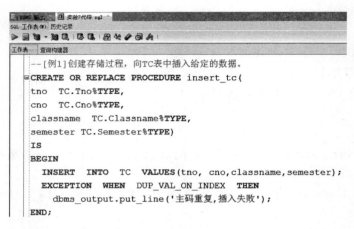

实图 7.1　创建存储过程

（2）执行代码创建存储过程。

选中所有的代码，按 F5 或  执行代码，创建存储过程。

（3）查看存储过程。

在左边连接窗口中右击"过程"，选择"刷新"，就会出现刚创建的存储过程，如实图 7.2 所示。

注意：若存储过程名前显示红色的叉号，说明代码有错误，检查并改正后重新选中执行创建。

实图 7.2　查看存储
过程

（4）调用存储过程。

在 SQL 窗口中输入如图所示的代码调用存储过程，如实图 7.3 所示。

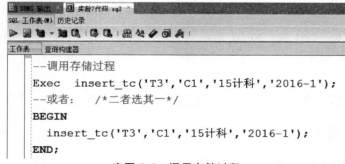

实图 7.3　调用存储过程

选中调用存储过程的代码,按 F5 或 ▤ 执行,实现存储过程的调用。

(5)查看存储过程的输出结果。

若存储过程有结果输出,则在 DBMS 窗口查看。本例中没有结果输出。

二、删除存储过程

命令格式:DROP PROCEDURE 存储过程名;

例如:DROP PROCEDURE insert_sc;

三、创建函数

[例 2]创建函数 get_tno_count,返回指定课程的任课教师人数。

(1)输入代码创建函数。

在 SQL DEVELOPER 的 SQL 窗口中输入创建函数的代码,如实图 7.4 所示。

实图 7.4　创建函数

(2)执行代码创建函数。

选中所有的代码,按 F5 或 ▤ 执行代码,创建函数。

(3)查看函数。

在左边连接窗口中右击"函数",选择"刷新",就会出现刚创建的函数,如实图 7.5 所示。

注意:若函数名前显示红色的叉号,说明代码有错误,检查并改正后重新选中执行创建。

(4)调用函数。

在 SQL 窗口中输入如图所示的代码调用函数,如实图 7.6 所示。

选中调用函数的代码,按 F5 或 ▤ 执行,在弹出的"输入替代变量"窗口中直

实图 7.5　查看函数

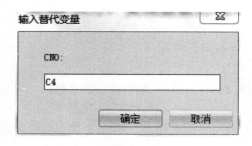

实图 7.6　调用函数

接输入"C4",单击"确定"按钮,如实图 7.7 所示。

(5)查看函数中的输出结果。

若函数有结果输出,则在 DBMS 窗口查看。本例中输出的结果如实图 7.8 所示。

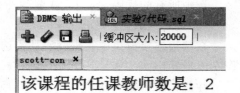

实图 7.7　输入替代变量　　　　　　实图 7.8　查看函数的输出结果

四、删除函数

命令格式:DROP　FUNCTION　函数名;

例如：DROP　FUNCTION　get＿tno＿count；

五、创建触发器

［例3］为 Teacher 表创建行级触发器 trigger＿delete＿teacher，当删除 Teacher 表中的教师信息时，首先要将 TC 表中该教师的所有任课记录删除。

（1）输入代码创建触发器。

在 SQL　DEVELOPER 的 SQL 窗口中输入创建触发器的代码，如图 7.9 所示。

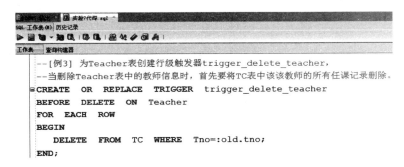

实图 7.9　创建触发器

（2）执行代码创建触发器。

选中所有的代码，按 F5 或 ▤ 执行代码，创建触发器。

（3）查看触发器。

在左边连接窗口中右击"触发器"，选择"刷新"，就会出现刚创建的触发器，如实图 7.10 所示。

实图 7.10　查看触发器

注意：若触发器名前显示红色的叉号，说明代码有错误，检查并改正后，重新选中执行创建。

（4）测试触发器。

在 SQL 窗口中输入如图所示的代码并依次选中，按 F9 执行，观察 Teacher 表和 TC 表的内容变化，如实图 7.11 所示。

实图 7.11　测试触发器

六、删除触发器

命令格式：DROP　TRIGGER　存储过程名；

例如：DROP　TRIGGER　trigger_delete_teacher；

七、总结

将整个实验过程及结果和实验中遇到的问题与解决的办法写在实验报告里。

实验 8　综合实验

实验目的：按照数据库设计的步骤及要求设计一个图书借阅管理系统，将教材中的相关知识点串连成一个整体，以便进一步理解和掌握。

实验内容：

一、需求分析

为了提高图书馆图书借阅的管理效率，设计一个图书借阅管理系统，利用该系统可以有效地管理图书信息、读者信息和图书借阅流程。该系统的功能如下。

图书信息管理：新书入库，现有图书信息的查询、修改和删除；有些图书属于馆藏版本,只能在馆内阅读,不得外借;大部分图书是流通的,可以借阅。

读者信息管理:为读者办理借书证并录入读者的相关信息。

读者类型管理:为读者分类(普通读者和 VIP 读者),读者类型不同,借阅期限和可借阅的图书数量也不同。

图书馆藏室管理:图书分类放在不同的馆藏室里,馆藏室分布在图书馆的不同楼层。

借阅管理:对每一本借出去的书,要记录其借出日期和应还日期;归还时如果超期,每本书每天罚款 0.1 元;可以查询每位读者的借阅信息。

二、概念结构设计

根据需求分析的描述,可以从系统中抽象出的实体、属性以及实体之间的联系如下。

读者类别(类别编号,类别名称,最多借书数量,最长借阅时间,借书证有效期)。

读者(证件编号,姓名,性别,出生日期,联系电话,办证日期)。

馆藏室(馆藏室编号,馆藏室名称,馆藏室地点)。

图书(图书编号,书名,作者,出版社,单价,是否允许外借)。

一个馆藏室可以存放多本图书,每本书只存放在一个馆藏室里;每位读者只能办理一张借书证,可以借阅多本图书,也可以重复借阅某本图书,每本图书在不同时间段内可以被多位读者借阅。

系统全局 E-R 图如实图 8.1 所示。

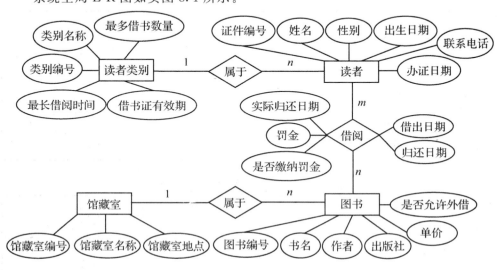

实图 8.1 图书借阅系统的全局 E-R 图

三、逻辑结构设计

将全局 E-R 模型按转换规则转换成如下的关系模式。

读者类别(<u>类别编号</u>，类别名称，最多借书数量，最长借阅时间，借书证有效期)。

读者(<u>证件编号</u>，姓名，性别，出生日期，联系电话，办证日期，<u>类别编号</u>)。

馆藏室(<u>馆藏室编号</u>，馆藏室名称，馆藏室地点)。

图书(<u>图书编号</u>，书名，作者，出版社，单价，是否允许外借，<u>所在馆藏室</u>)。

借阅(<u>证件编号，图书编号，借出日期</u>，归还日期，实际归还日期，罚金，是否缴纳罚金)。

各关系模式的定义如实表 8.1 至实表 8.5 所示。

实表 8.1　读者类别(ReaderType)关系

列名	数据类型	可否为空	说明
Tno	CHAR(3)	NOT NULL	类型编号
Tname	VARCHAR2(10)	NOT NULL	类别名称
Maxcount	NUMBER	NULL	最多借书数量
Maxdays	NUMBER	NULL	最长借阅时间
Expires	CHAR(4)	NULL	借书证有效期

实表 8.2　读者(Reader)关系

列名	数据类型	可否为空	说明
Rno	CHAR(18)	NOT NULL	证件编号
Rname	VARCHAR2(10)	NOT NULL	姓名
Rsex	CHAR(2)	NULL	性别
Rbirth	DATE	NULL	出生日期
Rtel	CHAR(11)	NOT NULL	联系电话
Carddate	DATE	NULL	办证日期
Tno	CHAR(3)	NULL	类别编号

实表 8.3　馆藏室(BookRoom)关系

列名	数据类型	可否为空	说明
BRno	CHAR(5)	NOT NULL	馆藏室编号
BRname	VARCHAR2(20)	NULL	馆藏室名称
BRlocation	VARCHAR2(30)	NULL	馆藏室地点

实表 8.4 图书(Book)关系

列名	数据类型	可否为空	说明
Bno	CHAR(13)	NOT NULL	图书编号
Bname	VARCHAR2(30)	NOT NULL	书名
Bwriter	VARCHAR2(10)	NULL	作者
Bpublish	VARCHAR2(30)	NULL	出版社
Bprice	NUMBER	NULL	单价
Allowlend	NUMBER	NULL	是否允许外借
BRno	CHAR(5)	NULL	所在馆藏室

实表 8.5 借阅(Borrow)关系

列名	数据类型	可否为空	说明
Rno	CHAR(18)	NOT NULL	证件编号
Bno	CHAR(13)	NOT NULL	图书编号
Lenddate	DATE	NOT NULL	借出日期
Returndate	DATE	NULL	归还日期
Actualdate	DATE	NULL	实际归还日期
Forfeit	NUMBER	NULL	罚金
Fflag	NUMBER(1)	NULL	是否缴纳罚金

四、物理结构设计

为了提高对数据库中数据的查找速度，可以为各关系建立如下的索引。

由于 ReaderType 关系的 Tno 属性、Reader 关系的 Rno 属性、BookRoom 关系的 BRno 属性、Book 关系的 Bno 属性和 Borrow 关系的 Rno 属性、Bno 属性经常在连接条件中出现，且它们的值唯一，所以可在这些属性上建立唯一索引。

由于 Reader 关系的 Tno 属性、Book 关系的 BRno 属性经常在查询条件中出现，所以可在这些属性上建立索引。

五、数据库的实施

1. 建立各个关系
(1)建立读者类别(ReaderType)关系。
CREATE TABLE ReaderType
(Tno CHAR(3) PRIMARY KEY,
Tname VARCHAR2(10) NOT NULL,
Maxcount NUMBER,

```
Maxdays   NUMBER,
Expires   CHAR(4)
);
```

(2)建立读者(Reader)关系。

```
CREATE   TABLE   Reader
(Rno CHAR(18)   PRIMARY   KEY,
Rname VARCHAR2(10)   NOT   NULL,
Rsex   CHAR(2),
Rbirth   DATE,
Rtel   CHAR(11)   NOT   NULL,
Carddate   DATE,
Tno   CHAR(3)   REFERENCES   ReaderType(Tno)
);
```

(3)建立馆藏室(BookRoom)关系。

```
CREATE   TABLE   BookRoom
(BRno   CHAR(5)   PRIMARY   KEY,
BRname   VARCHAR2(20),
BRlocation   VARCHAR2(30)
);
```

(4)建立图书(Book)关系。

```
CREATE   TABLE   Book
(Bno   CHAR(13)   PRIMARY   KEY,
Bname   VARCHAR2(30)   NOT   NULL,
Bwriter   VARCHAR2(10),
Bpublish   VARCHAR2(30),
Bprice   NUMBER,
Allowlend   NUMBER,
BRno   CHAR(5)   REFERENCES   BookRoom(BRno)
);
```

(5)建立借阅(Borrow)关系。

```
CREATE   TABLE   Borrow
(Rno CHAR(18)   NOT   NULL   REFERENCES   Reader(Rno),
Bno   CHAR(13)   NOT   NULL   REFERENCES   Book(Bno),
Lenddate   DATE   NOT   NULL,
Returndate   DATE,
```

Actualdate　DATE，

Forfeit　NUMBER，

Fflag　NUMBER(1)，

PRIMARY　KEY(Rno，Bno，Lenddate)

)；

2. 建立索引

在 Oracle 中，当为表创建主码约束时会自动在该列上建立唯一索引。ReaderType关系的 Tno 属性、Reader 关系的 Rno 属性、BookRoom 关系的 BRno 属性、Book 关系的 Bno 属性和 Borrow 关系的(Rno，Bno，Lenddate)属性组都是主码，因此在创建各主码约束时已自动在这些属性列上建立了唯一索引，无需再手动建立。

为 Reader 关系的 Tno 属性、Book 关系的 BRno 属性建立索引的语句如下。

CREATE　INDEX　idx_reader_tno　ON　Reader(Tno)；

CREATE　INDEX　idx_book_brno　ON　Book(BRno)；

3. 建立视图

(1)建立视图 BorrowView，用于显示当前读者的基本借阅信息。

CREATE　VIEW　BorrowView

AS

SELECT　Rno，Bname，Bwriter，Lenddate，Returndate

FROM　Book，Borrow　WHERE　Book.Bno＝Borrow.Bno；

(2)建立视图 FineView，用于显示当前读者的罚款信息。

CREATE　VIEW　FineView

AS

SELECT　Reader.Rno，Rname，Forfeit　FROM　Reader，Borrow

WHERE　Reader.Rno＝Borrow.Rno　AND　Forfeit　IS　NOT　NULL；

4. 建立触发器

(1)建立触发器 trg_Reader_Delete，实现当删除 Reader 关系中的读者信息时，级联删除 Borrow 关系中该读者的借阅信息。

CREATE　OR　REPLACE　TRIGGER　trg_Reader_delete

　BEFORE　DELETE　ON　Reader

　FOR　EACH　ROW

BEGIN

　DELETE　FROM　Borrow　WHERE　Rno＝：OLD.Rno；

END；

(2)建立触发器 trg_Borrow_Update，实现当更新 Borrow 关系中实际归还日期时，计算罚金。

```
CREATE  OR  REPLACE  TRIGGER  trg_Borrow_Update
  BEFORE  UPDATE  OF  Actualdate
  ON  Borrow
  FOR  EACH  ROW
  BEGIN
  IF  :NEW. Actualdate>:OLD. Returndate  THEN
    :NEW. Forfeit:=(EXTRACT(day  FROM  :NEW. Actualdate)-
                    EXTRACT(day  FROM  :OLD. Returndate))
*0.1;
  END  IF;
  END;
```

5. 建立存储过程

(1)创建存储过程 Insert_Reader，向读者关系中插入新记录。

```
CREATE  OR  REPLACE  PROCEDURE  Insert_Reader(
  p_rno  Reader. Rno%TYPE,
  p_rname  Reader. Rname%TYPE,
  p_rsex  Reader. Rsex%TYPE,
  p_rbirth  Reader. Rbirth%TYPE,
  p_rtel  Reader. Rtel%TYPE,
  p_carddate  Reader. Carddate%TYPE,
  p_tno  Reader. Tno%TYPE
  )
  IS
  BEGIN
  INSERT  INTO  Reader
  VALUES(p_rno, p_rname, p_rsex, p_rbirth, p_rtel, p_card-
date, p_tno);
  EXCEPTION
  WHEN  DUP_VAL_ON_INDEX  THEN
    dbms_output. put_line('主码重复，插入失败');
  END;
```

(2)创建存储过程 Search_Reader，根据给定的读者编号返回该读者证件的有效期。

```
CREATE  OR  REPLACE  PROCEDURE  search_Reader(
```

```
    p _ rno    Reader. Rno%TYPE,
    p _ expires    OUT    ReaderType. Expires%TYPE
)
IS
BEGIN
    SELECT   Expires   INTO   p _ expires   FROM   ReaderType，Reader
    WHERE   ReaderType. Tno＝Reader. Tno   AND   Rno＝p _ rno；
EXCEPTION
    WHEN   NO _ DATA _ FOUND   THEN
        p _ expires：＝'NULL'；
        dbms _ output. put _ line('该读者不存在！')；
END；
```

六、总结

将整个实验过程及结果和实验中遇到的问题与解决的办法写在实验报告里。

参考文献

[1][美]西尔伯沙茨,科思,苏达山.数据库系统概念(原书第 6 版)[M].杨冬青,李红燕,唐世渭,等译.北京:机械工业出版社,2012.

[2]王珊,萨师煊.数据库系统概论(第 5 版)[M].北京:高等教育出版社,2014.

[3]李月军.数据库原理与设计(Oracle 版)[M].北京:清华大学出版社,2012.

[4]李妍,李占波.Oracle 数据库基础及应用[M].北京:清华大学出版社,2013.

[5]何宗耀,吴孝丽.数据库原理及应用[M].徐州:中国矿业大学出版社,2014.

[6]陶宏才.数据库原理及设计(第 3 版)[M].北京:清华大学出版社,2014.

[7]马忠贵,宁淑荣,曾广平,等.数据库原理与应用(Oracle 版)[M].北京:人民邮电出版社,2013.

[8]陈志泊,王春玲.数据库原理及应用教程(第二版)[M].北京:人民邮电出版社,2008.

[9]王丽艳,霍敏霞,吴雨芯.数据库原理及应用 SQL Server 2012[M].北京:人民邮电出版社,2018.

[10]何玉洁.数据库原理与应用教程(第 4 版)[M].北京:机械工业出版社,2016.

[11]邓立国,佟强.数据库原理与应用(SQL Server 2016 版本)[M].北京:清华大学出版社,2017.

[12]万常选,廖国琼,吴京慧,等.数据库系统原理与设计(第 3 版)[M].北京:清华大学出版社,2017.

[13]苗雪兰,刘瑞新,邓宇乔,等.数据库系统原理及应用教程(第 4 版)[M].北京:机械工业出版社,2014.

[14]孔丽红.数据库原理[M].北京:清华大学出版社,2015.

[15]刘福江.数据库课程设计与开发实操[M].北京:科学出版社,2017.